中国城市科学研究系列报告
Serial Reports of China Urban Studies

中国绿色建筑2020
China Green Building

中国城市科学研究会　主编
China Society for Urban Studies（Ed.）

中国城市出版社
CHINA CITY PRESS

图书在版编目（CIP）数据

中国绿色建筑. 2020/中国城市科学研究会主编. —北京：中国城市出版社，2020.5
（中国城市科学研究系列报告）
ISBN 978-7-5074-3279-4

Ⅰ.①中… Ⅱ.①中… Ⅲ.①生态建筑-研究报告-中国-2020 Ⅳ.①TU18

中国版本图书馆 CIP 数据核字（2020）第 065398 号

本书是中国绿色建筑委员会组织编撰的第十三本绿色建筑年度发展报告，旨在全面系统总结我国绿色建筑的研究成果与实践经验，指导我国绿色建筑的规划、设计、建设、评价、使用及维护，在更大范围内推动绿色建筑发展与实践。本书包括综合篇、标准篇、科研篇、技术篇、交流篇、地方篇、实践篇和附录篇，力求全面系统地展现我国绿色建筑在 2019 年度的发展全景。

本书可供从事绿色建筑领域技术研究、开发和规划、设计、施工、运营管理等专业人员、政府管理部门工作人员及大专院校师生参考使用。

责任编辑：刘婷婷　王　梅
责任校对：赵　颖

中国城市科学研究系列报告
中国绿色建筑2020
中国城市科学研究会　主编
＊
中国城市出版社出版、发行（北京海淀三里河路9号）
各地新华书店、建筑书店经销
北京红光制版公司制版
北京建筑工业印刷厂印刷
＊
开本：787×1092 毫米　1/16　印张：25　字数：488 千字
2020 年 5 月第一版　　2020 年 5 月第一次印刷
定价：**78.00** 元
ISBN 978-7-5074-3279-4
　　（904268）

《中国绿色建筑 2020》编委会

编委会主任： 仇保兴

副 主 任： 赖 明　江 亿　缪昌文　崔 恺　孟建民　吴志强
　　　　　　王有为　王 俊　修 龙　张 桦　王清勤　毛志兵
　　　　　　李 迅　李百战　叶 青　朱 雷

编委会成员：（以姓氏笔画为序）

于 兵	马恩成	王 宏	王 昭	王 霓	王向昱
王汉军	王建廷	王德华	王磐岩	尹建荣	邓建军
甘忠泽	石铁矛	叶 凌	白 羽	朱鸿寅	朱惠英
朱颖心	邬国强	刘 京	刘永刚	许桃丽	李 珂
李 萍	李 群	李小阳	李丛笑	李国顺	李得亮
杨 锋	杨仕超	杨永胜	何庆丰	邹 瑜	邹经宇
汪震铭	沙玉峰	张时聪	张佐双	张顺宝	张晋勋
张遂生	张澜沁	陈继东	苟少清	林波荣	卓重贤
罗 剑	金 虹	孟 冲	赵 伟	赵乃妮	赵士永
赵立华	项炳泉	侯伟生	秦学森	袁 镔	徐 伟
徐 红	殷昆仑	高玉楼	常卫华	盖轶静	梁章旋
韩爱兴	谢尚群	潘正成	薛 峰		

学术顾问： 张锦秋　叶可明　陈肇元　吴硕贤　刘加平　肖绪文
　　　　　　聂建国　王建国　岳清瑞

编写组长： 王有为　王清勤

副 组 长： 李 萍　李小阳　常卫华　李丛笑　许桃丽　孟 冲

成 员： 盖轶静　叶 凌　李大鹏　薛艳青　李水静　王 潇
　　　　　石 磊　戈 亮　李国柱　陈乐端　康井红　韩沐辰

代　序

我国绿色建筑回顾与展望

仇保兴　国务院参事　中国城市科学研究会理事长　博士

Preface

Review and prospect of the Green Building in China

综观我国绿色建筑全面发展 15 年，在动态复杂因素的驱动下，实现了从无到有、从少到多、从个别城市到全国范围、从推荐到强制、从单体建筑到城区再到城市的规模化发展，以及理念的丰富性演化。总体来说，我国绿色建筑的发展与探索是成功的，虽然也遇到了若干误区，而如何持续提升绿色建筑质量始终是一个需要不断思考与完善的动态问题。

1　绿色建筑的"初心"与"里程碑"

1.1　绿色建筑的"初心"

21 世纪初，清华大学秦佑国教授、赖明教授等编写了绿色建筑的书籍，对北京筹办"绿色奥运"起到了推动作用。但当时，除了清华建筑学院少数人之外，"绿色建筑"的理念在我国建筑界鲜为人知。2004 年，我国首批绿色建筑专家组赴美参加绿建大会，并在会上发表了绿色建筑在中国必然会有大发展的观点。之后，我国绿建专家凝聚智慧，于 2006 年发布了我国一版《绿色建筑评价标准》GB/T 50378（以下简称《标准》），并于 2014 年和 2019 年完成了《标准》的"三版两修"。这样一来，我国绿色建筑评价的前后三块垫脚石就基本确定了。

经历十余年的演变，绿色建筑的性能从最初的"四节（节地、节能、节水、节材）一环保"发展为"五大性能（安全耐久、健康舒适、生活便利、资源节约、环境宜居）"。概括起来，绿色建筑必须兼顾建筑的安全、生态可持续性以及人居环境的提升，这也就形成了绿色建筑的"铁三角"（图 1），这个"铁三角"

所描述的绿色建筑特征和发展三目标不仅涵盖了当代人的宜居，还涵盖对下一代人的生态空间需求。

图1 绿色建筑"铁三角"

1.2 绿色建筑的"里程碑"

我国绿色建筑全面发展的 15 年共存在"五个里程碑"，相继推动着我国绿色建筑不断加速、不断升级。

（1）2005 年，首届绿建大会召开。 第一届国际绿色建筑与建筑节能大会暨新技术与产品博览会（简称"绿建大会"）由国家发改委、建设部等六部委主办，在北京国际会议中心隆重召开，向全社会正式提出我国开始大规模发展绿色建筑。自此之后，绿建大会逐步发展为我国一年一度最具影响力的行业盛会。

（2）2006 年，曾培炎副总理绿建大会讲话。 第二届绿建大会提出了"智能，通向节能省地型建筑的捷径"，时任国务院副总理曾培炎在大会上作了重要讲话，对我国发展绿色建筑作了充分的肯定并指明了方向。不久我国首部绿色建筑评价标准公开发布。

（3）2006 年，中国绿色建筑与节能专业委员会成立。 中国绿建委的成立引发了全球同行的关注，成立之际，国际绿建委，美、英、德、法、印、日本、澳大利亚、墨西哥、新加坡等国绿建委都派代表参加了成立大会。至今，中国绿建委会员已超过 1500 名，几乎把全国各地从事绿色建筑设计、研究的高级技术从业人员全部囊括在内，近年来还发展了国外数十名著名的绿色建筑设计师。

（4）2013 年，国务院办公厅印发 1 号文件《绿色建筑行动方案》。《绿色建筑行动方案》以国务院办公厅 1 号文印发。紧随其后的《国家新型城镇化的发展规划》中明确提出："城镇绿色建筑占新建建筑的比例要从 2012 年的不到 20%，提升到 2020 年的 50%"。从此，绿色建筑被列入多个国家政策指引目录，各地也纷纷出台了激励政策。

（5）2015 年，习总书记巴黎峰会讲话。 习近平总书记在巴黎峰会上明确提出"中国将通过发展绿色建筑和低碳交通来应对气候变化"。且在近几年的全国人民代表大会上，李克强总理都在工作报告中提出了我国要发展绿色建筑的明确要求。

2 绿色建筑"演化"的丰富性

我国绿色建筑的演化路径非常丰富，第一条轴线围绕能源节约。从省地节能建筑到被动房、低能耗建筑、近零能耗建筑，再到零能耗建筑，建筑师们甚至提出碳中和建筑等新建筑形式。

第二条轴线是装配式建筑，围绕技术变革。从 PC 结构延伸到模块化、智能建筑、全钢建筑、3D 打印建筑，其中智能建筑的理念是借助人工智能、物联网等，使得建筑的温湿度、照明、能耗、水耗都能调节到对环境更友好、对人类更宜居的"双全"状态。

第三条轴线是向适老建筑、立体园林建筑、生态建筑、健康建筑方向演化，将园林、建筑和环境融合在一起，因为技术途径只是工具，建筑终究是为了"人"本身诗意般的幸福栖息。

第四条轴线是乡村的绿色建筑、生土建筑到地埋式建筑的演变路线，这条轴线将我国 5000 多年传统生态文明积淀的地方知识、地方智慧凝聚到中国绿色建筑设计建造之中。

第五条轴线是建筑与各种各样可再生能源结合在一起，建筑就是利用可再生能源最好的场所，建筑不仅是用能的单位，而且也是发电的单位，是一个能够输出能源的单位，那就变成"正能"建筑了。

总的来看，绿色建筑的演化范围很广泛，包容量也非常巨大。除此之外，我国绿色建筑覆盖范围也越来越大，从商业建筑、住宅建筑、绿色村落建筑、商店建筑、飞机场建筑、工厂建筑等不断拓展，所有类型的建筑都可设计建造成为绿色建筑。另外一方面，由于绿色建筑本质上属于"本地气候适应性建筑"，必须进行地理的区分和细化。因此，我国绿色建筑标准还根据不同的气候区，逐步建立起每一类气候区最适宜的绿色建筑评价标准。

3 驱动绿色建筑发展因素的动态复杂性

(1) 政策驱动。中央领导讲话、国务院文件、部委政策、指导方针等的提出。几乎所有省委省政府，以及 600 多个城市都拿出了地方化的针对绿色建筑不同发展阶段的激励政策。这些政策大大推动了各地绿色建筑的发展。

(2) 观念转变。通过领导号召、生态文明方案的具体实施、全球人类命运共同体的提出、循环经济体系和生态绿色城市的构建等，这些绿色意识形态和生态文明制度方面绿色建筑的建设使绿色建筑观念逐步深入人心。

（3）开放创新。 从应对气候变化这一人类命运共同体的共识角度出发，我国在绿色建筑技术创新、可再生能源的利用、新材料的革命、新开放合作政策的涌现等方面都有所强化，再加上信息革命、大数据、云计算、人工智能、物联网等新技术的应用也将帮助绿色建筑快速发展，从而形成了一个复杂的、不断变化的经济社会环境。

（4）经济因素。 随着劳动力价格上升和劳动方式的日益转变，人们对住宅"健康、绿色"的需求越来越强烈，人们待在建筑里的时间越来越长。建筑占了人们 80％停留时间，民众对建筑的质量、室内的空气、建筑对人体是不是友好、是不是保障健康等日益关注，这些因素都导致了绿色建筑关键技术的创新日益向前发展，包括相关资源价格的变化和环保政策强化实施等也助推绿色建筑不断普及化。

（5）企业家和管理者的响应。 实践证明，企业家是市场中最活跃的主体，对绿色建筑的普及发展起决定性因素。一流的企业家和管理者创造了民众的"需求"，这点对于绿色建筑非常重要。绿色建筑是快速变化的，是创造当代人甚至未来民众最大的需求品，又是使用期最长久的产品，所以设计绿色建筑也应该着眼于创造未来的需求。

4　我国绿色建筑发展过程中的若干误区

误区 1：装配率、工业化程度越高越好

我国一些地方政府曾经盲目地认为建筑的装配率、工业化程度越高越好，其实这是一个误区。20 世纪 50 年代我国从苏联引进的大板建筑技术其装配率是最高的。但是 1983 年唐山大地震的惨痛教训使得这些装配式建筑被打上"休止符"，这个教训是以几十万人的死亡代价换来的。在地震发生时，一个个像"夹板"结构的装配式构件把许多人压在了里面。从此以后，这些高装配率、高工业化水平的建筑就几乎消失了。最后，连在它的发源地莫斯科市，这类被人们讽为"莫斯科假牙"的大板建筑都被拆除了（图 2）。

图 2　"莫斯科假牙"大板建筑

由此可见，建筑装配率并不能成为"绿色"主导目标，重要的是均衡的"铁三角"性能与价格之比。

误区 2：高新技术应用越多越好

图 3 所示的建筑是世界上最大的公司之一亚马逊的总部，它耗资 248 亿美金，把各种新的建筑技术都集成组合在建筑之中，每平方米的造价非常高，维护保养的费用更加高昂，但是这样的建筑案例无法得到复制和普及。

由此可见，技术并不是运用越复杂、越高端越好，而是实用，满足"铁三角"的要求。与建筑装配率一样，科学技术是为了满足人性需求、创造未来更好的生活环境的手段，不能"本末倒置"。

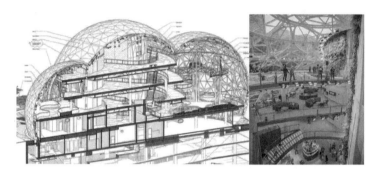

图 3　亚马逊公司总部

误区 3：中心化控制程度与规模越大越好

工业文明是以流水线生产为高峰的生产体系，但生态文明是一种微循环经济社会体系，两类体系是不一样的。然而我国四十年工业文明的巨大成就，使得人们错误地认为中心化控制和规模越大越好（图 4），这对建筑的节能和绿色建筑发展埋下了隐患。我国许多地方仍然是以工业文明的方法、手段、思路来建设绿色生态文明，实际上很多能源被浪费了，会产生诸如"小马拉大车"，打着"生态绿色的旗帜"反生态文明的恶果来，例如南方某大学城投资十多亿实施了"三联供"的热水、制冷和供暖集中控制系统，结果不到两年就因巨大的能耗和亏损

图 4　具有中心化控制的大型能源中心

而拆除，造成了严重的浪费。

事实证明，对能源进行分散式分布式储存和调节才应该是绿色建筑的标配。

误区4：运行能耗越低越好

片面追求"零能耗"、建筑运行的能耗越低越好，似乎"低能耗"就要通过费用高昂的、复杂的建筑维护结构把所有的热量散发渠道进行阻断或隔离，这常常是不合时宜的。有些"高端"零能耗建筑在绝热隔离上下了很多功夫，有的"高技派建筑"在窗玻璃上应用了"可变光"等高价技术（图5），一系列复杂技术和产品得到了应用，建筑运行能耗确实有所下降，但是在建筑全生命周期是不是"四节"非常值得怀疑。

缺少对建筑各环节资源节约水平的科学计算和理性考虑，将带来很大的问题，我们可能把建筑运行环节的能耗降低了，但全生命周期能耗却有可能全面扩大了。

图5 应用"可变光"技术玻璃

误区5：忽视了当地气候适应性和原材料可获得性

中国地广物博，又是几千年历史文明传承从未中断的大国，上万年的人类聚居创造出来许多原始生态文明的"本地智慧"。例如北方农村的窑洞、土坯建筑、地埋式建筑，我们可以适当地进行传承和改造，这些改造后的"地方传统"绿色建筑将比一般的混凝土结构建筑、砖砌建筑能耗要低得多，而且由于使用了新结构，它们同时又具有抗震性能（图6）。

图6 结合"本地智慧"的当地建筑

实际上，我国不少此类建筑多次获得过联合国教科文组织奖。这类建筑成本是很低的，建筑材料当地取之不尽，不需要长途运输，从而在全生命周期最具"绿色"。

误区 6：重设计、施工，轻运行、维护

虽然我国绿色建筑的数量得到快速发展，但处在运行阶段的绿色建筑数量还比较少，很多城市的主管部门太注重设计环节，却忽略了绿色建筑必须投入运行才能节能减排，这就本末倒置了。

5 提升我国绿色建筑的几点思考

(1) 绿色建筑是一种环境适应性的建筑，是与周边环境、气候"融合""生成"的绿色细胞。所以它必须遵循"本地化"以及从中国五千年的历史文明中获取地方知识经验并与现代科技正确结合（图 7）。

图 7　能够与当地环境、气候"融合"的"本地化"建筑

(2) 绿色建筑的形式、品种是多样化的，这也是其生命力的本质特征。只要符合绿色建筑核心理念的建筑模式就蕴含着"绿色"，绿色建筑是一种对新的创造形式和技术包容性极大的新建筑形式（图 8）。

图 8　品种多样化的绿色建筑

（3）要从全生命周期的"四节"来衡量绿色建筑的可持续性特征。比如争议很大的"钢结构建筑"。在美国、日本等发达国家建筑的钢铁使用量已经超过了总的钢铁使用量的30％，钢结构建筑在这些国家城镇建筑的总建筑面积中已经达到40％以上，但是我国还不到5％。钢铁在冶炼生产阶段中的能耗占比很大，但在建筑全生命周期中，钢铁构件是可循环利用的，同时由于钢铁优异的力学性能使得建筑用材也能够得到节约，建筑空间构造也更加灵活，居住空间可得性较大。我们这次绿色建筑国际奖第一名就是钢结构的建筑。

（4）**绿色建筑，本质上应该是一种"百年建筑"。**住房是中国百姓最大的财富，是民众使用期最长的生活、生产资料。**我国新的建筑方针——"适用、经济、绿色、美观"**也正是在这种背景下被提出的。新中国成立之后，我国对建筑方针进行了三次调整，从"十四字方针"到"八字方针"再到2016年中央城市工作会议上明确最新的"八字方针"，特别增加了"绿色"二字。

（5）**"多样化""群设计"将是建筑质量提升的一个新突破口。**我们有许多建筑单体设计很优秀，但是开发企业为了节省设计成本，把单体设计拷贝、"群发"，结果建成的社区由于景观单一变成了建筑垃圾。建筑之美应该体现在"君子和而不同"。倡导绿色建筑"群设计优化"将会带来新建筑形式的诞生、社区节能减排的性能改善和社群整体宜居环境的提升。

（6）**建筑将成为能耗、物耗和污染物排放最大的单一产业，应通过绿色建筑推广实现绿色发展。**我们可以通过三步走的方式使全社会建筑整体能耗、物耗、水耗降下来，"无废城市"必须基于"无废建筑"，才能实现绿色发展。

（7）**现代通信、人工智能等新技术的应用使得每个居住、办公单元的能耗、水耗更人性化，而且"可视化"，将立刻调动民众"行为节约"的积极性。**国外研究表明：仅通过简单的物联网技术，将每个建筑单位面积的水耗、能耗显示出来，并进行排位，就可以有效刺激用能单位和居民家庭对用能、用水行为进行本能的行为调节，进而使其达到节能节水15％以上。

6 小 结

（1）绿色建筑是一种包容性很大的自组织系统，是一种能满足并创造新需求的建筑形式。防止以行政命令的形式封杀、禁止某一种传统的建造模式。

（2）绿色建筑应该通过运行标志的有效管理使建筑水耗、能耗大幅度降下来，以实效来开展质量/成本的良性竞争。

（3）绿色建筑设计、施工和运行阶段的新技术开发都应该尊重当地气候、尊重传统文化、尊重自然环境和普通老百姓的长远利益。只有坚持这种传承与创新相结合的态度，才能使各地的绿色建筑更能汲取五千年文明的养料，创造出更适应民众需求、更"绿色"的建筑新技术。

（4）绿色建筑是全生命周期的建筑形式，应防止片面强调某个阶段的"节能"损害建筑全生命周期的绿色性能。通过绿色建筑的推广，促使"微循环"生产生活方式的建立，进而逐步确立全社会循环经济新模式，将使我国的生态文明建设有一个坚强的载体。

前　言

　　2017年，党的十九大报告指出我国社会主要矛盾转变，提出"建设美丽中国""实施健康中国战略"的时代新要求，随后在2018年和2019年中，习总书记在不同场合多次强调高质量发展，绿色建筑在新的时代被赋予更高的使命。2019年，绿色建筑标准完成了第三次更新换代，凸显了绿色建筑的高质量要求与"以人为本"的基本属性，定位从之前的功能本位、资源节约转变到同时重视建筑的人居品质、健康性能，逐步向高质量、实效性和深层次方向发展。

　　本书是中国绿色建筑委员会组织编撰的第13本绿色建筑年度发展报告，旨在全面系统总结我国绿色建筑的研究成果与实践经验，指导我国绿色建筑的规划、设计、建设、评价、使用及维护，在更大范围内推广绿色建筑理念，推动绿色建筑的发展与实践。本书在编排结构上延续了以往年度报告的风格，共分为8篇，包括综合篇、标准篇、科研篇、技术篇、交流篇、地方篇、实践篇和附录篇，力求全面系统地展现我国绿色建筑在2019年度的发展全景。

　　本书以国务院参事、中国城市科学研究会理事长仇保兴博士的文章"我国绿色建筑回顾与展望"作为代序。文章对我国绿色建筑全面发展的15年进行了回顾并提出未来绿色建筑发展的策略方向。

　　第一篇是综合篇，主要介绍了我国绿色建筑发展的新动向、新内容、新发展和新成果。阐述了包括能源革命、智慧建筑、绿色建材、绿色设计、绿色建筑标准、室内环境、城市声环境等推动绿色建筑高质量发展的举措，提出绿色建筑实效化发展的建议。

　　第二篇是标准篇，选取1个国家标准、1个标准体系、5个团体标准，分别从标准编制背景、编制工作、主要技术内容和主要特点等方面，对2019年的最新标准进展进行介绍。

　　第三篇是科研篇，通过介绍10项代表性科研项目，反映了2019年绿色建筑与建筑节能的新技术、新动向。以期通过多方面的探讨与交流，共同提高绿色建筑的新理念新技术，走可持续发展道路。

　　第四篇是技术篇，针对绿色建筑内涵中的新增理念，收录了与健康、舒适、

宜居息息相关的 $PM_{2.5}$ 污染控制技术、室内生态壁材技术、光环境营造技术、立体园林绿色建筑技术四个方面研究成果，向读者展示新绿建技术的起源、原理及应用信息。

第五篇是交流篇，本篇内容由中国城市科学研究会绿色建筑与节能专业委员会各专业学组共同编制完成，旨在为读者揭示绿色建筑相关技术与发展趋势，推动我国绿色建筑发展。

第六篇是地方篇，主要介绍了上海、江苏、湖北等 6 个省市开展绿色建筑相关工作情况，包括地方发展绿色建筑的政策法规情况、绿色建筑标准和科研情况等内容。

第七篇是实践篇，本篇从 2019 年的新国标绿色建筑项目、绿色双认证项目、绿色生态城区项目中，遴选了 7 个代表性案例，分别从项目背景、主要技术措施、实施效果、社会经济效益等方面进行介绍。

附录篇介绍了中国绿色建筑委员会、中国城市科学研究会绿色建筑研究中心，并对 2019 年度中国绿色建筑的研究、实践和重要活动进行总结，以大事记的方式进行了展示。

本书可供从事绿色建筑领域技术研究、规划、设计、施工、运营管理等专业技术人员、政府管理部门、大专院校师生参考。

本书是中国绿色建筑委员会专家团队和绿色建筑地方机构、专业学组的专家共同辛勤劳动的成果。虽在编写过程中多次修改，但由于编写周期短、任务重，文稿中不足之处恳请广大读者朋友批评指正。

本书编委会
2020 年 2 月 8 日

Foreword

In 2017, the report of the 19th national congress of the communist party of China (CPC) pointed out the transformation of the principal contradiction in Chinese society, and put forward the new requirements of the era of "building a beautiful China" and "implementing a healthy China strategy". In the following years, general secretary Xi has repeatedly emphasized high-quality development on different occasions, and green buildings have been given a higher mission in the new era. In 2019, the green building standards were updated for the third time, highlighting the high quality requirements of green buildings and the basic attribute of "people-oriented". The positioning shifted from the previous functional standard and resource conservation to the focus on building's living quality and health performance, and gradually developed to the direction of high quality, effectiveness and deep level.

This book is China's green building council organized compilation of the green building 13 annual development report, aimed at a comprehensive system to sum up the experiences of research and practice of green architecture in our country, to guide our country's green building planning, design, construction, evaluation, use and maintenance, in a larger scope to promote green building concept, promote the development of green building and practice. In terms of layout and structure, this book continues the style of previous annual reports. It is divided into 8 articles, including comprehensive articles, standards articles, scientific research articles, technical articles, communication articles, local articles, practice articles and appendix articles, striving to comprehensively and systematically present the development panorama of China's green building in 2019.

This book is based on the article of Dr. Qiu baoxing, counsellor of the state council and chairman of China urban science research association, "review and prospect of the Green Building in China". This paper points out the existing problems of the old urban districts in China and puts forward the strategic guidance to solve the problems.

The first is a comprehensive article, which mainly introduces the new trend, new content, new development and new achievements of China's green building development. This paper expounds the measures to promote the high-quality development of green building, including energy revolution, smart building, green building materials, green design, green building standards, indoor environment and urban sound environment, and puts forward some suggestions for the effective development of green building.

The second part is the standards section, which selects one national standard, one standard system and five group standards to introduce the latest standards progress in 2019 from the aspects of standards compilation background, compilation work, main technical content and main features.

The third part is about scientific research. From the perspectives of green livable design of traditional villages, optimization of geothermal energy operation, renovation and operation of office buildings in Northwest China, application of renewable energy, simulation and optimization of energy consumption, the background, objectives and main tasks of key r&d projects in China at this stage are elaborated.

The fourth part is technical articles, in view of the connotation of green building in the new concept, research accomplishment is closely related to health, comfortable and livable of $PM_{2.5}$ pollution control technology, indoor ecological wall technology, light environment construction technology, three-dimensional landscape green building techniques, it helps the reader to understand the origin, principle and application information of the green building technology.

The fifth part is communication part. This part is compiled by the professional groups of green building and energy conservation committee of China urban science research association, aiming to reveal relevant technologies and development trends of green building for readers and promote the development of green building in China.

The sixth part is the local part, which mainly introduces the work related to green building in Shanghai, jiangsu, hubei and other three provinces and cities, including local policies and regulations on green building development, green building standards and scientific research.

The seventh part is the practice part. This part selects 7 representative cases from the new national green building project, green double certification project and green ecological urban area project in 2019, and introduces them from the aspects of project background, main technical measures, implementation effect and social and economic benefits.

The appendix introduces the China green building committee, the green building research center of the China urban science research association, and the green building alliance. It also summarizes the research, practice and important activities of green building in China in 2019 and presents them in the form of memorabilia.

This book can be used for technical research, planning, design, construction, operation and management of green buildings, government management departments, teachers and students of colleges and universities for reference.

The book is the result of the hard work of the expert team of China green building council and experts from local green building institutions and professional groups. Although in the process of writing many amendments, but because of the writing cycle is short, the task is heavy, the shortcomings of the manuscript begged the majority of readers to criticize and correct.

Editorial Committee

February 8, 2020

目　录

Contents

第一篇 | 综 合 篇

　　我国绿色建筑历经短短十余载，已经从21世纪初鲜为人知的"高端建筑"发展到如今建筑业高质量发展标配的"国民建筑"。以全球最快的速度，建立了顶层设计布局、政策方针引领、科技创新驱动、标准规范体系、技术产品配套、检测全面配套、项目及服务落地的全产业链条，处于全球先进之列。

　　量质齐升的发展是全行业不断思考、深化研究、身体力行实践、共同推进的成果。本篇凝聚行业大师的前沿观点，探索我国绿色建筑发展的新动向、新内容、新发展和新成果。本篇共收录8篇，分别从能源革命、智慧建筑、绿色建材、绿色设计、绿色人文、标准应用、室内环境、城市声环境8个方面展开。

　　首先介绍了能源革命的背景、目标和可能出现的主要变化，倡议大力推进可再生能源的应用，实现低碳供暖的发展路径与前景。其次分析了绿色建筑智能化发展的需求，介绍了绿色建筑智能化的发展背景、现状与关键技术，指出通过全周期"绿色建造＋智能建造"促进我国的城市发展的观点。再次剖析了建材行业发展面临的深刻问题，指明新兴建材行业应注重生产低碳化、环境友好化、循环利用化、结构长寿命化、建筑工业化、功能多样化。之后介绍了"十三五"国家重点研发计划项目"目标和效果导向的绿色建筑设计新方法及工具"的研究内容及观点，提出绿色性能优化的新方法、标准与工具。接着在小结我国绿色建筑发展的基础上，提出了启动绿色人文即软硬同时推进绿色发展的新倡议，并从绿建委的角度提了若干建议。《绿色建筑评价标准》的发布无疑是年度工作的一件大事，"四节一环保"向"五大性能"的转变标志着我国绿色建筑定位向高质量发展的重大变革，变革后的标准实施情况则成为行业关注的焦点，本篇针对这一问题进行答疑解惑。然后，为了探究中国绿色建筑性能提升关键指标及可采用技术，分析了国际及国内室内环境质量标准对室内环境性能要求及我国绿建新标对室内环境的性能提升。最后探讨从噪声控制到声景营造的变化，并讨论通过发展"声景指标"（SSID）实现人们声学舒适的方式，介绍了该领域研究的前沿与趋势。

期盼读者通过本篇内容，对中国绿色建筑高质量发展的举措、成果与趋势有一个新的认识，推动我国的绿色建筑在新时代发展到一个新的高度！

Part 1 | General Overview

Green building in China has developed from the "high-end building", which is little known at the beginning of the twentieth century, to the "national building" that is now standard for high-quality development of the construction industry just over ten years. At the fastest speed in the world, we have established a full industrial chain with top-level design and layout, policy guidance, technology innovation drive, standards and specifications system, technical product support, project and service, which stand out in the front of the world.

The development of both quantity and quality is the result of the continuous thinking, deepening research, practical implementation and joint promotion. This article consolidates the forward views of masters and explores the new trends, new content, new developments and new achievements of China's green building development. This article has 8 parts, including energy revolution, intelligent building, green building materials, green design, green culture, standard applications, indoor environment, and urban acoustic environment.

The first part introduces the background, goals and possible changes of the energy revolution, and proposes to promote the application of renewable energy to achieve the development path and prospects of low-carbon heating. The second part analyzes the requirements for the intelligent development of green buildings, introduces the development background, current status and key technologies of intelligent green buildings, and points out the viewpoint of promoting China's urban development through the full cycle of "green construction + intelligent construction" . Thirdly, some profound problems in the industry progress have been analyzed. Thereafter, the low carbon production, environment friendliness, recycling, long service life structure, construction industrialization and diversity function as the six development trends for the emerging building materials in the future. The fourth part introduces the research content and viewpoints of the 13th Five-Year National Key Research and Development Program "Object & effect-Oriented Green Building Design New Methods and Tools", and puts forward the new method, standards and tools for green performance optimization. Then based on the summary of China's green development this part proposes a new initiative to launch green culture, that is, soft and hard, and promote green development at the same time. Meanwhile, some Suggestions on the development of green culture in China are put forward from the perspective of green construction committee. The release of "Assessment Standard for Green Building" is undoubtedly a major event in the annual work. The shift from "four kinds of resource saving and environment friendly" to "five aspects of building performance" marks a major change of China's green buildings towards to high-quality development. The implementation of the standard after the change has become the focus of the industry's attention. This part answers this question. In order to explore the key indicators and technologies that can be used to improve the performance of China's green buildings, this part analyzes the requirements for indoor environmental performance of international and domestic indoor environmental quality standards and the improvement of indoor environment performance of China's revised green building standards. Finally, this part explores the need for developing "soundscape indices" (SSID), in the movement from noise control to soundscape creation, adequately reflecting levels of human comfort, and introduces the frontiers and trends of research in this field.

We are looking forward for readers to have a new understanding of the measures, results and trends of China's green building development, and promote China's green building to a new height in the new era.

1 关于能源革命的思考

1 Thinking about the energy revolution

摘　要：本文介绍了能源革命的背景、目标和可能出现的主要变化。针对与建筑相关的能源问题，本文介绍了能源的低碳化将带来新一轮的电气化，建筑需要由目前的刚性用电模式变为能够响应电源侧变化的柔性用电模式。目前建筑主要的直接碳排放是由冬季供暖热源造成，所以低碳能源要彻底改变目前的供暖热源方式。本文介绍了可能实现低碳供暖的"中国清洁供热2025"技术框架。低碳能源的另一项重要任务是发展生物质能源，作者介绍了在这一方向上的主要发展路径。

主题词：能源革命，电气化，低碳发展，可再生能源，清洁供暖

1.1　为什么要进行能源革命

习近平同志在 2014 年全国财经工作领导小组第六次会议上就提出能源的四个革命与一个合作：供给革命，消费革命，技术革命，体制机制革命，以及加强能源领域的国际合作。以后中央又多次提出，要进行能源供给侧和消费侧的革命。为什么要进行能源革命，能源革命的主要内容是什么？

我国的能源领域目前面临着三大挑战：能源安全问题，大气污染问题，以及气候变化问题。首先是**能源安全**。图 1-1-1 是改革开放以来中国各类能源消费的变化，图 1-1-2 是此间中国各类能源对外依存度的变化。这些数据表明，自 2000 年以来随着大规模城镇化建设和基础设施建设的拉动，我国能源消耗量也飞速增长，石油和天然气的对外依存度迅速提高。现在石油的对外依存度已经超过了 70%；随着目前"煤改气"的发展，俄罗斯输往中国的燃气管网达产运行后，天然气的对外依存度也将很快超过 50%。当石油和天然气成为我国的主要能源，而其又主要依赖进口，那么将严重危害我国的能源安全。在当前日益复杂的国际环境下，大量的油气进口，既要应对国外能源开采权或购买权的争议，又要解决海上和陆上能源长途输送通道的安全。而这二者又都与风云莫测的国际形势变化密切相关。所以，对于中国这样的大国，很难想象把整个国家的能源来源依赖在海外进口上。避免过高的能源对外依存度应该是保证能源安全同时也是国家安全的重要因素。

5

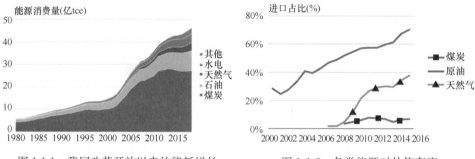

图 1-1-1　我国改革开放以来的能耗增长　　　　图 1-1-2　各类能源对外依存度

再就是**大气污染的治理**。彻底根治雾霾已成为全社会的共同祈盼，而 70%
以上的雾霾污染源来自化石能源的使用。从图 1-1-1 的能源消费增长状况与这些
年遭遇雾霾的经历就可以理解二者之间的关系。目前开展的散煤治理工程的目的
之一是消减雾霾，但即使全面实现煤改气，由于天然气燃烧中仍然释放大量氮氧
化合物，而氮氧化合物在光化学作用下形成的二次微颗粒恰恰是目前北京等全面
实现了煤改气的城市继续存在雾霾现象的主要污染源，所以煤改气也不能彻底解
决雾霾问题。对于中国东部这样存在高密度人口密集、高强度能源消费的区域，
只有大幅度减少化石能源的消费，才有可能根治雾霾。

更大的挑战则来自**气候变化**。由于化石能源的大量消费导致大量二氧化碳进
入大气，从而出现显著的气候变化现象。这一认识目前已经被充分证实，巴黎气
候大会也确定了全人类共同努力，要实现地球平均温度升高不超过 2℃ 的目标。
中国政府明确要在气候变化治理中发挥大国责任和义务，积极参与减少碳排放缓
解气候变化的行动。按照温升不超过 2℃ 的目标，人类自 2015 年到 2050 年间由
于化石能源使用所排放的二氧化碳总量应控制在 1.5 万亿吨，按照人人具有相同
的碳排放权的原则，我国此段时间内可排放的二氧化碳总量应该为 2700 亿吨。
我国自 2015 年起每年的二氧化碳排放总量都在 100 亿吨左右，即使到 2030 年前
维持这一排放强度，则 2030 年到 2050 年的二十年间还可以排放的二氧化碳就只
剩下 1200 亿吨，按照线性减排，要在目前的 100 亿吨的基础上，从 2030 年起，
就必须持续每年减少 4 亿吨碳排放，使 2050 年的碳排放量降低到 20 亿吨以下。
而这种大规模的减排还要建立在能源消费总量持续增长以满足社会发展、经济持
续增长的条件下。这在目前以化石能源为基础的社会，几乎是一件不可能的事。

要应对以上三方面的挑战，需要全方位节能，减少需求、提高能效，控制能
源需求总量的增长，而根本解决的途径则是要彻底改变目前的能源结构，由目前
化石能源占 80% 以上的能源构成结构改为以可再生能源和核能为主的能源构成
结构，不再依赖燃煤、燃气和石油，从而也就实现了能源自给、大气治理和低碳
发展的目标。

因此，能源革命的核心内容就是变目前的化石能源为主的能源结构为可再生能源和核能为主的低碳能源结构，实现能源供给的可持续发展。通过减少能源需求、提高用能效率，如果未来能源总需求控制在每年50亿吨标煤，则煤炭可以从目前接近30亿吨标煤减少到15亿吨，石油从目前的6亿吨标煤减少到4亿吨，天然气从目前的3000亿 m^3 增长到4000亿，则可再生能源与核能要在能源总量中占到50％以上。通过15年的努力，在2035年如果能达到这个比例，就可以基本解决能源安全和雾霾问题，再经过15年的努力，到2050年通过进一步发展各种可再生能源，把燃煤和石油用量再削减一半，基本上就可以实现未来的低碳目标。

1.2　能源革命的主要内容

能源革命的根本是彻底改变能源结构，使可再生能源和核能达到25亿吨标煤。现在可能利用的可再生能源主要是水电、风电、光电，以及生物质能。生物质能包括农田产出的秸秆、林区产出的枝条、牧区产出的粪便，以及城市的垃圾、绿化枯叶等。我国土地资源匮乏，生物质资源相对不多，按照目前的分析，全方位开发利用，生物质可以提供5~8亿吨标煤的能源量。这样，风电、光电、水电、核电还需要提供相当于17~20亿吨标煤的可再生能源。由于这些可再生能源的直接产出形式都是电力，按照目前的发电煤耗折算，需要可再生电力与核电的贡献量为6~7万亿 kWh，这就是我国到2035年可再生能源的发展目标。剩下的25亿吨化石能源中，约15亿吨还需要用来发电，成为5万亿 kWh 电力，为可再生电力调峰补缺，剩余的10亿吨标煤除部分用于化工生产原料，其余用于工业和交通部门对燃料类能源的需求。

目前我国终端用能中电力占43％（按照发电煤耗计算），按照上述低碳能源结构，未来终端用能中电力需要占到终端用能的66％（按照发电煤耗计算）。这就要求用能方式要出现大的变化，以适应能源供给方式的变化。所以要求能源消费侧的革命，其中心内容为：①通过节能来减少需求；② 由以燃料消费为主转为以电力为主的终端能源使用模式；③要改变目前的用电方式，由刚性用电变为柔性用电。

为什么要改变目前的用电方式呢？当为电网提供的电源的主要部分来源于可调控的火电和水电时，电源的任务就是为电力用户提供服务，根据用电侧负荷的变化进行实时调节，使发电量时刻与终端用户的用电量平衡（再加上传输过程的损耗），这就是刚性用电方式，或称电源侧与用户侧为刚性连接。然而，由于风电、光电的不可控性和随机性，当电源中的风电、光电占到较大比例后，电源侧就不再能根据终端用电需求进行及时的大幅度的调整。当负荷侧功率的变化超过

7

电源侧可灵活调节功率时，或者就不再能满足用户瞬态的功率需要，或者是由于供大于需而弃光、弃风，放弃当时不能利用的这部分可再生电量。如果未来核电稳定地提供 1 亿 kW 电力，全年发电 8000 亿 kWh，未来水电装机容量可在 3 亿 kW，平均发电小时数 6000 小时，则可发电 1.8 亿 kWh，这样，风电、光电需要贡献 4 万亿 kWh 以上的电量。如果风电、光电年平均发电小时数为 1600h（实际风电要长一些，光电要少一些），则 4 万亿 kWh 的电量需要风电、光电总的装机容量达 25 亿 kW。根据天气的变化，这些电源的输出功率将可能在 20 亿 kW 到 5 亿 kW 之间变化。如果 3 亿 kW 水电再加上 1 亿 kW 抽水蓄能电站全力为其调峰，则输出功率将在 19 亿 kW 到 9 亿 kW 之间变化，再加上 1 亿 kW 核电，输出功率大约在 20 亿 kW 到 10 亿 kW 之间变化。按照前述规划在终端大比例实现电气化后，如果按照目前的刚性用电模式，全国用电功率的变化可能在 28 亿 kW 到 12 亿 kW 之间变化，但是电源侧与负荷侧的变化并不匹配，很可能出现高功率电力输出时恰为负荷侧的低谷，或者相反，低功率的电力输出时出现高峰的用电负荷。

这时一种解决方案是增加 8 亿 kW 以上的 6 小时蓄能能力，以应对发电高峰而负荷侧低谷时刻的调节，同时这 8 亿 kW 的蓄电能力又可以在用电负荷高峰期提供约 6 亿 kW 功率，这就可以再通过 12 亿 kW 的火电装机满足电力负荷高峰的需要。12 亿 kW 火电加上 1 亿 kW 核电共 13 亿 kW 的热电中至少有 5 亿 kW 位于冬季需要供暖的北方地区，如果其中的 3.5 亿 kW（包括核电）采用热电联产，就可以输出 5 亿 kW 热量，为北方 140 亿平方米城市建筑提供冬季供暖基础热源。

8 亿 kW 的 6 小时蓄能能力需要 48 亿 kWh 的蓄电池，需要近 10 万亿元投资并解决空间、管理和安全问题。而另一个途径就是改变终端用电方式，变刚性为柔性来实现 8 亿 kW 用电功率的调节。发展可中断工业生产方式，如电炉炼钢、电解铝，以及电解制氢等生产时间可调控的高用电产业，可以产生约 2 亿 kW 的电力调峰能力，剩余的 6 亿 kW 可以通过建筑的柔性用电和纯电汽车的充放电调节来实现。我国未来城镇建筑总规模将在 550 亿平方米以上，如果其中的 180 亿平方米建筑能够成为响应电力调峰的用电终端，则只需要 35W/m² 的用电调节能力就可以满足上述 6 亿 kW 的电力调峰需要。这样一来，问题就成为：怎样使这 180 亿平方米建筑及它所联系的约 3000 万辆纯电动汽车（约为我国未来纯电动小轿车的三分之一）能够按照需求侧响应的模式，实现 6 亿 kW 的电力负荷调节呢？

1.3 建筑用能的全面电气化

实现建筑用能的全面电气化，是实现前述未来低碳能源的基本需求。目前城镇建筑主要用能需求和用能形式为：

（1）冬季的建筑采暖。这是建筑用能中的燃料需求最主要的用能目的，也是建筑实现全面去燃料化面临的最大挑战。这将在下一节中详细讨论。

（2）制备生活热水以及医院消毒、洗衣等的蒸汽需求。可以通过电驱动热泵，或者直接电热来替代分散的和集中的燃气锅炉。实践表明，即使采用分散的电热方式制取热水或蒸汽，用于医院等对蒸汽的特殊需求，由于减少了输送过程中的热损失，其能耗也低于集中的燃气锅炉（按照 $1m^3$ 天然气折合 5kWh 电力计算）。

（3）炊事。实际上电炊事设备早已进入千家万户，除了中式炒菜，其他各种方式的电炊事完全可以替代燃气。而电炒锅器具现在也可以满足炊事要求，不能实现完全替换的原因更多的是文化因素。当把绿色低碳能源作为目标来推广电炊事装置时，应该很快实现这一替换。

其余的各类建筑用能装置都早已实现了电气化，如照明、空调、电梯及白色和黑色家电、各类办公设备等。反之，却应该防止目前打着绿色节能的旗号到处推广燃气驱动的 BCHP、燃气驱动的分布式能源站等逆电气化大趋势而行，用燃气替代电力，反而加大了建筑用能中对燃料依赖的比例。

为了实现建筑的柔性用电，就是尽可能安排一批可根据电网供需关系状况而进行错峰填谷用电的用电末端。如近二十年推广的冰蓄冷、水蓄冷装置。实际上近年来迅速增长的热泵技术也可以按照需求侧响应的方式运行，利用建筑围护结构自身的热惯性，错开用电高峰运行，在电力低谷期增加运行时间，通过提高室温向围护结构蓄热。当建筑具有较好的气密性时，连续两小时停止或开启热泵系统供热，导致室内的温度变化不超过 1℃，但却可以获得对电网的很大的调峰作用。

更彻底的变建筑刚性用电为柔性用电的途径是"直流建筑＋分布式蓄电＋光伏电池＋智能充电桩"的新型建筑配电系统。现代用电技术的发展，使得建筑内绝大多数的用电设备内部供电的真正需求已经从交流转为直流。照明采用 LED，需要直流供电；信息类电子装置本身就要直流供电；交流异步电机等产生旋转动力的设备正在逐渐被变频的同步电机所替代，而变频器是将输入的交流电源先整流为直流，再根据要求的转速逆变为不同频率的交流。直接以直流供电，可以减少一个 AC/DC 环节。至于电热装置，则可直接直流供电。建筑用电装置中已经很少有必须用交流驱动的了，即使个别必须用交流驱动，也可以很方便地通过 DC/AC 逆变得到要求的电源。未来希望建筑外表面大范围安装太阳能光伏电池，通过 DC/DC 又可使光伏电池很方便地接入楼内配电系统。

图 1-1-3 为建筑直流配电的系统原理图。光伏电池、蓄电池和充电桩通过 DC/DC 直接接入直流母线，外电网通过 AC/DC 为直流母线提供不足的电力，各

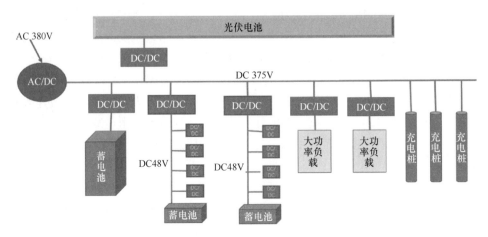

图 1-1-3 实现建筑柔性用电的途径：直流配电＋分布式蓄电

类用电末端则通过 DC/DC 由直流母线得到满足自己需要的电压。直流母线的电压可在建筑配电入口 AC/DC 的控制下在正负 30％范围内变化，使其同时成为传递用电调节方式的信息通道：当母线电压较高时，各充电桩、蓄电池转为充电状态，并随母线电压升高而加大充电量，各种用电装置也根据自身性能，尽可能加大用电量或加大充电量（带充电电池的用电装置）；当母线电压较低时，各充电桩、蓄电池则转为放电状态，各用电装置则自行尽可能地降低用电负荷（如降低转速、降低加热或照明功率、暂时停机等）。这样通过 AC/DC 对直流母线电压的控制，就实现了用电负荷的控制，从而使系统成为柔性用电，也就是实现了需求侧响应的用电方式。

定义建筑的用电柔度 f_e＝通过调节可使用电功率出现的最大变化/未调节时的用电功率。不同的用电装置具有不同的用电柔度。例如对于电子和信息类装置，其用电功率由当时工况决定，很难进行调节，所以这类装置的用电柔度为 0；反之，以电阻方式加热的电热设备用电功率的变化与电压变化的平方成正比，当输入电压波动 30％时，功率的变化可达 60％，于是其柔度为 0.6。对于其他大多数用电装置，实际用电功率可以由用电装置内部的调节环节根据母线电压和预定的响应程度系数来调节。

这样，一座建筑的实际用电功率可以通过电力入口处的 AC/DC 来调节。AC/DC 可通过调节器输出的直流母线电压调节当时的用电功率，使其接近希望的用电功率。这样就可以在一定程度上实现如下三种调节结果：

恒功率用电，使建筑用电接近恒功率运行，可以大幅度降低建筑配电容量；

按照峰谷差电价运行，峰段不用或少用，谷段尽量多用；

随时响应电力调度要求，根据电网状况调节用电功率。

当不接入蓄电池和充电桩时，这种柔性用电方式可使居住性建筑在 20％～

30%范围内改变用电功率,办公建筑在 10%～20%范围内改变用电功率。当接入一定容量的蓄电装置,构成建筑内部的分布式蓄电系统后,可以使建筑在 50%以上范围内调整用电功率。当进一步接入建筑外停车场的智能充电桩和电动汽车后,其调节范围可扩大到 0～100%,这就彻底实现建筑用电的柔性化,使其成为"虚拟电厂"或"虚拟蓄电站"。这种方式成为大比例发展建筑外表面的分布式光伏电池的建筑配电方式,同时可以消除由于建筑用电负荷的波动导致电网用电负荷出现的巨大峰谷差,并且为电网大比例地接收外部的风电、光电提供条件。

1.4 北方冬季供暖方式的革命

目前的建筑用能中,最依赖于直接燃料的是北方冬季采暖热源。目前北方城镇的供暖中仍约有一半建筑的供暖热源由燃煤燃气锅炉提供。由于采暖只是维持室内温度不低于 20℃,因此从原理上来说,任何可向 20℃以上环境释放热量的热源都可用来充当供暖热源,而燃煤燃气锅炉都是用化石燃料提供几百度的热量,再最终传递到 20℃的室内,所以造成巨大的热量品位损失,完全不符合"温度对口、梯级利用"的原则。供暖的合适的低品位热源来源有:燃煤燃气火电厂和大量高用能的工业生产过程排放的低品位热量。为了保证发电和工业生产的正常运行,必须排出这些热量,而且往往还要消耗大量的工业用水通过冷却塔蒸发排热,或者消耗电能驱动风机通过空冷岛排热。充分回收这些热量即可满足供热需求,还可以减少冷却塔的水耗和空冷岛的电耗。对于燃煤火电,目前的超临界机组,每输出 1kWh 电力,耗煤约 300gce,折合热量 2.44kWh 热量。整个电厂的热效率如果在 92%,则还可以输出 1.24kWh 的热量。抽取部分蒸汽减少 20%的发电量,这部分电量也转为热量,这样对于标称 1kW 发电容量的机组,在全部回收余热的热电联产条件下,发电量降到 0.8kW,输出热量可达 1.44kW,输出的热量与减少的发电量之比为 7.2,这相当于一个 COP 为 7.2 的热泵产热。实际上绝大多数电动压缩热泵系统在以常温为低温热源时很难实现这样高的 COP,因此有效回收余热的热电联产热源是远比目前的各类热泵能量转换效率都高的热源方式。目前绝大多数燃煤热电联产方式都是传统的"抽凝"方式,也就是抽取进入低压缸之前的温度在 150℃左右、压力在 0.4～0.6MPa 的蒸汽与热网循环水换热,同时仍保留 30%～40%的蒸汽进入低压缸继续发电,发电后的低温乏汽仍然排掉。这样的方式 1kW 机组发电标称容量在热电联产工况下发电 0.75kW,输出用于供热的热量约 1kW,仍有约 0.7kW 的低温乏汽余热作为冷端损失从冷却塔或空冷岛排掉。回收这部分低品位余热,使其也成为建筑供热热源是热电联产余热回收改造的目标。对于核电厂,由于其蒸汽参数低于超临界燃煤电厂，所以排热的比例大于超临界燃煤电厂，有更多的低品位余热可用于回收利用。

　　近年来国内一些热电厂对机组进行几种方式的高背压改造，使本来要进入低压缸的蒸汽全部用于供热，从而使总的热效率也提高到 92% 左右，1kW 标称发电容量的机组输出的热量可提高到约 1.55kW。这样做确实可以避免冷端损失，保证了总的热效率，但把发电量降低到标称容量的 70% 以下，增加的热量与减少的发电量之比在 5 左右，也就是仅相当于 COP 为 5 的热泵。同时，这种高背压方式的发电量与产热量完全紧耦合，只能通过调整总蒸汽量同时加大或减少发电和供热量，很难分别对发电量和输出热量进行单独的调节。根据前面讨论，未来的燃煤燃气火电厂冬季要实现双重功能：为电网电力调峰，为城市建筑供热。根据风电光电的变化，火电厂在一天内输出的电功率应能迅速在 100%～35% 之间调整变化，同时又要满足供热需求，因此这种高背压方式并不能满足要求，而是需要新的工艺流程，其目标为：①能够实现输出电力的 35%～100% 范围内的快速调节；②能够全额回收冷端余热，使热效率在 92% 以上；③保证足够的输出电热比，日均输出的电力与热力的比应不低于 0.5。这三条将是对未来燃煤燃气热电厂的基本要求。

　　为实现这一目标，清华大学建筑节能研究中心在 2019 年提出"中国清洁供热 2025"新的技术框架，由 5 大特征、4 个改变、3 个效果组成。

　　5 大特征为（图 1-1-4）：

　　（1）低回水温度供热。把返回到热源厂的回水温度降低到 10～20℃，以充分回收利用热源厂的低温余热。

　　（2）回收利用热电联产和工业余热的低品位余热，包括北方核电厂排出的低品位余热。在为城市提供热热源中，冬季累计 60%～70% 的热量来自原本会排

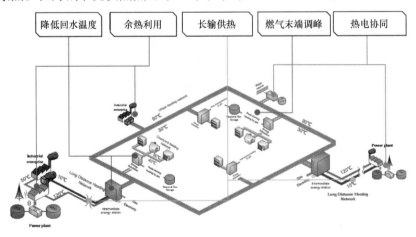

图 1-1-4 "中国清洁供热 2025"技术方案的 5 大技术特征

放到外界的废热,这样就极大地降低了冬季供热能耗。

(3) 长距离输热。通过拉大供回水温差,大容量地(千兆瓦以上)进行热量输送,可以使得输送距离超过 100km 时其经济性仍然优于燃气锅炉热源,这就解决了在地理位置上热源与需要大量采暖热量的建筑密集区的不匹配问题。

(4) 燃气末端调峰。这一技术又可以避免远距离大容量的集中热源调节缓慢,难以应对末端各种不同需求的问题,使快速与精细调节的问题主要由终端燃气调峰解决。同时还大大提高了系统的安全可靠性,并且使大容量的热源与长距离输送管网可在整个冬季稳定地全负荷运行,从而获得最大的经济效益。

(5) 热电协同。这一特征则是使热电厂得以在低碳能源环境下得以保留的关键。通过在热源厂建立大容量蓄能装置和热泵等电热转换装置,实现在热电联产工况下在发电侧仍具有很好的灵活性,从而在冬季承担起电力调峰和为供热提供基础热负荷这双重功能。

4 个改变为:

(1) 变燃烧化石能源的热源为回收各类低品位余热作为供热热源;

(2) 变热源与用热终端直接连接的同步供热方式为通过蓄能和热泵提升技术,使热源与终端之间热量并非同步的柔性供热(热源根据余热生产情况产热,用热侧根据终端需求用热,二者并不同步);

(3) 变单纯换热功能的热力站或热入口为具有热量变换和降低回水温度功能的能源站;

(4) 变目前的城市热网+小区热网的二级供热网模式为跨区域输热、城市网、小区网三级模式。

通过上述 5 大特征和 4 个改变,可以大幅度降低北方城镇供暖能耗,减少冬季由于供暖导致的污染物向大气的排放,而总的投资和运行成本与以燃煤锅炉为主要热源的方式相同。其具体数值比较见图 1-1-5。

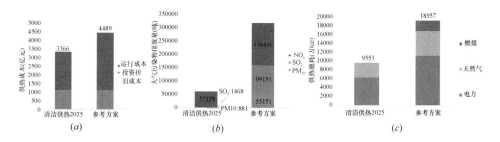

图 1-1-5 采用清洁供热 2025 模式的成本、污染排放和能耗与现有方式的比较

我国未来北方城镇总的供暖面积将达到 200 亿 m^2,燃煤与核电热电联产可提供 140 亿 m^2 建筑的基础供热负荷,坐落在北方的各类工厂所排放的工业低品位余热可为约 20 亿 m^2 建筑提供基础负荷,这样采用前面的"中国清洁供暖

2025"模式可以为 160 亿 m² 建筑解决供暖需求。其余约 40 亿 m² 难以接入城市热网的建筑，则可以采用分散式燃气锅炉或多种方式的热泵满足供热需求。这样，可以使城镇供暖基本满足未来低碳的要求。

北方未来约 100 亿 m² 的农村建筑的供暖则需要采用不同的解决方案。除了少数农村临近区域或城市的集中供热网，可以如城市建筑一样接入集中供热系统，大多数农村建筑相对稀疏，采用集中供热方式投资高，运行管理也存在很多问题。目前农村居住建筑每户房间多、面积大，但使用率并不高。大多数家庭仅少数成员平时在家，仅需要 2～3 个房间，而新年春节或周末则全家团聚，所有房间都要使用。采用集中供热就会长期连续为这些平时不用的房间供热，造成很大的浪费。所以分户、分室的分散方式应该是在这种使用模式下供暖的优先选择方式。在当地具备足够的生物质能源时，可以采用生物质成型颗粒的采暖炉。当生物质资源不足时，可以采用分散的空气源热泵热风机，实现分户分室采暖，并能根据使用需要快启快停。当电力供应来源大比例源自可再生电力时，农村全面采用分散的生物质成型燃料锅炉和空气源热泵热风机这两种方式，可以满足供热需求，同时也实现对大气的低排放和零碳。

1.5　加大力度开发和利用生物质能源

可再生能源和核能中，绝大多数的能源产出形式是电力，目前唯一以燃料方式出现的零碳能源就是生物质能源。因此怎样开发利用好这一宝贵的零碳燃料，满足用能领域需要燃烧燃料的用能方式对燃料的需要，是需要特别注意的问题。

生物质能包括农作物的副产品农业秸秆、林业生产的副产品林业枝条、畜牧业生产的副产品牲畜粪便，以及城市绿化需要排除清理的枯叶、枝条，还有餐厨湿垃圾等。根据不完全统计，我国这些生物质资源每年可提供 8～9 亿吨标煤的能源，而目前作为能源利用的还不到 2 亿吨标煤，利用率低于欧洲、南美等许多国家。可作为能源利用的生物质材料与化石能源不同，减少化石能源的利用就是减少开发化石能源，将其继续留在地下。而每年产出的生物质材料是各类生产活动的副产品，不论是否将其作为能源利用，都必须将其消纳。以往较多是将这些生物质材料堆积发酵，制备绿肥，或者直接填埋于地下，自然发酵。这样的发酵过程会释放大量甲烷等温室气体，其等效温室气体作用是二氧化碳的几十倍。各种填埋方式都将产生大量温室气体排放，只有将其作为燃料燃烧，仅释放二氧化碳，才可认为是零碳排放的消纳方式。把各类生物质材料作为能源利用，既可作为零碳能源，替代化石能源，又可以避免这些生物质材料转变为非二氧化碳类温室气体造成的等效的碳排放，对缓解气候变化有重要作用。

生物质材料的能源利用有两个路径：压缩成型为生物质颗粒状燃料，转化为生物质燃气。目前已有成熟的生物质压缩成型技术和装置，压缩成型的生物质燃料便于储存、运输，并可以实现高效清洁燃烧。现在已经开发出各类使用压缩颗粒的燃烧器、炉具、锅炉分别用于炊事、采暖等。燃烧效率可以从秸秆散烧时的不到10％的低效提高到接近40％的高效。各类燃烧器排放水平除氮氧化合物外，其他指标也已经接近天然气的排放标准。因此农村生活用能应首先选用当地自产的颗粒压缩成型生物质燃料，再由电力补充，实现农村的零碳能源。在满足当地农民生活用能的基础上，多余的生物质成型燃料还可以进入能源商品流通市场，成为优质的零碳燃料。

另一条生物质能源的利用方式是用生物质材料产生沼气，再进一步分离出其中的二氧化碳，制备成高质量的生物燃气。几十年来在农村推广沼气并不能持续，其主要原因是主要推广户用小沼气，由于维护管理不善，这些小沼气都不能持久。目前成功的经验是建立大型沼气池，按照工业化生产方式生产生物燃气。这已经在北方很多粮产区和畜牧业基地（养猪场、养鸡场）取得成功。所产出的生物燃气可以直接成为汽车燃料，也可瓶装后进入燃气流通市场，成本与常规天然气接近。生物燃气的副产品沼渣、沼液又可以作为优质肥料替代化肥。

大力开发利用生物质能源，使其占我国的能源总量由目前的不到4％提高到15％以上，是实现能源低碳转型中必须完成的重大任务，目前和发达国家比相对落后，我们需要高度重视，迎头赶上。开发利用生物质能，应该和目前北方农村开展的清洁取暖行动充分融合，"煤改生物质"可能是最"宜"的选择。生物质材料消纳的能源化，还会为改善农村经济状况，改善农村大气与水环境起到重要贡献。

1.6 结   论

本文为作者对能源革命的初步认识。尽管能源革命的根本目的是彻底改变能源结构，实现能源的低碳化，但能源结构的革命必然导致消费侧的革命，也就是用能方式、用能系统的相应革命。而城乡建筑用能是能源消费的三大领域之一，也是未来将出现巨大变化的用能领域，能源消费领域的革命必然给城乡建筑用能方式带来巨大的变化。提前认识到未来将出现的变化，积极地应对、适应这一变化，做能源革命的引领者和推动者，而不是消极地应对这一革命性变化，更不能做革命的拖后腿者。这应是我们从事这一领域的每一位从业者需要认真考虑和对待的问题，更是作为绿色建筑的推动者需要积极面对的任务。

作者：江亿（清华大学建筑节能研究中心）

2 绿色建筑的智能化和智能绿色建筑
2 Intelligence of green building and intelligent green building

2.1 背 景

城镇化不是简单地把体力劳动从农村挪到城市，而是经过二次转型，使国家真正走向智慧创造。我国经济发展步入"新常态"后，供给侧结构性改革成为适应和引领我国经济发展的重要举措。提高城市建设水平，优化城市建筑是这一时期的重要工作。

智慧建造是新一代信息技术与工程建造融合成的工程建造创新模式：即利用以数字化、网络化和智能化和算据、算力、算法为特征的新一代信息技术，在实现工程建造要素资源数字化的基础上，通过规范化建模、网络化交互、高性能计算以及智能化决策支持，实现数字链驱动下的工程策划、规划设计、施（加）工生产、运维服务一体化集成与高效率协同，向使用者提供以人为本、绿色可持续的智能化工程产品与服务。

绿色建筑在建筑的整个生命周期中，致力于以最节约能源、最有效利用资源的方式为建筑使用者提供最安全、最舒适的居住和工作场所，从而达到人和建筑与环境的可持续发展。智能建筑是实现绿色建筑目标的重要组成部分和发展手段。要实现绿色建筑的功能，必须要结合智能建筑的相关技术，特别是计算机技术、自动化控制技术以及先进科学的建筑设备等建筑控制技术。随着现代社会各方面发展的不断智能化，智能系统的功能、运行技术将成为绿色建筑不可分割的重要部分，绿色建筑和智能建筑一体化有机结合成为建筑行业未来发展的必然趋势。

绿色建筑的智能化是重新优化组合绿色建筑的系统结构、服务管理等基本要素和不同功能的建筑智能化子系统，在绿色建筑的基础上，通过使用智能化系统实现绿色建筑内部的信息、机电设备、办公、安保设施、消防系统自动化，来共同实现绿色建筑的智能化。在节约能源的前提下，绿色建筑的智能化不仅可以采用新型绿色建筑技术，还可以利用智能系统将建筑能耗降至低的数值。

2.2 建筑智能化节能的发展前景

进入 21 世纪后，我国确立了可持续的发展主题。作为我国经济发展的支柱行业的建筑行业在经济发展和城市规划中承担着重要任务。然而从目前的能源结构看，我国建筑能耗占总商品能耗的比例远高于同等气候条件的发达国家水平，由此证明了绿色建筑节能在我国存在巨大的发展潜力。

可持续发展要求建筑行业转变传统的高能耗模式，探索绿色节能的发展模式。而智能化系统的引入可为绿色建筑节能提供非常重要的技术支持，实现建筑在全生命周期中对能源的高效利用，达到"人""建筑""自然"的和谐统一，为我国可持续发展战略贡献行业力量。根据《中国智能建筑行业发展报告（2013—2018)》显示，我国每年约新建智能建筑 4000 亿 m^2。随着智能建筑的不断普及，它作为智慧城市的固定数据收集节点，发挥着稳定、细致的作用，可以充分反映城市居民的工作和生活情况。

绿色建筑的智能化系统涵盖范围十分广泛。主要包括：

（1）信息系统。在绿色建筑中，需要全面收集气候环境、生态植物、建筑构筑物、环保设备和机电设备、社会服务领域的信息给绿色建筑管理提供可靠信息。

（2）控制系统。例如能源系统的控制系统、照明控制系统、空调控制系统、智能通风设备控制系统等。

（3）智能管理。在绿色建筑中，需要建立一套完整的信息集成系统，充分发挥各子系统的能力，统一调度建筑中各项设备，进而降低建筑运行能耗，实现绿色建筑的节能、环保目的。

（4）智能决策。决策系统在建筑建设、管理和更新改造中扮演着重要的角色。

2.3 绿色建筑智能化在城市发展中的需求及特点

随着近十年信息科学技术和互联网技术的发展和成熟，城市在发展过程中，还应当遵循自身发展规律，由单个城市向智慧城市群落转变。"智慧城市"的本质是将原城市概念中包含的例如文化教育、交通物流、卫生医疗、城市管理、商业活动、能源资源等要素，通过物联网、云计算、大数据等网络科技进行深度整合，使政府对城市的便民服务、公共治理、治安维稳、交通物流、民生及商业等需求有快捷的掌握及反馈，从而不断提高城市建设规划、服务管理、生产生活的网络化、信息化，使城市中各种要素能够得到协调管理。

在智慧城市大背景下，智能化系统是支撑绿色建筑的重要基础。绿色建筑智能化的需求主要集中于运营管理上，绿色建筑的运营管理策略与目标需要在规划设计阶段确定，并在运营过程中不断改进。在未来的智慧城市建设中，要促进智慧的城镇建筑群建设，实现城市群的协同创新、区域联动，不断推动城市与城市间的合作，加深相互之间的产业关联性、环境关联性。

2.4　国内外智慧建筑发展现状

2.4.1　国外智慧建筑的发展现状

智慧建筑在国际上的发展已经有很长一段时间。20 世纪 80 年代初期，美国诞生了世界上第一个智能建筑，位于康涅狄格州哈特福德市的办公自动化软件的办公楼，配备自动监测火灾的自动监控安全系统。20 世纪 80 年代智能化建筑在全世界范围内高速发展，新加坡、印度和一些欧美国家陆续建设"智慧城市"。智能建筑因其智能高效、节能舒适等特点在世界各地取得快速发展，引起了广泛的关注。进入 90 年代后期，绿色建筑的理论逐渐成熟，国际上对绿色建筑和智能建筑结合的探索开始发展起来。21 世纪之后，绿色建筑和智能建筑的结合更是进入高速发展的时代。2003 年，美国《技术评论》提出"传感网络技术将是未来改变人们生活的十大技术之首"。2008 年，EPOSS 通过《Internet of Things in 2020》报告推测分析了物联网发展的四个阶段。2008 年，IBM 提出"智慧地球"概念后，很多国际知名互联网厂商针对智慧建筑提出了不同的解决方案。2009 年，日本提出了"I-Japan 智慧日本战略 2015"，目的是将建筑智能化技术融入国民经济的各个领域，最初目标重点放在医疗卫生信息服务、教育和人员培训，作为三大电子政府管理公用事业，促进了建筑智慧化程度进一步普及。2010 年，美国中西部一所城市在 IBM 等新型技术的帮助下，将城市建筑完全数字化，力求将城市所有能利用上的资源都连接起来建立智能化系统。2012 年 IBM 公司实现了将卢浮宫打造成欧洲第一个智慧博物馆的目标。2015 年，美国华盛顿大学 Alex 和 Arye 研究了影响智能公寓居住者社交网络的效应，以期将建筑的能源效率提高到社会期望的状态。2018 年，SmartME 项目旨在通过利用分布在墨西拿市的现有设备、传感器和执行器创建"智能"服务的基础设施和生态系统，Stack4Things 是 SmartME 项目的核心管理框架。

2.4.2　国内智慧建筑发展情况

我国智能建筑建设始于 20 世纪 90 年代，初期发展较为缓慢。从 1992 年开始，我国陆续建成大批"智能建筑"。2009 年，朗德华信（北京）自控技术有限公司在"云计算"和"物联网"技术的基础上,为绿色建筑节约能耗而推出了全球首家云计算建筑能源管理控制平台和中国第一家 IP 物联网自适应控制系统,落实了智慧建筑的理念。上海浦江国际金融广场是国内首次采用建筑全生命周期合同能源管理模式的绿色智慧建筑,从设计到建成运营的整个过程,实现各个环节中智能化的管理。此外,北京大厦、上海金茂大厦、青岛银行等的建设都具有相当高的智能水平。智慧城市建设依靠智慧建筑提供的数据进行分析与应用,为决策提供数据支撑。近年来,我国智能建筑虽已得到相当程度的发展,但由于经济、技术、人为等各方面原因影响,从绿色建筑发展情况来看,很多城市仍然面临依赖政府给予专项财政补贴、依靠政府强制执行法律法规和行业标准的问题。智能建筑技术起步较晚,应用普及面不够,创新能力整体不强,尚属起步阶段。整体上看,中国当前建筑业的发展水平,还无法满足建成全球卓越城市的发展战略需求。建设行业的绿色发展和智能发展各自为政,缺乏跨领域综合的思维。需要紧紧抓住新一轮科技革命为产业变革与升级带来的历史性机遇,形成绿色化与智能化相融合的智慧建造发展模式,彻底扭转碎片化、粗放式的工程建造方式。

2.5 绿色建筑智能化相关关键技术

智能建筑的智能系统由多个基本自动化系统组成。这些系统的实现技术涉及建筑、控制、信息、人工智能等多个领域,内容庞杂而且处于快速发展之中。智能建筑实现技术可以归纳总结为:信息传输通道平台、信息采集与处理的自动化平台和信息综合的智能化平台。建筑设备自动控制系统按其自动化程度可以分为单机自动化、分系统自动化、综合自动化。在智能建筑系统中应用的数据库有关系数据库和实时数据库两类。关系数据库目前已经在各类管理信息系统中得到广泛的应用。实时数据库是实时系统与数据库技术的结合。绿色建筑综合集成化系统是将各个系统整合到相互关联的、相互协调统一的系统中,使各分系统实现资源共享和高效管理。

2.5.1 智能化住宅小区

智能化住宅小区以一套完备的网络系统为基础,实现建筑与智能化系统的有机结合。通过智能化系统的高效管理,为住户提供舒适愉悦的生活和居住环境。它由以下系统组成:

(1) 安全防范子系统。在小区中建立完善的安全防范系统,对小区各区域进行 24 小时严格的监控。

(2) 监控子系统。主要包括小区内部设备的监控与运行维护管理,家里综合信息展示平台。

（3）信息网络系统。主要包括楼宇自动化系统、卫星电视网络子系统、有线电视网络子系统、通信网络子系统、计算机网络子系统。

（4）室内空气调控系统。主要包括空调调控子系统、太阳能热水调控子系统和自然风、光线调控子系统等。

（5）智能家居系统。主要包括家居通信信息子系统、家居综合布线子系统。

2.5.2 智能校园

校园作为"人才的摇篮"，其建筑具有文化意识与象征含义。校园建筑是重要的城市公共建筑，校园建设的智能化发展尤为重要，不少校园提出了智能化的要求。20 世纪 80 年代中期，我国智能化校园建设开始起步，首先提出教育信息化建设。随着互联网的发展，各类信息网络系统逐步完善健全，各种互联网资源日益丰富，校园内各系统和资源逐步整合。互联网的发展和"智慧地球"概念的提出为智能校园的建设奠定了基础。

智能校园需具备以下几个特征：

（1）充分利用各项技术，实现智能化的教学环境。在校园中设置电子化教室，教学中使用计算机，为学生营造一个优质的学习氛围。改变传统课堂的教学模式，构建教与学的互动，实现物理世界与网络世界的信息交互，使远程教学成为可能。教师从规模化的课堂传授转变为根据学生特点的精准个性化教学，实现沉浸式、游戏化、互动性的创新教学方式。

（2）校园中实现教师办公自动化，实现电子校务应用，建立人事、财务、教务教学、招生等管理信息系统和办公自动化系统，提高运行效率。

（3）智能校园应以网络技术为平台，实现校园内部信息有效流转。设置电子化信息公告栏，实现校园生活线上与线下融合。

（4）校园建筑节能监控系统能准确高效地监测能源的消耗情况，并及时纠正资源配置不合理的现象，是实现能源资源合理利用的重要保障。

（5）校园建筑设置安保系统和自动报警系统以维护校园的安全性。如检测系统和火灾报警系统等，应具备对讲系统等。

（6）建立校园建设信息管理系统，实现校园建筑、设施、管网信息化管理。

（7）太阳能集热器与智能建筑热水系统相结合，使建筑中所需热水存储集中，智能系统自动运行，可以达到 24 小时供应建筑内的热水需求。

（8）校园建筑建立智能照明系统，将计算机系统与控制系统相结合，降低建筑能耗。

2.5.3 智能医院

医院建筑是特殊性质的服务型建筑，整个医院建筑内人流、物流、信息流交叉，且有大量的机电设备及相应的自动管理设备。将智能化系统与医院建筑环境有机结合能够建设更好的医疗环境。智能医院相较于其他类型的智能建筑，除了一些基本的智能系统之外还应该配备医院专用的智能系统，例如：

（1）门诊及药房排队管理系统。门诊和药房是医院中人流最密集的场所。通过排队管理系统的引入，可以将门诊中的各个环节联系起来，减少就医排队的时长，从而有效地改善门诊区混乱的现象。

（2）病房呼叫对讲系统。病房呼叫对讲系统和信息管理系统相连，在病人呼叫医生的同时能自动访问数据库，将病人资料传送给主治医生。

（3）手术室视频教学系统。医院不仅是一个医疗场所，同时还是教学和科研的场所，通过手术室视频教学系统可以将手续的全过程清晰地传送到示教会议室供学生学习。

（4）婴儿保护系统。在智能医院中，婴儿出生时会在脚部佩戴一个微型的RF 发射器，婴儿如被非法抱走会发出警报。

（5）电子公告系统和电子查询系统。为病人提供各类信息的查询，这些系统在很大程度上能够完善医院的管理，为病人提供更好的服务。

2.5.4　绿色工业建筑中的智能化应用

绿色工业建筑的智能化，即将绿色工业建筑的概念与智能工业建筑的概念合二为一，推进绿色工业建筑的智能化，促进智能建筑的绿色发展与节能减排。

绿色工业建筑相较于其他类型的公共建筑，除了一些基本的智能系统之外还应该配备工业专用的智能系统，例如：

（1）有害物质检测控制系统（HPM）。一些工业生产不可避免地需要使用到各类危险品，HPM 系统是保障工业生产安全的重要系统，能够有效监测危险品并在危险发生时发出警报。

（2）无线射频自动识别技术（RFID）。在工业建筑中的停车管理、危险品管理、仓库管理等方面，常常需要运用 RFID 技术来实现建筑节能效用。

2.5.5　智能办公写字楼

办公楼应该为工作人员提供优质的办公环境，与生态环境融合。智能办公写字楼的智能化系统应包括：

（1）自动楼宇系统。包括空调系统、变电系统、照明系统、给水排水系统、冷热源系统、电梯管理系统、停车库系统等。

（2）通信自动化系统。主要包括基本通信功能模块，例如：视频电话会议系统、公共广播系统、楼内移动电话系统、综合布线系统等。

（3）办公自动化系统。办公自动化系统是将互联网技术和现代办公结合起来。主要包括计算机网络系统、会议系统、多媒体系统、会议室预约系统、智能化工作平台等。

（4）安保自动化系统。通过这些智能系统的实施，能够很大程度上实现办公写字楼中的水电、空调设备、消防、安保的检测。

（5）遮阳节能控制系统。建筑遮阳技术与自然通风、采光、太阳能技术集成可以形成智能遮阳监控系统，能够主动调动建筑周围环境中的一切可利用能源，降低建筑能耗。

2.6　从智能建筑到智慧城市

绿色和智慧代表了新的城市发展方向，用智慧城市的手段去实现绿色发展成为中国城市建设的一个必然趋势。在未来的城市建设管理过程中，城市应当全面配合建筑业及城市转型升级的发展要求，制定和推行相关政策，积极促进高水平的绿色智能建筑技术的广泛应用，打造为全球绿色智能建筑技术综合发展的高地，为全球城市在新一轮的绿色建筑转型升级中树立标杆。

同时，在当下，城市建设思想方法发生了根本转变，从过去关注空间形态到未来关注城市当中的"流"，建立"流"与"形"的交互迭代关系，推动城市的永续发展。因此，智慧城市对于城市建设及绿色智慧建筑都提出了要求，对于城市建设工作者自身来说，应注重在城市智能信息平台的基础上，借助数据和模型驱动，深入挖掘城市规律，以工具理性创新引领转型时期城市规划设计的新思路，进而提供更高质量的规划产品供给，创造出更多的生态、社会和经济效益。

因此，我们应围绕"绿智建筑"建设城市的发展目标，制定相应方针政策和法规制度，引导绿色建筑智能化快速走向高质量发展；加强绿色智能建造技术创新的研发投入，实现建造装备、建造模式等关键技术的创新突破，重视绿色智能建筑等技术人才与骨干人才的培养。并通过政策扶持及激励政策，在重要的行业与重要的企业中进行"绿智建筑"的推广行动，在城市中建设绿色智能建造的技术重点策源地及系统方案应用与实施的重要区域。智慧建筑发展到一定阶段，其规模化、网络化也促进智慧城市的发展。智慧城市是我国城市转型升级、提质增效的必由之路，是贯彻党中央、国务院关于创新驱动发展精神的重要发展道路，是融合新型城镇化、工业化、信息化、农业现代化和绿色化的有效载体。

2.7　总　结　与　展　望

城市正在转变发展方式的关键时期，发展模式由外延增长型转变为内生发展型，土地利用方式由增量规模扩张向存量效益提升转变，这一总体趋势对高密度城市空间的绿色智能化建设提出了迫切要求，促使绿色建筑技术与智能建筑技术走向融合发展，以更好地实现对有限环境资源的可持续利用。

城市需要加快推动有关技术从部分科研机构和企业研发部门走向市场，促进规划设计、方案研发、施工建造、服务运营等全周期"绿色建造＋智能建造"复合产业链的形成和繁荣。绿色智能建筑已经成为21世纪建筑行业发展的主旋律，绿色智能建筑是整个社会信息化的一个组成部分，今天的智慧城市建设不再只是停留在概念层面，不再是单纯以成熟技术作为推动，更重要的是以问题导向推动城市的发展。中国城镇化进程正处在世界城镇化的一个关键门槛上，只有让我国的城镇化建设充盈起来、智慧起来、理性起来，才能让我国的城市建设发展拥有更大的创造力。

作者：吴志强，汪滋淞，杨雪（同济大学）

3 大力发展绿色建筑材料，
推进建筑工业绿色发展

3 Developing green building materials，
promoting a green growth of building industry

摘 要：建材是我国国民经济的重要基础产业，随经济发展和城镇化建设推进持续中高速发展。但传统建材行业高能耗、高排放、高资源消耗、高污染，已无法顺应现代社会节能、减排、降耗的发展趋势，发展绿色建材、推动建材产业转型升级成为建材行业变革的迫切需求。对照国外绿色建材发展历程及成果，一方面对我国建材绿色化取得的成效给予充分肯定，同时也客观剖析了行业发展面临的深刻问题，在此基础上指明了新兴建材行业应注重生产低碳化、环境友好化、循环利用化、结构长寿命化、建筑工业化、功能多样化六大未来发展方向，并就快速推进建材绿色化发展提出了建设性意见和建议。

关键词：建材，绿色化，节能减排，循环利用

Abstract：Construction building materials are the important basic industries of China's national economy，and they continue to make progress at a medium and high speed with economic development and urbanization. However，the traditional building materials industry with high energy consumption，high resource consumption and high pollution has not been able to comply with the trend of energy conservation，emission reduction and consumption reduction in modern society. Therefore，it is urgent to develop green building materials and promote the transformation and upgrading of the building materials industry. Compared with the development process and achievements of green building materials in foreign countries，some remarkable successes of green building materials have also been obtained in China. Meanwhile，some profound problems in the industry progress have been also objectively analyzed. Thereafter，the low carbon production，environment friendliness，recycling，long service life structure，construction industrialization and diversity function as the six development trends for the emerging building materials in the future. At the last，some constructive opinions and suggestions have been puts forward to promoting the green development of building materials.

Keywords：building materials，green development，energy conservation and emission reduction，recycling

3.1 推动建材绿色发展的重要意义

建材是我国国民经济的重要基础产业，是改善人居条件、治理生态环境、发展循环经济和提升国防力量的重要支撑。我国是建材生产和消耗大国，建材产量占全球总产量的60%，水泥、平板玻璃等主要建材产品年产量先后跃居世界首位并占据全球一半以上的年产量。"十三五"时期，我国经济步入新常态，经济增长继续保持中高速发展，尤其是铁路、公路、机场、水利、海洋工程等建设项目的大力投入，城镇基础设施、保障性安居工程和建筑能效提升、美丽乡村建设等重大项目的实施，为建材工业的发展提供了更大空间。以2018年为例，建材行业规模以上建材企业实现主营业务收入5.2万亿元，同比增长15.1%，主要产品产量保持增长。2018年水泥产量为21.77亿吨，排名世界第一，占世界总产量的56%；商品混凝土产量25.47亿 m^3，平板玻璃产量8.7亿重量箱，建筑陶瓷产量90.1亿 m^2。2008～2018年水泥、陶瓷产量及增长率情况如图1-3-1、图1-3-2所示。

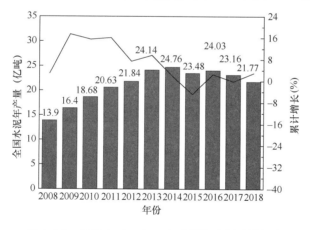

图 1-3-1　我国 2008～2018 年水泥年产量及增长率

数据来源：国家统计局

我国传统建材行业是资源能源消耗性产业，也是碳排放量比较大的产业。建筑总能耗占全国能耗总量的30%，建材生产能耗占13%。由于粉尘、二氧化硫和氮氧化物排放量高，建材行业也是国家废气排放重点调控行业（图1-3-3）。水泥行业是全球第二大碳排放行业，约占全球排放量的7%，每生产1kg水泥将释放0.61kg的 CO_2。国际能源署调查结果显示，2018年全球碳排放量达到331亿

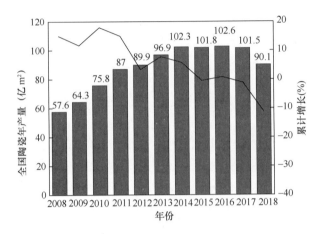

图 1-3-2　我国 2008～2018 年陶瓷年产量及增长率

数据来源：中国建筑卫生陶瓷协会

吨，较 2017 年增长了 1.7%，其中我国碳排放量达 100 亿吨，较 2017 年增长 2.5%，其中水泥生产排放 7 亿吨。2015 年 12 月，《联合国气候变化框架公约》近 200 个缔约方在巴黎气候变化大会上达成《巴黎协定》，我国承诺在 2020 年碳强度下降 40%～45% 的目标。因此，开发和使用新型绿色建材，实现建材生产和使用全寿命周期的节能降耗成为整个行业乃至社会的迫切需求。

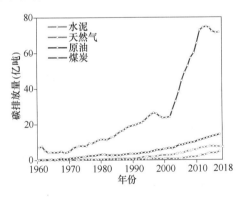

图 1-3-3　我国二氧化碳排放量

数据来源：Global Carbon Project

3.2　国内外建材绿色化发展现状

3.2.1　国外发展现状

20 世纪 70 年代，世界上一些发达国家开始关注绿色建材的问题，"绿色建材"的概念在 1988 年的国际材料科学研究会上被首次提出。20 世纪 90 年代，绿色建材在国际上进入高速发展时期。丹麦、芬兰、冰岛、挪威、瑞典等国家于 1989 年开始实施统一的北欧环境标志。1978 年德国颁布了第一个环境标志——"蓝天使"，是最早实行标志认证的国家，此后该标志成为大多数建材通向市场的一张通行证。各国不断开发绿色建材产品。为降低传统水泥的资源和能源消耗，生态水泥应运而生，利用工业废渣、城市垃圾焚烧灰、污泥等作为掺合料，使水泥烧成温度降低至 1200～1500℃，降低水泥生产能耗 25％以上，降低 CO_2 排放量 30％～40％。传统普通玻璃太阳光透过率过高，中空玻璃、真空玻璃、真空低辐射玻璃等绿色玻璃具有可选择性透过、吸收或反射可见光与红外线的特点，使用寿命长，同时大大提升了其使用舒适性。此外，随着人们对生活品质的不断追求，逐渐出现一些功能型绿色建材，如光催化杀菌、防霉陶瓷，可控离子释放型抗菌玻璃，电致臭氧除氧、杀菌陶瓷等新型绿色功能陶瓷材料。

3.2.2　国内发展现状

我国建材行业在很长一段时间内走的是高能耗、高资源消耗、高污染的道路，是一个环境负荷较高的行业。然而，随着全民环保意识的提高，我国逐渐由粗放式发展转为资源节约型发展。我国对绿色建材的关注从 20 世纪 90 年代开始，1999 年举办了首届"全国绿色建材发展与应用研讨会"。

2011 年，工信部在《建材工业"十二五"规划》中提出，着力开发集安全、环保、节能于一体的绿色建材，促进建材工业向绿色功能产业转变。2014 年，中共中央国务院印发《国家新型城镇化规划（2014—2020 年)》，提出要"大力发展绿色建材，强力推进建筑工业化"。2016 年 6 月，中国建筑材料联合会印发《关于推进绿色建材发展与应用的实施方案》的通知，要求各产业协会充分认识推动绿色建材发展与应用的重要意义，明确水泥工业向绿色环保功能产业转型、推进节能玻璃推广应用、发展节能环保墙体材料、加快建材新兴产业发展等十大任务。

2013 年，国务院办公厅下发《绿色建筑行动方案》，明确要求建立绿色建材认证制度。由此开始，我国政府开始重视绿色建材认证制度的建设。2015 年 10 月，住建部和工信部出台了《绿色建材评价标识管理办法实施细则》和《绿色建材评价技术导则（试行)》，为绿色建材评价工作展开提供了技术执行依据。2019 年，中国工程建设标准化协会公布了《绿色建材评价标准》（征求意见稿），其中涵盖混凝土结构、保温装饰、空调、风机、建筑垃圾绿色处理技术等 28 项标准。

在绿色建材产品技术的开发与应用方面，我国也获得了不少突破。我国自主研发成果第二代新型干法水泥技术与装备、第二代中国浮法玻璃技术与装备创新研发（简称"两个二代"），50％以上研发项目达到了国际领先水平。建材工业资源和废弃物综合利用能力不断提高，利用水泥生产线协同处置城市污泥、生活垃圾及工业危险废弃物等已在国内 150 余条生产线上得到推广和应用。废弃物替代燃料已经起步，"两个二代"攻坚技术的燃料替代率已经达到 40％以上。工业废渣、副产物以及矿山尾矿等被广泛应用于水泥基制品、墙体材料等产业，每年利用量超过 15 亿吨。世界第一套对窑尾烟气中 CO_2 进行捕集和利用装置在海螺水泥投入商业运行，处置技术世界领先。

通过建材行业人的艰苦努力，建材绿色化发展取得了一定成果，水泥、玻璃、陶瓷等产业节能减排达标率已达到 90％以上，整个行业逐渐由资源能源消耗型和排放量较大的产业向资源综合利用和节能环保产业转型。

3.3 建材绿色化发展存在的问题

我国绿色建材的发展虽然取得了一些成果，但总体来看，我国建材行业绿色化发展和创新技术的使用仍处于初级阶段，整个行业面临一些根深蒂固的问题亟须解决和完善。

3.3.1 技术基础薄弱

我国对绿色建材的认识起步较晚。受科技投入力度不足、缺乏绿色建材专业技术人员的培养等因素制约，我国对绿色建材的开发和研究工作相对落后，创新能力不强。目前，我国绿色建材少数领域已经达到世界领先水平，比如碳纤维领域建成了高端的单线 1000 吨 SYT55（T800 级）碳纤维生产线，高端特种玻璃领域中设计生产出了世界最薄的 0.12mm 超薄玻璃，还有"两个二代"新技术等。但是，多数产品的制备技术和装备与国际领先水平存在较大差距，核心技术与装备仍与世界先进水平存在差距，真正高技术含量、高附加价值产品基本依赖进口。

3.3.2 循环利用率低

践行绿色发展是我国目前的主要目标。2017 年，国家发改委发布的《循环发展引领行动》指出，到 2020 年，我国废弃物循环利用率需达到 54.6％左右，一般工业固体废物综合利用率达到 73％。但是，2017 年全国大中型城市一般工业固废排放量为 13.1 亿吨，综合利用率仅为 42.5％。我国高炉废渣的年产出量约为 3000 万吨，但是每年仍有数百万吨弃于渣场。2018 年我国建筑垃圾排放量达到 17 亿吨，但是资源利用率不足 10％，远远低于欧美发达国家的 90％和日韩的 95％。我国对于这些工业废弃物的处理仅是在低端层面进行使用，均未实现资源综合利用和循环利用，造成资源的极大浪费。

3.3.3 评价体系不统一

目前我国还没有一套完整的、权威的关于绿色建材产品的评价体系，各项配套措施不完善，缺乏具体操作标准和切实可行的规范程序。绿色建材产品技术标准与工程设计和施工规范衔接性较差，对于同类功能的建筑材料，不同部门、地区制定的标准指标在可靠性、耐久性、可维护性等方面存在诸多不一致甚至矛盾的现象，给设计和施工部门造成困扰。

3.3.4 行业发展不均衡

随着绿色建材企业日益增加，产品门类日渐丰富，不同绿色建材行业领域和企业的发展过程中存在较大的不平衡。一些央企和骨干大企业在发展目标、研发基础条件建设、重点项目开发等方面建立了一个相对完整的发展系统。但是多数企业既没有发展绿色建材产业的规划，也没有专业的研发机构和研发人才。另一方面，高科技的绿色建材多数分布在各省会城市和东南沿海地区，造成区域之间的技术和人才不平衡，导致部分产品已经达到世界先进水平，同时却有不少领域和产品还停留在初期阶段和中低端水平。

3.3.5 市场机制不健全

我国绿色建材产业起步晚，整个行业发展仍未形成系统的产业链，忽视了研发机构、产品设计、设备制造、施工安装、产品生产与销售在整个产业中的协同作用。建材产品的生产和流通缺乏有效的监督手段，各项法律法规的执行力度不严，致使绿色建材产品在生产和流通市场秩序仍不规范。同时，由于我国建材行业还处于转型期，很多企业硬件设施陈旧，软件建设能力薄弱，行业间的信息交流处于相对落后状态，绿色建材产品技术数据库缺乏，这种不成熟的绿色建材市场严重阻碍了我国建材行业的创新发展。

3.4 绿色建材未来的发展方向

随着经济的持续快速发展和城镇化的大力推进，建材"绿色化"是我国经济、社会、环境走可持续发展的必由之路。根据国外绿色建材发展的情况，我国绿色建材行业发展应着眼于差异化和定制化研究，结合具体实际，重点关注以下几个技术发展方向。

3.4.1 生产低碳化

传统产业在建材行业中仍占据主导，在为国民经济建设发展作出贡献的同时，排放大量废弃物和有毒有害气体，对生态环境造成损害。以减少温室气体排放为目标，构筑低能耗、低污染的基础生产体系，是推动建材绿色化发展须解决的首要问题。针对水泥、玻璃、陶瓷三大主要建材，通过重点推广先进窑炉结构技术、熔窑余热发电技术、废料循环再利用技术、高效烟气除尘脱硫和脱硝技术等先进的工艺、技术和装备，实现对资源、能源、环境污染的减量控制。尤其是针对 CO_2 排放量占全球 CO_2 排放总量的 5％的水泥工业，发展新型低钙硅酸盐水泥，推进镁质胶凝材料无氯化应用，大幅降低熟料用量和生产过程能耗和碳排放，从而有望实现水泥产量增长与直接碳排放量脱钩。

3.4.2 环境友好化

建材使用过程中产生的环境负荷在整个建筑结构生命周期中占有相当大的比例。尽可能少地消耗不可再生资源和能源，降低对外界环境的污染，是建材绿色发展的重要方向之一。外墙占全部围护结构面积的 60％以上，其能耗占建筑总能耗的 40％。开发使用新型墙体材料和复合墙体技术，如混凝土砌块、灰砂砖、纸面石膏板、加气混凝土和复合轻质板，在墙体主结构上增加一层或多层保温材料形成内保温、外保温和夹心保温复合墙体，是降低建筑物总能耗的重要手段。新型石膏砂浆代替传统水泥灰浆，单位面积用量少，且具有防火、隔声、保温、调湿等功能，有效减少使用过程的能源消耗。

透水混凝土作为生态型混凝土，不仅能有效解决城市道路透水问题，还能缓解城市地下水位下降，是保护地下水、维护生态平衡、缓解城市热岛效应的新材料。植被混凝土是一种环保型混凝土，能够适应植物生长，并可防止水土流失，可美化环境、加固堤坝和改善水质，在缓解生态危机、改善生态环境方面发挥着重要功能和作用。

3.4.3 循环利用化

将综合利用的废弃物变成新的生产要素回到生产和消费领域，这是当今世界各国实施可持续发展战略、发展循环经济的重要方法。利用工业废渣、农业废弃物、建筑垃圾生产绿色水泥、绿色墙体材料、绿色高性能混凝土，目前尚处于起步阶段，但是存在很大的市场和应用空间。根据《循环发展引领行动》，到 2020年，我国城市建筑垃圾资源化处理率要达到 13％。此外，利用工业废料如废橡胶生产防水材料，使胶粉改性沥青技术应用于道路行业，也是绿色建材发展的方向之一。

3.4.4 结构长寿命化

混凝土作为最大宗的建筑材料，其质量优劣直接关乎整个建筑结构的使用寿命。针对现代混凝土存在的开裂风险高、严酷环境耐久性不足等突出问题，研发新型外加剂和混凝土制备新技术，是提升混凝土品质的重要举措。通过水化热调控材料等控制混凝土结构温升，利用减缩型减水剂降低混凝土收缩速率，采用水分蒸发抑制剂降低水分蒸发速率等，均是降低混凝土开裂风险的有效手段。通过掺入钢筋阻锈剂、侵蚀介质传输抑制剂等，构建"隔-阻-缓"三位一体的耐久性防护体系，是提升混凝土耐久性、延长混凝土服役年限的重要方法，也是实现建筑业可持续发展的重要途径。超高性能混凝土（UHPC）作为新型结构材料，具有超高强、超高韧、高耐久等优异特性，不仅可满足超长跨距、超长距离、超大体积、超高层为典型特征的现代结构要求，相同承载作用下还可显著减小构件尺寸从而减轻结构自重，并可有效解决疲劳损伤和混凝土结构延性不足等问题，为提升混凝土结构安全和使用寿命提供了新选择。

积极发展装配式建筑，实现混凝土构件预制化生产，不仅可减少粉尘、污水等排放，减少混凝土、钢材等损耗，解决传统建筑体系高能耗、高污染、高消耗的问题，工厂集约化生产模式还可有效保障混凝土及预制构件质量，实现混凝土结构的按期、超期年限，从而最大程度实现建筑业节能减排和绿色发展。

3.4.5　建筑工业化

随着建筑业体制改革的不断深化和建筑规模的持续扩大，建筑业快速发展，物质技术基础显著增强，但从整体看，劳动生产率提高幅度不大，质量问题频出，整体技术进步缓慢。同时，建筑施工阶段能耗约占总能耗的23％以上，降低建筑施工阶段的能耗是发展绿色建筑的重点。推动建筑工业化发展是降低建筑生产总能耗的有效途径，其基本途径是建筑标准化，构配件生产工厂化，施工机械化和组织管理科学化，并逐步采用现代科学技术的新成果，以提高劳动生产率，加快建设速度，降低工程成本，提高工程质量。采用工业化建造方式的住宅建筑，能够实现节约能耗约20％，节约用水63％，可减少木材用量87％，可减少建筑垃圾约91％。建筑工业化必将是建筑业实现绿色化发展的重要措施。

3.4.6　功能多样化

当前，对建材的功能要求越来越多，具有单一功能的建材产品已经不能满足消费者的要求，采用传统技术和高新技术相结合发展功能多样化的绿色建材已成定势。如结合生化技术、光电催化技术、溶胶-凝胶技术、可控释放技术、无机-有机接枝技术等，对传统建材产品中部分产业通过创新将原料配方改变或化学成分改变，或是工艺制造方法改进等科学的作用使原有材料产生新的功能，或使得原有功能得到明显提升，研究开发出一些具有高性能、品质优良的绿色建材产品，目前已经取得成果的产品如复合型外加剂、特种功能水泥、高端超薄超白玻璃制品、高性能混凝土制品。此外，塑料建筑模板打破钢制模板、木胶合板模板、竹胶合板模板三足鼎立的局面，"以塑代木"为绿色建筑模板行业带来了发展契机。发展纳米、自清洁等功能化技术也将是绿色建材未来发展的重要方向。开发高端智能化、功能化的建筑卫生陶瓷制品如抗菌自洁陶瓷、负离子釉面砖、太阳能瓷砖也取得较大发展，但未来仍有待深入开发。

3.5 推动建材绿色化发展建议与措施

加快绿色建材发展，需要全行业的共同努力、国家政策的有利扶持、社会各方面的支持与配合。全行业要牢固树立新发展理念，以供给侧结构性改革为主线，以质量和效益为中心，着力去产能、补短板、稳增长、提品质，努力促进建材工业高质量发展。

3.5.1 把握技术发展趋势，实现差异化发展

绿色建材产品门类繁多，产品的种类也较为丰富。在同质化竞争日益激烈和低价竞争影响下，各绿色建材企业在技术储备方面应着眼于差异化和定制化研究。从模仿创新走向开放式、协同式、合作式、集成式创新，搭建创新的开放平台，围绕"互联网＋双创＋中国制造2025"，走"绿色化、智能化、高端化、国际化"的发展之路。

3.5.2 扩大固废综合利用，实现循环化模式

目前，固体废物处理与利用面临处理成本高、再生利用水平低等问题。随着标准逐渐升高，市场需求将促使产业创新发展转型升级，促进大宗工业固体废物综合利用向高技术加工、高性能化、高价值化方向发展。此外，鼓励固体废物处理处置企业结合当地资源环境特点及区位特征，推进区域工业固废综合利用产业协同发展。如京津冀地区综合利用铁尾矿和废石代替开采矿山生产砂石骨料；协同利用京津冀地区丰富的高炉水淬矿渣、钢渣、脱硫石膏、粉煤灰等资源，大幅度降低混凝土和其他建筑材料中水泥熟料的用量。

3.5.3 构建评价标识体系，实现产品标准化

以建材在全生命周期内对资源和能源的消耗、对生态环境的压力为核心内容，建立绿色材料评价方法和指标。通过数学模型，构建绿色建材智能化评价体系和环境负荷数据库。开展绿色建材评价标识，发布绿色建材产品目录，建立绿色建材数据库和第三方信息发布平台，构建绿色建材可追溯信息系统，强化社会监督。积极引导各地建材生产企业申请绿色建材评价标识，在工程建设项目中鼓

励优先使用经评价认定过的绿色建材。选择典型城市和工程项目，开展各类建筑应用绿色建材试点示范。

3.5.4 打造产业生态系统，实现跨越式发展

随着市场经济的不断发展，产业划分和市场分工越来越细，建材产品由原来的以基础原材料为主转向以制品和部品部件为主，建材市场用户由分散转向集中，建材企业必须在产品研发设计、质量检验标准、应用规程规范等生产应用环节加强与建设部门的密切联系和合作，形成产业一体化发展的生态系统。随着国家投资结构和发展重点的调整，绿色建材行业在技术装备、流通、环保、服务业等方面将会有新的突破性的发展，形成多方面与新领域共同发展的新格局。

3.5.5 发挥部门协同作用，实现市场化运行

发展新型、高效、节能、绿色、环保建材是目前国家政策倡导的发展方向。应建立以企业为主体，科研院所、高校和各级协会组织联动机制，产学研紧密结合、共同推进的工作体系；建立秩序良好的绿色建材市场，形成发展绿色建材产业共同推进的格局。

3.6 结 语

我国已进入"中国制造"和"中国创造"的发展新时代，建材行业应抓住机遇和挑战，以习近平新时代中国特色社会主义思想为指引，贯彻绿色发展理念，全面推进节约资源、能源的行业发展模式，坚持绿色建材的应用与推广，建设节能建筑、构建节约型社会，为建设和谐美丽的社会主义现代化强国贡献一份力量。

作者：缪昌文（东南大学材料科学与工程学院）

4 目标和效果导向的绿色建筑设计

4 Goal and effect oriented green building design

摘　要：我国绿色建筑发展至今已进入规模化推广阶段，但既往的绿色建筑设计普遍存在重后期技术叠加、轻前期设计优化的现象，尚未概括并形成系统性绿色设计原理和方法体系。建筑师还未将对建筑空间"物质功能"和"精神感受"的追求与当代"绿色需求"有机结合，并融汇于建筑设计营造的全过程，这种状况从建筑设计源头上制约了绿色建筑的健康发展。

针对以上问题，通过科技部立项，本人与天津大学分别作为项目主持人和主持单位，展开了"十三五"国家重点研发计划项目"目标和效果导向的绿色建筑设计新方法及工具"的研究。该项目提出了绿色建筑发展应以前期方案设计的绿色性能提升为核心，研究绿色建筑设计的新原理，提出绿色性能优化的新方法，制定绿色建筑的通用技术标准，并研发绿色性能模拟分析的新工具。具体分工上，课题一是以建筑空间绿色性能提升为核心，研究绿色建筑的共性设计原理和方法，制定绿色建筑设计通用技术标准；课题二至课题八针对高大空间公共建筑、大型综合体建筑和城镇居住建筑三种建筑类型，研究了典型气候和地域环境下的绿色设计新原理和新方法，并完成综合集成示范；课题九研发了新型绿色性能模拟分析工具和建筑多目标优化设计工具，建立绿色设计集成化工具平台。

在九个课题的共同协作下，项目遵循"基本原理—设计方法—标准规程—工具平台—集成示范"五大板块的全链条衔接，为实现绿色设计目标和效果的有机统一提供理论基础和技术保障。

Abstract：After many years of development, China's green architecture has entered a period of large-scale popularization. However, previous green architectural design often put emphasis on the use of later-stage technologies, but undervalued early-stage space optimization. Therefore, systematic green architectural design principles and methodologies have not been summarized and formed yet. Meanwhile, architects have not combined the pursuit of "material functions" and "spiritual feelings" in architectural space with contemporary "green needs" in a reasonable manner or integrated them into the whole process of architectural design. Such a situation restrains the healthy development of green architecture from the start of architectural design.

To tackle the above problems, as the Ministry of Science and Technology's project, with me and Tianjin University as the host and host unit, the 13th Five-Year National Key Research and Development Program "Object & effect-Oriented Green Building Design New Methods and Tools" was launched. The program puts forward that the development of green building should be centered on the improvement of green performance in the preliminary scheme design, study the new principle of green building design, propose the new method of green performance optimization, formulate the general technical standards of green building, and develop new tools for green performance simulation and analysis. Specifically, the project 1 focuses on the improvement of the green performance of the building space, studies the common design principles and methods of green buildings, and formulates general technical standards for green building design. Project 2 to 8 are aimed at large-space public buildings, large-scale complex buildings, and urban residential buildings. They study the new principles and methods of green design in typical climates and regional environments, and complete the comprehensive integration demonstration. Project 9 develops a new green performance simulation analysis tool and a building multi-objective optimization design tool, and establishes a green design integrated tool platform.

Under the cooperation of the nine projects, the program follows the full chain of the five major sections of " basic principles-design methods-standard procedures-tool platform-integration demonstration" to achieve the organic unification of the goals and effects of green building design.

4.1 基 本 原 理

项目揭示了不同地域和气候特征、不同功能使用模式的建筑空间与绿色性能的交互影响和作用规律。从根本上弥补了既往建筑设计原理中绿色理念的缺失，突破了基于功能、形式的传统设计思维模式。

4.1.1 共性设计原理

针对设计原理的共性问题，提出了"自然要素—建筑空间—绿色性能"的整合设计理论。即建立基于形态学的建筑空间绿色设计整合框架，将自然气候、能量控制、空间形态和人的舒适度重新整合。旨在打破传统的设计思考方式，把建筑绿色性能融入以建筑形式和功能为主导的传统设计方法中，重塑空间与绿色之间的关系，促进建筑师在方案设计阶段通过直接有效的"绿色建筑设计方法"，从而达到建立高性能建筑的目标。

4.1.2 公共建筑设计原理

针对北方地区具有冷暖双向调节需求的高大空间公共建筑，提出以设计为主导、过程中评价及多工况考量的整体性设计原理。即绿色设计应回归建筑设计本体，综合考虑气候因子、空间因子和性能因子，建立全过程、多层级的绿色指标体系，依据建筑本体特性、运行特性、人因特性，构建适用于北方高大空间公共建筑的绿色策略库。

针对南方地区以制冷需求为主导的高大空间公共建筑，从建筑空间形态与环境性能之间相互影响的内在机制出发，提出基于形式能量法则的建筑环境调控原理。即建筑在营造空间的同时，也在调控空间环境，通过建造形式和空间组织，在气候与身体之间建立平衡，创造适宜的内部环境。

针对北方地区具有冷暖双向调节需求的大型综合体建筑，提出基于设计参量优选的节能贡献理论。即通过实地调研及性能模拟分析，得出包括建筑场地、单体、围护结构在内的被动设计参量与绿色目标之间的量化数学模型，为建筑师针对北方地区大型综合体建筑能耗模拟边界条件设定及节能优化设计提供数据和原理支持。

针对南方地区以制冷需求为主导的大型综合体建筑，考虑到建筑的高负荷、高能耗及高碳排的特点，提出玻璃采光中庭被动降温理论。即通过玻璃采光中庭遮阳选型、淋水降温系统设计、玻璃采光中庭绿色环境智能控制系统硬件设计与开发（图 1-4-1），实现其整体优化控制策略和智能化控制，缩短空调运行时间，降低建筑能耗，改善中庭热环境质量。

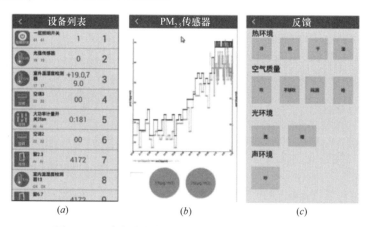

(a)   *(b)*   *(c)*

图 1-4-1 玻璃采光中庭绿色环境智能控制软件界面

（*a*）设备列表截图；（*b*）传感器详情页面图；（*c*）反馈页面详情图

4.1.3　居住建筑设计原理

　　针对北方地区具有冷暖双向调节需求的居住建筑，通过绿色住宅设计策略库的建立，提出基于全寿命期的北方住宅气候适应理论。即在全生命周期的不同阶段、不同空间尺度以及不同性能目标下，构建北方地区绿色住宅设计策略库，为北方住宅设计及导则标准制定提供原理支持（图 1-4-2）。

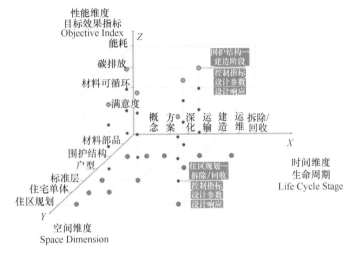

图 1-4-2　基于时间、空间、性能三个维度构建策略库和实现矩阵

　　针对南方地区以制冷需求为主导的居住建筑，提出"在地性"的绿色居住社区理论。建立具有气候适应性的绿色建筑选址、群体组织方式（图 1-4-3）、形态要素、材料选择、构造特点、可再生能源利用等综合要素的协同作用机制。并在此基础上，建立以设计为导向的用能模式信息数据库。

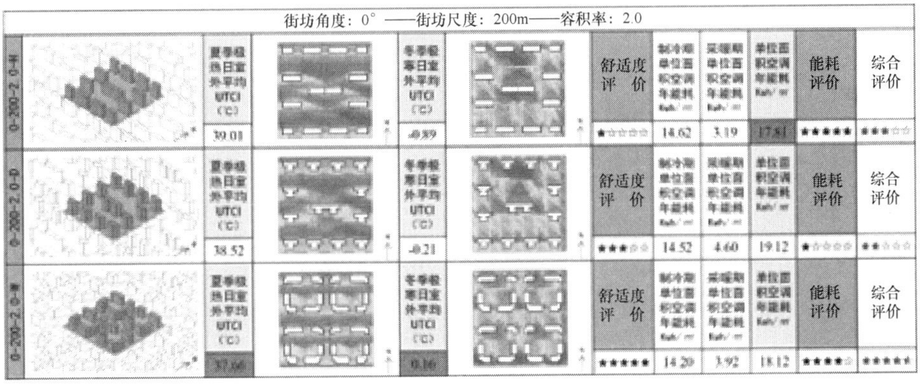

图 1-4-3　住宅街坊基本型布局的性能结果

　　针对西部地区太阳能富集的气候特征，提出基于太阳能利用率的住宅户型设

计理论。即建立西部太阳能利用率的等级气候区划图，确立城市住宅太阳辐射热效应的空间影响规律及其影响范围，并拓展不同区划城市户型设计策略。

4.2 设 计 方 法

项目针对我国建筑设计行业普遍存在建筑方案设计前期绿色设计缺失的问题，拓展前期方案阶段的绿色性能优化途径，建立绿色性能为导向的建筑设计方法。

4.2.1 共性设计方法

考虑到绿色建筑重后期技术措施、轻前期方案设计，建筑设计前期缺少有效的方法和工具等问题，提出了"目标导向的绿色建筑方案设计方法框架"（图 1-4-4）。包括：策略模块——为建筑师提供方案设计阶段的有效绿色策略，提供各项策略的敏感度和适用条件；工具模块——基于 REVIT 或 SKECHUP 等建筑师在设计阶段常用工具平台，整合能耗、碳排放等空间性能计算软件，实时呈现不同建筑方案的关键性能指标，以便建筑师基于节能减排的目标选择和优化设计方案；目标值模块——通过实测、模拟等手段，收集不同气候区主要建筑类型的关键性能数据，在统计分析的基础上，根据国家相关标准和总体规划，确定不同气候区中主要类型的建筑性能合格目标值，作为设计方案性能的判定依据。

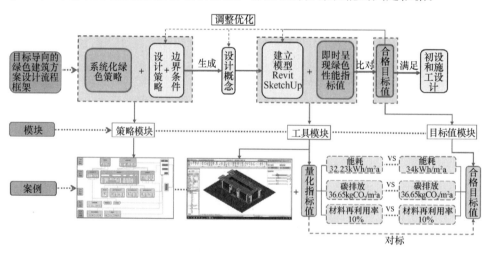

图 1-4-4　目标导向的绿色建筑方案设计方法框架

4.2.2 公共建筑设计方法

针对北方高大空间公共建筑，提出"模拟—评价—优化"的设计方法。即建立北方地区典型高大空间公共建筑数据库、贯穿设计全过程的绿色设计指标体系以及不同设计条件下的绿色设计策略矩阵，为建筑师的设计实践提供系统的方法指引。

针对南方高大空间公共建筑，提出"绿色建筑空间调节"的设计方法。即以"空间"和"建造"为核心，统筹各专业目标、方法和流程，在运行过程中通过不耗能或少耗能的方式实现环境调控的被动式建筑设计策略。"空间调节"设计方法全方位体现在建筑设计的各个环节中，由适应性体形、交互式表皮、性能化构造等多个层面架构起多维交织的设计方法体系。

针对北方地区大型综合体建筑，提出"以节能贡献为导向"及"BIM全专业正向协同设计"的绿色设计方法。即通过节能贡献分析，筛选出节能贡献排名靠前的影响因素，对重要影响因素展开针对性优化设计，形成典型类型、典型气候下的节能设计策略库。BIM协同设计用于实现不同设计阶段的绿色性能模拟分析。

针对南方大型综合体建筑，提出"整体集中、适度分散"的设计方法。即从人体对环境的适应性出发，将部分交通空间和庭院空间开放出来，强调让静坐（或低强度运动）人群适度处于自然环境，在提高人与环境交互性的同时，减少空调的使用面积和使用量，降低综合体建筑能耗、提高人体舒适性（图1-4-5）。

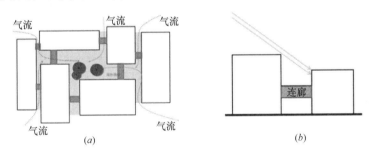

图1-4-5 适度开敞的交通空间

（a）连廊平面示意图；（b）连廊剖面示意图

4.2.3 居住建筑设计方法

针对北方居住建筑，提出"绿色住宅人机交互"的设计方法。即建立一个建筑师主导的、目标和效果导向的数据设计方法和技术协同工具平台。以数值模拟数据和案例实测数据作为支持，在方案设计初期，以目标和效果为导向，进行目标设定和参数设定，再逆向完成方案生成、性能优化、综合决策的设计流程（图1-4-6）。

针对南方居住建筑，提出"绿色潜能居住街坊布局"的设计方法。即在设计早期对建筑群的布局进行优化，具体包括以下五个方面：选择建筑群布局类型，

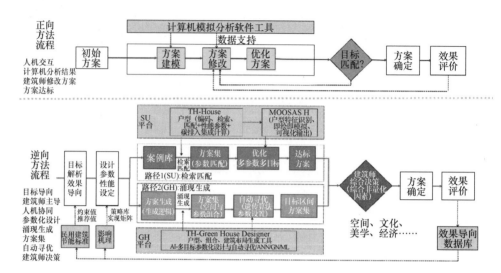

图 1-4-6　北方住宅绿色设计方法流程

以最大化建筑表面的全年太阳辐射量；选取建筑群布局的绿色性能关键指标；运用新技术，让建筑师在进行布局综合推敲时，能实时看到关键指标的评估结果，以提高设计迭代效率；用一组尽可能少的特征参数来描述居住建筑群布局，以对接关键指标的自动化评估；对于任意初始布局，自动找到符合日照与建筑间距约束的合格布局。

针对西部居住建筑，提出"典型空间及构造优化"的设计方法。即考虑不同区域居住建筑太阳辐射利用率，探索典型空间分布模式在不同区划城市对能耗的影响，提出不同地域的户型空间优化策略及空腔构造设计策略，分地域、分居住建筑类型实现设计前期的节能目标。

4.3　标　准　规　程

项目应用建筑全生命周期理论，确定建筑的绿色性能计算方法，构建基于性能表现的绿色建筑被动式设计导则，规范行业标准，推动行业进步。

4.3.1　绿色性能计算方法

绿色性能计算方法包括建筑全生命周期碳排放计算方法和绿色建筑技术评价方法。对于建筑全生命周期碳排放的计算，确定了碳排放核算范围和方法，在碳排放因子及建筑产品清单数据的基础上，从建筑功能和体量的分类出发，构建了建筑碳排放影响因素的框架，使用主成分分析、随机森林、多层感知器及支持向量机分别构建得到预测模型，并基于此完成了"建筑全生命周期碳排放核算

V1.0"软件研发。

对于绿色建筑技术评价方法，从"建筑技术—资源环境—绿色性能"三方面基础原理出发，对建筑活动在生命周期内进行分析，提炼出 4 大类环境影响的绿色建筑技术评价方法，并与《绿色建筑评价标准》中对应的评价条款进行嵌套，使分值分配更为客观合理，并基于此完成了"绿色建筑技术评价系统 V1.0"软件研发。

4.3.2　绿色建筑被动式设计导则

《绿色建筑被动式设计导则》（以下简称《导则》）以被动式技术优先、主动式技术优选为理念，基于被动技术在不同气候和建筑类型的贡献，参照建筑设计流程形成标准体系框架，针对绿色建筑设计中的被动式技术展开制定。其中，被动式技术涉及场地规划、建筑设计、结构设计、景观设计等专业，内容包括室外环境、建筑本体、建筑围护结构、被动技术模拟预评估和主动式技术优选，通过充分利用天然采光、自然通风等被动技术降低能源消耗并提高舒适度。《导则》的制定工作是绿色建筑设计标准体系的补充与完善。

4.4　工　具　平　台

项目根据国情和不同气候特征，通过综合应用建筑信息建模、建筑性能模拟、神经网络建模、多目标优化与参数化编程技术，开发出集成建筑环境动态信息建模工具、建筑绿色性能模拟分析工具和建筑多目标优化设计工具的建筑绿色性能模拟分析与设计集成平台（图 1-4-7）。

图 1-4-7　建筑绿色性能模拟分析与设计集成工具平台

建筑环境动态信息建模工具，实现了建筑的形态空间、材料构造、设备运行信息的建模和数据管理，实现了对建筑与环境信息的动态集成、多层级关联和多平台交互，突破海量数据难编辑、难调用的痼疾，对于建筑设计效率提升具有重要意义。

对于建筑绿色性能模拟分析工具，可基于高泛化能力的人工神经网络模型，展开建筑能耗与天然采光等性能预测；通过无人值守训练数据生成模型开发，突破了神经网络训练数据生成瓶颈，显著提升神经网络模型训练数据建模效率，从而大幅降低神经网络建模耗时，提高预测精度。

对于建筑多性能目标优化设计工具，耦合了人工神经网络、多目标进化算法、SOM 聚类算法，可展开多绿色性能导向下的建筑形态空间、材料构造参数优化设计，并引入 SOM 聚类分析技术展开非支配解集筛选，为建筑设计决策制定提供技术支持。

4.5 集 成 示 范

项目在前期基本原理、设计方法、标准规程及工具平台的关键科学及技术的支撑下，完成全气候区覆盖的技术协同和综合集成示范，实现研究成果向实际工程的有效转化。

4.5.1 高大空间示范工程：融创云智小镇大数据馆

融创云智小镇大数据馆位于郑州市郊区，该区域计划在近期开发成为智能化和生态化为概念的山居小镇，大数据中心是其规划格局中重要的节点（图 1-4-8）。其绿色实践的创新点在于：①室内环境，采用腔体导控等多种设计策略，从功能布局、空间协同和细部设计等方面对风环境、天然采光和雨水回收等方面进行了模拟和设计，设计策略广泛（图 1-4-9）；②建筑结构，运用独特的结构体系实现"节材"是该项目的一个亮点，建筑采用了自由分布型摇摆柱 + 混凝土侧向受力平衡墙体体系，使可循环材料使用率达到 20％以上。

图 1-4-8 建筑效果图

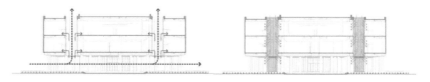

图1-4-9　腔体通风采光分析

4.5.2　大型综合体示范工程：商洛万达广场

商洛万达广场坐落于陕西省商洛市，是一座集零售、超市、餐饮、健身、娱乐、儿童、影城等为一体的大型商业综合体建筑（图1-4-10）。其创新点在于，示范工程以"基于贡献率的绿色建筑设计方法"为指导，以建筑信息模型（BIM）技术为核心，示范阶段涵盖工程全过程（方案设计、施工图设计、施工深化设计、绿色施工、运营维护），并通过"基于BP神经网络和线性相对的建筑能耗评估软件"直接读取BIM模型，对建筑方案的能耗进行预测。实现了设计效率和设计质量的提升，节省了设计人工投入，降低了图纸错误率，体现了设计过程的"绿色"。

图1-4-10　建筑效果图

4.5.3　住宅示范工程：佘山北大型居住社区21丘动迁安置基地

佘山北大型居住社区21丘动迁安置基地72A-04A地块建设项目位于上海市，住区采用8大绿色技术，单体建筑采用6项绿色技术措施。其中住区层面采用了面向太阳辐射采集潜力的居住街坊自动排布技术（图1-4-11），包括布局选型技术、关键指标评估技术、人机互动调优和参数化调优技术、智能自动布局技术等多种优化策略，建筑层面对室内风热环境及光环境进行了模拟优化，设计策略覆盖较为立体、全面。

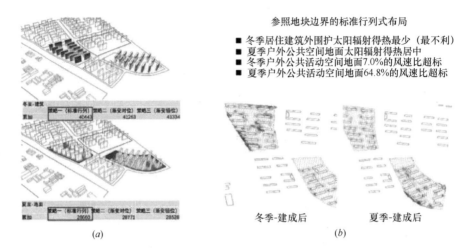

参照地块边界的标准行列式布局

■ 冬季居住建筑外围护太阳辐射得热最少（最不利）
■ 夏季户外公共空间地面太阳辐射得热居中
■ 冬季户外公共活动空间地面7.0%的风速比超标
■ 夏季户外公共活动空间地面64.8%的风速比超标

冬季-建成后　　夏季-建成后

(a) (b)

图 1-4-11　布局设计

(a) 太阳辐射累计；(b) 风速分布

作者：孟建民（深圳市建筑设计研究总院有限公司）

致谢

感谢张顾、张伶伶、张彤、单彩杰、孟庆林、刘念雄、孙彤宇、陈景衡、孙澄、刘刚协助撰稿，感谢各课题提供的素材。

5　启动绿色人文新篇章是实施绿色发展国策的重要环节

5　Launching a new chapter of green culture is an important part of implementing the national policy of green development

摘　要： 本文在小结我国绿色发展的基础上，提出了启动绿色人文即软硬同时推进绿色发展的新倡议。该项工作实际已在我国动起来了，无论是理论基础，还是实践行动，充分证明绿色人文不仅有必要、有科学根据、有明显的效果，而且深受大家的欢迎，是能接受的新理念，国际上也正在推进绿色人文扎根于民的工作。最后，对我国绿色人文的发展，从绿建委的角度提了若干建议。

Abstract： Based on the summary of China's green development, this paper puts forward a new initiative to launch green culture, that is, soft and hard, and promote green development at the same time. This work has actually been put into action in China. Both the theoretical basis and practical actions have fully proved that green culture is not only necessary, scientifically based, and has obvious effects, but also welcomed by all and is an acceptable new concept. Finally, some suggestions on the development of green culture in China are put forward from the perspective of green construction committee.

多年前，笔者访问英国谢菲尔德大学时，在教学楼的走道内看到一则报道，称中国人抓绿色建筑只知道抓硬技术，如果没有人民理念的升华，这个国家这个民族是搞不起来的，当时心中油然而生的感觉是，此语抓到"点"上了。

我国的绿色建筑起步于 2000 年，绿建委成立于 2006 年，第一本国家标准《绿色建筑评价标准》迟于英国 18 年，迟于美国 9 年。可是近十年，由于政府的重视，工程技术人员的努力，我国的绿色建筑取得了飞速的发展，中国的绿色建筑认证标识数量已超过一万个，建筑面积超过 1 亿 m²，《2016 年全球绿色建筑趋势报告》（World Green Building Trends 2016）亚太经合组织能源工作组（APEC Energy World Group）等组织和报道均指出无论是绿色建筑规模、新建建筑认证比例等方面，中国绿色建筑已处于先进国家前列。

除国标《绿色建筑评价标准》第三版 2019 年问世外，我国又颁发了绿色生态城区、绿色工业建筑、绿色校园、绿色施工、绿色建材等领域的标准。涉及面之广，内容之丰富，是他国不能比拟的，显示出一派生气勃勃的绿色景象。

日后怎么发展？据了解，中央正在起草文件，从绿色建筑、绿色城区到装配式建筑、智慧城市、海绵城市、低碳发展、地下空间、城市双修等作了全面规划，提出更新、更高的要求，保证国家的可持续发展。但其中的一个问题是所有这些工作均局限于很小部分的人在制订、在运作、在检查、在更新，对大部分民众来讲，尚处于一个不很清晰的状态，自然就是无感知的状态。

为此，当政府官员、工程技术人员汇聚在一起讨论制订技术文件时，常会自问一个问题，如何将编制过程中的背景材料、指导思想及基本原则向民众做一交代，让大家掌握来龙去脉，从自身行为动起来，岂不是更具体更生动地配合落实国家的相关政策规范吗？笔者在国际交往中有两件事受到了极大的触动。

一是英国剑桥大学的教授在香港的国际会议上发言，英国建筑碳排放占全国的 27%，既有建筑改造后可减少 3%，但如果抓行为节能后可减少 9%，是旧房改造的 3 倍，这是低成本的节能。

二是新加坡官员的分析，行为节能已占他们国家建筑能耗的 50%，国际上对绿色人文已从定性上升到定量分析。

绿色发展的国策应是科学的、合理的、高质量的政策，是以人为本的政策。这个以人为本不仅要考虑人的需要、人的利益，更重要的是树立人的绿色理念、生态理念、环保理念、低碳理念，发动全民投入绿色发展中，让民众知道，什么是绿色发展，怎样做到绿色发展，我的绿色行为是什么，这就是中央政府多次提出的让百姓有感知，即既要有感觉，又要有绿色知识。

《绿色生态城区评价标准》GB/T 51255—2017，首次将绿色人文的内涵作为独立的章节写入国家标准中，日本东京大学副校长认为该标准软硬结合来推进绿色发展是一种创新。

此章节分为"以人为本""绿色生活""绿色教育""历史文化"四个部分，在总则控制项中，强调保障公众参与，编制绿色生活与消费导则，保护历史文化街区、历史建筑及其他历史遗存等重点内容，整章充满了绿色人文的理念与实施要点。

其中绿色生活编写生动具体。《国务院办公厅关于严格执行公共建筑空调温度标准的通知》（国办发〔2007〕42 号）明确规定了公共建筑夏季室内空调温度不得低于 26℃，冬季室内空调温度设置不得高于 20℃的要求，该内容直接写入评分项。

11.2.6 1. 制定管理措施，公共建筑夏季室内空调温度不低于 26℃，冬季室内空调温度设置不高于 20℃，评价分值为 3 分；

2. 制定优惠措施，鼓励居民购置一级或二级节能家电，评价分值为3分。

研究表明，夏天温度降低1℃，能耗增加9％；冬天温度增高1℃，能耗增加12％。这是多么重要的"行为节能"。在条文说明中，还强调了湿度与新风量的择定，国家标准《空气调节系统经济运行》GB/T 17981—2007规定夏季公共建筑的一般房间相对湿度控制在40％～65％，新风量控制在每人每小时10～30m³，温度控制应大于或等于26℃。温湿度的设置及新风量的确定与节能休戚相关，而设置的行为完全由人操作，从一个侧面足见绿色人文的重要性。

对节水，又编写了用水阶梯水价及鼓励居民购置节水器具的具体规定。

11.2.7 1. 制定用水阶梯水价，促进居民开展行为节水，评价分值为3分；

2. 制定优惠措施，鼓励居民购置节水器具，评价分值为3分。

居民不仅自身并会主动教育下一代养成节水的习惯，这就是"行为节水"。

更突出的是针对目前城市交通拥堵的通病，提出建立优先绿色交通出行的交通体系，即步行，自行车，公共交通（常规公交与轨道交通）。

8.2.1 城区建立优先绿色交通出行的交通体系，评价总分值为15分，绿色交通出行率达到65％，得5分；达到75％，得10分；达到85％，得15分。

11.2.8 1. 针对不同使用人群，制定公交优惠制度，得3分；

2. 针对不同使用人群，制定公共自行车租赁优惠制度，得3分。

北京市的轨道交通已达600多公里，居世界之首，每天忙碌不堪，但其绿色出行率尚且只有73％，连中档分值（75％时获7分）都得不到，期望更多的上班族放弃小汽车，选用自行车或公共交通。这样的绿色生活不仅节约资源，缓解拥堵，减少排放，更重要的是向全社会动员，树立绿色人文新理念，改变我们的生活方式。

生活垃圾又是当今社会滋生的新问题，经济发展引发人民生活水平的提高，生活垃圾必然随之增加。生活垃圾的减量化、资源化已持续宣传多年，应鼓励居民进行垃圾分类，教育市民开展"光盘行动"减少厨余产生，减少一次性消费品的使用。

具体为：

11.2.9 1. 制定促进居民开展垃圾分类的管理措施，得2分；

2. 制定垃圾袋收费制度，实施居民生活垃圾袋收费，得2分；

3. 制定限制商品过度包装的管理办法，得2分。

垃圾收集与污水处理一直是我国环保工作的重点，没有绿色人文的配合，再好的制度，再好的政策，再好的奖惩，也难以圆满完成我们的宏伟目标。

《绿色生态城区评价标准》中还突出了绿色教育和绿色实践。

11.2.10 1. 针对青少年开展绿色教育和绿色实践，得3分；

2. 设置绿色行动日活动，构建多样的宣传教育模式与平台，得3分。

回顾我国绿色教育的实践，成果是有目共睹的：

（1）绿建委成立绿色教育委员会，部署有关的宣贯规划及行动方案；

（2）编制出版国家标准《绿色校园评价标准》，成立评审专家组；

（3）绿建委成立"绿色校园"学组，邀请名校（大中小学）的领导入组，开展标准编制，评选研究活动；

（4）每年组织青少年的绿色知识智力竞赛，优胜者免费参加绿色夏令营活动，请相关专家讲课指导；

（5）每年组织相关大专院校学生参加绿色建筑设计竞赛；

（6）年度绿建国际大会上，表彰优秀青年与优秀教员。

实践的经验是将青少年的绿色教育作为全民教育的切入点，绿色人文的重中之重，不仅抓高校还注意到中小学的绿色教育同步推进。在深圳曾举办中小学的绿色宣教活动，近500个家长带了孩子前来参加，宣读了"绿色生活"的倡议书，有精彩发言的学生领取了企业赞助的"绿色奖品"。在天津，与教育局联合主办了五个重点中学参与的绿色青年论坛，还准备了有奖抢答比赛，散会后中学生们围着主讲老师迟迟不肯离去。青少年对绿色教育的热爱也给专家留下了深刻的印象，每当绿建委组织青少年科普论坛时，专家们踊跃报名，积极备课，用深入浅出的语言，打开了学生的内心，宣讲课堂里出现平时教室内很少出现的鸦雀无声、全神贯注的严肃场面，效果甚佳。著名高校如清华大学、同济大学、天津大学、重庆大学、北京交通大学、深圳大学、桂林理工大学等，都先后举办过各类绿色讲座，多次出现走道加座的热烈场面，学校领导反映说，没见过如此受学生欢迎的论坛。这充分表明，青少年对科技、对绿色、对生态、对低碳、对超前的理论与实践是很有兴趣的，把青少年的宣贯作为切入点的大方向是正确的，青年兴则国家旺！实践的体会是绿色人文教育必须从青少年抓起。

再从一个方面，试析国际上绿色人文中的行为节能问题。为了控制人的行为，世界各国对室内空调温度开始作出规定。

美国能源部和环境保护署近期发布消费者报告称，建议夏天家里有人状态下，空调温度设为25.6℃，没人时设为29.4℃，睡觉时设为27.8℃，消息一出，许多美国人抱怨这个温度设得太高，无法让人感到凉爽舒适。

印度也设定了非强制性空调温度标准，室内空调温度应设为24℃，并鼓励社会各界自觉执行，然而这一温度对于大多数印度家庭可望而不可及。据报道，2018年，印度空调普及率只有6%，除了空调的价格高昂，电力供应方面的基建落后也是一大制约因素。在用电高峰会出现断电的情况，而且电费不便宜。

日本从2005年开始提倡节能，鼓励商业机构和家庭住宅将空调温度设为28℃，与之相配合，日本还鼓励工作单位实施与季节相配合的着装标准。在炎热的夏天不必穿裹得严严实实的工装。笔者参加新加坡绿建大会，部长开幕致辞前强调会场温度为 27℃，通知上强调不必西装领带到会，同时双手拍打手臂，表明自己今天就是穿着衬衫上台的，以生动的行为展示，教育大家节能。

尽管绿色人文的推广实践工作已在我国起步，但与我国的整体绿色发展是极不匹配的。主要表现在：

（1）绿色人文的广义含义未得到理论上的完善，理念上模糊不清，迄今未见到有较完美的科学定义、科学体系；

（2）绿色发展的因地制宜是灵魂，与气候、环境、资源、经济、文化五大因素休戚相关，结合本土条件的五大因素来宣贯教育做得欠缺；

（3）上层领导的眼光尚未聚焦绿色人文，相关的方政、政策、标准规范未配套出台；

（4）绿色人文的专家团队尚未形成，无专门的团队、专门的教材，宣贯得不到良好的效果。

为了积极有效地启动绿色人文工作，建议绿建委开展下述几个方面的工作来启动及推动绿色人文的开展：

（1）调整绿色教育委员（暂称）的组织机构，选择有能力、有活力、有理念、肯贡献一定精力的中青年进入机构；

（2）制订近期的工作规划，包括课题研究、标准编制、论坛安排、对外国际合作等；

（3）针对我国幅员广大的情况，因地制宜结合本土条件的要求，建议分地区开展工作，设想分夏热冬冷地区、夏热冬暖地区、华北地区、东北地区、西北地区，使推广宣贯工作更实际、更有吸引力；

（4）争取得到政府各级有关部门及媒体的支持，造成声势，更快更大范围地开展。

作者： 王有为（中国城市科学研究会绿色建筑与节能专业委员会；中国建筑科学研究院有限公司）

6 国家标准《绿色建筑评价标准》 GB/T 50378—2019 的应用与思考

6 The application study of *Assessment Standard for Green Building* GB/T 50378—2019

　　我国绿色建筑实践工作经过十余年的发展，国家、政府及民众对绿色建筑的理念、认识和需求均大幅提高，在法规、政策、标准三管齐下的指引下，我国绿色建筑评价工作发展规模明显。截至 2018 年 12 月，全国共评出绿色建筑标识项目超过 1.3 万个，建筑面积超过 12 亿 m^2，全国累计新建绿色建筑面积 32.78 亿 m^2。

　　我国绿色建筑的蓬勃发展离不开中央和地方政府的强有力举措，多项法规、政策、标准的颁布使绿色建筑经历了由推荐性、引领性、示范性到强制性方向转变的跨越式发展。然而绿色建筑的实践在我国绿色生态文明建设和建筑科技的快速发展进程中不断遇到新的问题、机遇和挑战。

　　在此背景下，国家标准《绿色建筑评价标准》GB/T 50378（下文简称"《标准》"）作为我国绿色建筑实践工作中最重要的标准，十余年来经历了"三版两修"。为响应新时代对绿色建筑发展的新要求，2018 年 8 月在住房城乡建设部标准定额司下发的《住房城乡建设部标准定额司关于开展〈绿色建筑评价标准〉修订工作的函》（建标标函〔2018〕164 号）的指导下，中国建筑科学研究院有限公司召集相关单位开启了对《标准》第三版的修订工作。2019 年 3 月 13 日，住房和城乡建设部正式发布国家标准《绿色建筑评价标准》GB/T 50378—2019，《标准》已于 2019 年 8 月 1 日起正式实施。

6.1 《标准》修订概况

　　《标准》全面贯彻了绿色发展的理念，丰富了绿色建筑的内涵，内容科学合理，与现行相关标准相协调，可操作性和适用性强；《标准》结合新时代的需求，坚持"以人为本"和"提高绿色建筑性能和可感知度"的原则，提出了更新版的"绿色建筑"术语：在全寿命周期内，节约资源、保护环境、减少污染，为人们提供健康、适用、高效的使用空间，最大程度地实现人与自然和谐共生的高质量建筑（对应《标准》第 2.0.1 条）。

在新术语的基础上，《标准》将建筑工业化、海绵城市、健康建筑、建筑信息模型等高新建筑技术和理念融入绿色建筑要求中，扩充了有关建筑安全、耐久、服务、健康、宜居、全龄友好等内容的技术要素，通过将绿色建筑与新建筑科技发展紧密结合的方式，进一步引导和贯彻绿色生活、绿色家庭、绿色社区、绿色出行等绿色发展的新理念，从多种维度上丰富了绿色建筑的内涵。

为了将《标准》内容与建筑科技发展新方向更好地结合在一起，基于"四节一环保"的约束，《标准》重新构建了绿色建筑评价技术指标体系：安全耐久、健康舒适、生活便利、资源节约、环境宜居（对应《标准》第 3.2.1 条及第 4～8 章），体现了新时代建筑科技绿色发展的新要求。

此外，《标准》还针对绿色建筑评价时间节点、性能评级、评分方式、分层级性能要求等方面做出了更新和升级。《标准》的落地实施将对促进我国绿色建筑高质量发展、满足人民美好生活需要起到重要作用。

6.2　首批新国标项目概况

《标准》作为我国绿色建筑评价工作的重要依据，是规范和引领我国绿色建筑发展的根本性技术标准。此次修订之后的新《标准》将与《绿色建筑评价标识管理办法》（修订中）相辅相成，共同推进绿色建筑评价工作高质量发展。同时，《标准》发布后，为了更好地适应我国绿色建筑的发展趋势，各级地方政府、多家评价机构均积极开展基于《标准》的评价工作办法修订工作，保障评价工作顺利开展。

《标准》从启动修编到发布实施，一直备受业界关注，截至 2019 年底，全国范围内已有 9 个新国标项目取得标识。首批项目的落地标示着我国绿色建筑 3.0 时代的到来。下文将基于我国首批新国标项目，结合《标准》修订重点，分析《标准》应用情况。

首批新国标项目基本情况列表　　　　　　　　　　　　表 1-6-1

项目编号	建筑类型	标识星级	所在地区	气候区	建筑面积（万 m²）	最终得分
1	公共建筑	三星级	华东	夏热冬冷	0.57	88.6
2	居住建筑	三星级	华东	夏热冬冷	9.41	86.0
3	居住建筑	三星级	华东	夏热冬冷	6.23	85.7
4	公共建筑	三星级	华北	寒冷	5.35	85.0
5	居住建筑	二星级	华东	夏热冬冷	6.04	80.9
6	公共建筑	三星级	华南	夏热冬暖	13.82	84.8

项目编号	建筑类型	标识星级	所在地区	气候区	建筑面积（万 m²）	最终得分
7	公共建筑	三星级	华北	寒冷	2.20	90.7
8	公共建筑	三星级	华北	寒冷	2.10	94.1
9	公共建筑	三星级	华北	寒冷	2.30	90.4

首批项目（详见表 1-6-1）在地理上涵盖了华北、华东和华南等地区，在气候区上覆盖了寒冷地区、夏热冬冷地区和夏热冬暖地区，在建筑功能上囊括了商品房住宅、保障性住房、综合办公建筑、学校、多功能交通枢纽、展览建筑等多种类型。从首批项目的得分情况及标识星级可以看出，三星级标识项目占比较大，首批项目的功能定位、绿色性能综合表现均具有较强的代表性，从一定程度上体现了《标准》引导我国建筑行业走向高质量发展的定位。

6.3 应 用 情 况

此次《标准》修订中建立的评价指标体系从五大方面全面评价建筑项目的绿色性能，图 1-6-1 展示了首批新国标项目在"安全耐久、健康舒适、生活便利、资源节约、环境宜居、提高与创新"六大章节最终得分雷达图，为分析《标准》评价指标体系的实践情况，将资源节约章节得分换算为百分制后研究。

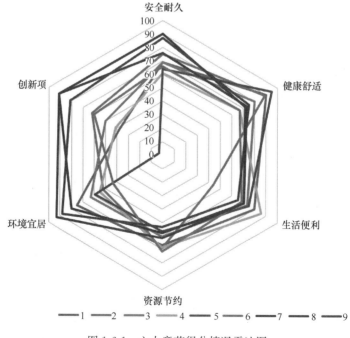

图 1-6-1　六大章节得分情况雷达图

5 类绿色建筑性能指标的得分情况体现了各要素综合技术选用情况与成效水平，同时也在一定程度上体现了不同章节的得分难易差别。可以看出九个项目的 5 类绿色建筑性能指标得分整体较为均衡，除了作为建筑基础要素的"安全耐久"（平均得分率 73%）外，"健康舒适（平均得分率 79%）"和"生活便利（平均得分率 71%）"两个章节作为体现绿色建筑以人为本、可感知性的特色指标，也具有较高的得分率，可见新国标项目在选用技术体系及实践落地的过程中更加关注绿色建筑性能的健康、舒适、高质量等特性。

6.3.1　安全耐久性能

首批九个新国标项目的"安全耐久"章节平均得分率为 73%。安全作为绿色建筑质量的基础和保障，一直是建筑行业最关心的基本性能。此次修编，在"以人为本"理念的引导下，《标准》从全领域、全龄化、全寿命周期三个维度对绿色建筑的安全耐久性能提出了具体要求。《标准》将该章节评分项分为"安全"和"耐久"两个部分，其中新增条文数占比 70%，相比于上一版标准，《标准》新增的 12 条均为针对强化人的使用安全的条文，如"4.1.6 条对卫生间、浴室防水防潮的规定""4.1.8 条对走廊、疏散通道等通行空间的紧急疏散和应急救护的要求""4.2.2 条对保障人员安全的防护措施设置的要求"等。

以《标准》4.2.2 条为例，条文提出绿色建筑采取保障人员安全的防护措施，从主动防护和被动设计两个层面全面提高人员安全等级。某高层公共建筑项目通过在七层以上建筑中采用钢化夹胶安全玻璃、在门窗中采用可调力度的闭门器和具有缓冲功能的延时闭门器的方式防止夹人伤人事故的发生。

6.3.2　健康舒适性能

"健康舒适"章节主要评价建筑中空气品质、水质、声环境与光环境、室内热湿环境等关键要素，重点强化对使用者健康和舒适度的关注，同时提高和新增了对室内空气质量、水质、室内热湿环境等与人体健康息息相关的关键指标的要求。此外，通过增加室内禁烟、选用绿色装饰装修材料产品、采用个性化调控装置等要求，更多地引导开发商、设计建设方及使用者关注健康舒适的室内环境营造，以提升绿色建筑的体验感和获得感。

首批新国标项目均以打造健康舒适的人居环境为目标，通过采用科学高效的采暖通风系统、全屋净水系统、高效率低噪声的室内设备、高隔声性能的围护结构材料、有效的消声隔振措施、节能环保的绿色照明系统等方式提升绿色建筑中室内环境的健康性能，进而提高用户对建筑绿色性能的可感知性。

6.3.3　生活便利性能

"生活便利"章节侧重于评价建筑使用者的生活和工作便利度属性,《标准》将其分为"出行与无障碍""服务设施""智慧运行"和"物业管理"。作为首批新国标项目中得分率第三位的指标,该章节从建筑的注重用户及运行管理机构两个维度对绿色建筑的生活便利性提出了全面的要求。全章共设置 19 条条文,具体包括对电动汽车和无障碍汽车停车及相关设施的设置要求、开阔场地步行可达的要求、合理设置健身场地和空间的要求等,此外顺应行业和社会发展趋势,进一步融合建筑智能化信息化技术,增加了对水质在线监测和智能化服务系统的评分要求。

首批新国标项目通过采用新型智能化技术打造便利高效的生活应用场景,某综合办公建筑通过采用建筑智能化监控系统,实现了对建筑室内环境参数的监测(包括室内温湿度、空气品质、噪声值等),同时还将对暖通、照明、遮阳等系统智能控制的功能集成起来。智能化的建筑监控系统结合完善的物业管理服务,为绿色建筑中用户、运营方提供了更加便利的绿色生活方式。某绿色住宅项目中采用智慧家居系统,实现了对建筑内灯光场景一键调用、全区覆盖智能安防、可视对讲搭配 APP、移动设备端多渠道操作、室内外环境数据实时监测发布、电动窗帘一键开关等功能,智能系统在住宅中的多维度应用让用户享受到现代生活气息,全面提升了建筑中用户的幸福感和感知度。

6.3.4　资源节约性能

"资源节约"章节包含"节地、节能、节水、节材"四个部分,在 2014 版"四节"的基础上,《标准》在"基本规定"中增加了对不同星级评级的特殊要求,如提高建筑围护结构热工性能或提高建筑供暖空调负荷降低比例、提高严寒和寒冷地区住宅建筑外窗传热系数降低比例、提高节水器具用水效率等级等。

此外,除了沿用和提高 2014 版的相关技术指标,《标准》还提出了创新的资源节约要求,如在"节能"中,《标准》新增提出应根据建筑空间功能设置不同的分区温度,在门厅、中庭、走廊以及高大空间等人员较少停留的空间采取适当降低的温度标准进行设计和运营,可以进一步通过建筑空间设计达到节能效果。以建筑中庭为例,其主要活动空间是中庭底部,因此不必全空间进行温度控制,而适用于采用局部空调的方式进行设计,如采用空调送风中送下回、上部通风排除余热的方式。

6.3.5　环境宜居性能

"环境宜居"章节相比于"健康舒适"而言更加关注建筑的室外环境营造,

如室外日照、声环境、光环境、热环境、风环境以及生态、绿化、雨水径流、标识系统和卫生、污染源控制等。绿色建筑室外环境的性能和配置，不仅关系到用户在室外的健康居住和生活便利感受，同时也会影响到建筑周边绿色生态和环境资源的保护效果，更为重要的是，室外环境的营造效果会叠加影响建筑室内环境品质及能源节约情况。因此，"环境宜居"性能有助于提高建筑的绿色品质，让用户感受到绿色建筑的高质量性能。

以营造舒适的建筑室外热环境为例，《标准》控制项 8.1.2 条要求住宅建筑从通风、遮阳、渗透与蒸发、绿地与绿化四个方面全面提升室外热环境设计标准，公共建筑则需要计算热岛强度。此外，《标准》在控制项中新增了对建筑室内设置便于使用和识别的标识系统的要求。由于建筑公共场所中不容易找到设施或者建筑、单元的现象屡见不鲜，设置便于识别和使用的标识系统，包括导向标识和定位标识等，能够为建筑使用者带来便捷的使用体验。在某学校建筑项目中，为确保学生及教职工的使用便利和安全，项目采用对教学楼内不同使用功能的房间设置醒目标识标注房间使用功能，对于机房、泵房及控制室等功能房间，以设有"闲人免进""非公勿入"等标识的方式打造宜居的教学办公环境。

6.3.6 提高与创新性能

为了鼓励绿色建筑在技术体系建立、设备部品选用和运营管理模式上进行绿色性能的提高和创新，《标准》设置了具有引导性、创新性的额外评价条文，并单独成章为"提高与创新"章节。其中，在上一版《标准》的基础上，此次修订主要针对进一步降低供暖空调系统能耗、建筑风貌设计、场地绿容率和采用建设工程质量潜在缺陷保险产品等内容进行了详细要求。

将首批新国标项目"创新与提升"章节得分汇总，取各项目条文得分平均分与条文满分之比为"平均得分比例"，取各条文中 9 个项目得分数量比例为"条文得分率"，绘图如图 1-6-2 所示。

"条文得分率"表示条文中各项目的得分比例，以"9.2.1 采取措施进一步降低建筑供暖空调系统的能耗"为例，"条文得分率"33.3%表示九个项目中有三个项目此条评价得分；"平均得分比例"表示九个项目各条文的平均得分占该条文满分的比例，9.2.1 条满分 30 分，项目平均得分 12 分，"平均得分比例"38.9%。两项指标的差异表示了各条文得分的难易和分值高低的分布情况。

分析图 1-6-2 可知，9.2.1、9.2.4、9.2.6、9.2.8 及 9.2.10 条，由于条文设置了不同等级的加分要求，出现了得分率与平均得分比例的差值，其中 9.2.1 条差异最大，表示该条文虽具有较高的得分率，但是由于在一定基础上进一步降低建筑供暖空调系统能耗意味着更高的增量成本和技术难度，因此该条文获得高分的难度较大。

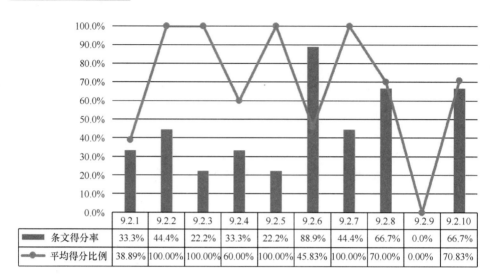

图 1-6-2　创新与提高章节得分汇总

以 9.2.6 条 "应用建筑信息模型（BIM）技术" 为例，此条在 "提高与创新" 章节中具有最高的得分率。应用 BIM 技术的要求是在 2014 版的基础上发展而来的，同时《标准》中增加了对 BIM 技术的细化要求。高得分率表示首批项目中采取 BIM 技术建造的项目占比较大，同时也反映了 BIM 技术在我国建筑行业的发展应用现状。以首批新国标项目中保障性住宅项目为例，该项目采用了装配式主体结构、围护结构、管线与设备、装配式装修四大系统综合集成设计应用，预制装配率达到 61.08%，装配率达到 64%，在充分发挥标准化设计的前提下，项目通过采用 BIM 技术，对各专业模型进行碰撞检查，将冲突在施工前已提前解决优化，确保了建筑项目的施工品质，实现了构件预装配、计算机模拟施工，从而指导现场精细化施工的目标。

6.4　关于新国标应用的几个突出特点

6.4.1　科学的评价指标体系提升了绿色性能

为提高绿色建筑的可感知性，突出绿色建筑给人民群众带来的获得感和幸福感，满足人民群众对美好生活的追求，《标准》修订过程中全面提升了对绿色建筑性能的要求，通过提高和新增全装修、室内空气质量、水质、健身设施、全龄友好等以人为本的有关要求，更新和提升建筑在安全耐久、节约能源资源等方面的性能要求，推进绿色建筑高质量发展。表 1-6-2 展示了 9 个项目在 15 个关键绿色建筑性能指标的成效平均值。

关键绿色建筑性能指标列表 表 1-6-2

关键性能指标	单 位	性能平均值
单位面积能耗	$kW \cdot h/(m^2 \cdot a)$	60.76
围护结构热工性能提高比例	%	30.11
建筑能耗降低幅度	%	26.17
绿地率	%	25.67
室内 $PM_{2.5}$ 年均浓度	$\mu g/m^3$	18.42
室内 PM_{10} 年均浓度	$\mu g/m^3$	23.09
室内主要空气污染浓度减低比例	%	20.56
室内噪声值	dB	40.37
构件空气声隔声值	dB	49.66
楼板撞击声隔声值	dB	57.50
可调节遮阳设施面积比例	%	70.41
室内健身场地比例	%	1.80
可再生利用和可再循环材料利用率	%	13.16
绿色建材应用比例	%	36.43
场地年径流总量控制率	%	74.59
非传统水源用水量占总用水量的比例	%	32.15

其中，在营造健康舒适的建筑室内环境方面，首批绿色建筑项目的室内 $PM_{2.5}$ 年均浓度的平均值为 $18.42\mu g/m^3$，室内 PM_{10} 年均浓度的平均值为 $23.09\mu g/m^3$。相比于我国现阶段部分省市室内颗粒物水平而言，新国标项目的室内主要空气污染（氨气、甲醛、苯、总挥发性有机物、氡等）浓度降低平均比例为 20.56%。可见室内颗粒物污染得到了有效的控制。室内平均噪声值为 40.37 dB，满足《标准》5.1.4 条控制项对室内噪声级的要求。在资源节约方面，首批绿色建筑项目的围护结构热工性能提高平均比例为 30.11%，建筑能耗平均降低幅度为 26.17%，高于《标准》7.2.8 条满分要求。在提高绿色建筑生活便利性能方面，首批绿色建筑项目的平均室内健身场地面积比例为 1.8%，远高于《标准》6.2.5 条 0.3% 的比例要求。

《标准》通过科学的绿色建筑指标体系和提高要求的方式，达到大幅提升绿色建筑的实际使用性能的目的。

6.4.2 合理的评价方式确保了绿色技术落地

为解决我国现阶段绿色建筑运行标识占比较少的现状，促进建筑绿色高质量发展，《标准》重新定位了绿色建筑的评价阶段。将设计评价改为设计预评价，将评价节点设定在了项目建设工程竣工后进行，结合评价过程中现场核查的工作流程，通过评价的手段引导我国绿色建筑更加注重运行实效。

首批新国标项目均处于已竣工/投入使用阶段，评价机构在现场核查的过程中全面梳理项目全装修完成情况、重大工程变更情况、外部设施安装质量、安全防护设置情况、节水器具用水效率等级、能耗独立分项计量系统、人车分流设计、无障碍设计等关键绿色技术的落实情况，并形成"绿色建筑性能评价现场核查报告"，为后期项目专家组会议评价奠定工作基础。

此外，为兼顾我国绿色建筑地域发展的均衡性和进一步推广普及绿色建筑的重要作用，同时也为了与国际上主要绿色建筑评价标准接轨，《标准》在原有绿色建筑一、二、三星级的基础上增加了"基本级"。"基本级"与全文强制性国家规范相适应，满足《标准》中所有"控制项"的要求即为"基本级"。

同时为提升绿色建筑性能，《标准》提高了对一星级、二星级和三星级绿色建筑的等级认定性能要求。申报项目除了要满足《标准》中所有控制项要求外，还需要进行全装修，达到各等级最低得分，同时增加了对项目围护结构热工性能、节水器具用水效率、住宅建筑隔声性能、室内主要空气污染物浓度、外窗气密性等附件技术要求。首批新国标项目中 8 个为三星级项目，1 个为二星级项目，9 个项目均满足对应星级的基本性能要求，其中"围护结构热工性能的提高比例，或建筑供暖空调负荷降低比例"一条中，所有项目均采用降低建筑供暖空调负荷比例的方式参评，平均降低比例为 18.79%；"室内主要空气污染物浓度降低比例"平均值为 20.56%。在《标准》基本绿色建筑性能的指引下，项目更加关注能效指标、用水品质、室内热湿环境、室内物理环境及空气品质等关键绿色性能指标，为提升绿色建筑项目可感知性提供了保障。

6.4.3　以人为本的指标体系提高了用户感知度

在全新的评价指标体系中，"安全耐久"和"资源节约"章节侧重评价建筑本身建造质量和节约环保的可持续性能，"健康舒适""生活便利"和"环境宜居"章节则更加关注人民的居住体验和生活质量。指标体系的重新构建，凸显了建设初心从安全、节约、环保到以人为本的逐渐转变。

"以人为本"作为贯穿《标准》的核心原则体现在绿色建筑 5 大性能的多个技术要求中。在"安全耐久"章节中，《标准》通过设置多条新增控制项的方式提高了对建筑本体及附属设施性能的要求、对强化用户人行安全、提高施工安全防护等级的要求等。在"健康舒适"和"环境宜居"章节中，《标准》针对建筑室内外环境提出了全维度的技术要求，如温湿度、光照、声环境、空气质量、禁烟等，此类技术要求的增加和提升大幅度提高了用户对绿色性能的感知度，进而强化了人民在建筑中的幸福感获得感。从首批新国标项目在"健康舒适""生活便利"章节中取得的较高得分率可以看出，项目更加重视建筑中以人为本的技术性能，为新时代绿色建筑高质量发展起到了示范作用。

6.5 结 束 语

绿色建筑标准作为建筑提升品质与性能、丰富优化供给的主要手段，是践行绿色生活、实现与自然和谐共生的重要硬件保障，同时也必将成为全产业链升级转型和生态圈内跨界融合的促成要素。《标准》的颁布实施承载了新型城镇化工作、改善民生、生态文明建设等方面绿色发展的重要使命，首批新国标绿色建筑标识项目的落地为推动我国绿色建筑高质量发展起到了示范推广的作用。

从《标准》正式发布实施至今，历时半年时间，我国绿色建筑行业在《标准》的引领下向着高水平、高定位和高质量的方向稳步转型。《标准》作为住房和城乡建设部推动城市高质量发展的十项重点标准之一，不仅为我国建筑节能和绿色建筑的发展指明了新的方向，同时也充分体现了建筑与人、自然的和谐共生。绿色建筑作为人类生活生产的主要空间，未来势必将与智慧化的绿色生活方式相结合，为居民提供更加注重绿色健康、全面协同的建筑环境，从而真正实现绿色、健康可持续发展。

作者：王清勤[1,2] 孟冲[1,2] 梁浩[3] 韩沐辰[2] 戴瑞烨[2]（1. 中国建筑科学研究院有限公司；2. 中国城市科学研究会；3. 住房和城乡建设部科技发展促进中心）

7 绿色建筑室内环境发展与需求

7 Development and requirements of indoor environment of green building

摘　要：为了探究中国绿色建筑性能提升关键指标及可采用技术，本文分析了国际及国内室内环境质量标准对室内环境性能要求及我国修订绿色建筑标准对室内环境的性能提升。研究表明与国际要求相比，声、光、热环境差距不大，主要体现在等级划分及房间分类存在一定的差异。但就空气品质而言，我国的各个污染物的浓度限值基本处于中下游水平，部分污染物的设定值与其他国家相比，差距较大。同时绿色建筑评价标准也在不断发展，赋予了绿色建筑新的内涵。修订后的绿色建筑标准体现了对室内环境中的热湿环境、声环境、光环境、空气品质的更高要求，主要表现为在较高要求的基础上给出了最高要求，提倡"被动优先、主动优化"的原则去营造室内环境。在满足建筑功能要求前提下，因地制宜，尽可能利用有利的自然条件，实现建筑室内环境健康舒适。

Abstract：In order to explore the key indicators and technologies that can be used to improve the performance of China's green buildings, this article analyzes the requirements for indoor environmental performance of international and domestic indoor environmental quality standards and the improvement of indoor environment performance of China's revised green building standards. Compared with international standards, there is not much difference in sound, light, and thermal environment, which is mainly reflected in certain differences in grade division and room classification. However, as far as air quality is concerned, the concentration limits of various pollutants in China are basically at the level of middle and lower reaches. Compared with other countries, the set values of some pollutants have a large gap. At the same time, the evaluation standard of green building is also developing, which gives new connotation to green building. The revised green building standards all reflect higher requirements for the thermal environment, acoustic environment, light environment, and air quality in the indoor environment. The main performance is to give the highest requirements on the basis of higher requirements, and the principle of "passive priority and active optimization" is advocated to create the indoor environment. On the premise of meeting the requirements of building functions, we should adjust measures to local conditions and make the best use of favorable natural conditions to realize the healthy and comfortable indoor environment of the building.

7.1 室内环境状况

室内环境是伴随人类文明的发展,为满足人们生活、工作需求,抵御自然环境恶劣的气候,保证人类生存安全而产生并不断发展的一种环境。随着人类社会不断发展,人们的生活、工作,甚至交通都越来越多地在室内度过,有调查表明,人们一天中 80%～90% 的时间处于室内,进而人们对室内环境的舒适程度要求也更高。在现代社会中,室内居住环境要求以人为本,充分考虑人的心理、生理需求,使人生活在一个安全、舒适、和谐及高品位、多层次、高质量的环境中。早在 1988 年美国供热制冷空调工程师协会就提出室内环境品质 IEQ（Indoor Environment Quality）这个概念,室内环境品质如声、光、热湿环境及空气品质对人的身体健康、舒适性及工作效率都会产生直接的影响。在上述诸多影响因素中,数热湿环境和室内空气品质对人的影响尤为显著。在 20 世纪初,一些发达国家的学者就已经开始了对室内环境的研究。早期的研究主要服务于军事目的,例如对军舰轮机舱内的环境研究,对炎热或寒冷环境中的士兵心理和生理方面的研究等。第二次世界大战后,随着科技的进步、生产的发展和生活水平的提高,研究的方向已经逐步转向居住建筑。

就室内环境现状而言,整体上满足标准对室内环境相关参数的限值,但某些方面的内容仍值得我们关注,例如,对于热湿环境,部分房间仍存在温湿度分布不均匀,且室内吹风感强烈的现象;对于光环境,室内亮度一般能满足人们日常生活的需要,但室内眩光情况急需改善;对于声环境,需提高隔声性能,降低室内噪声;对于室内空气品质,室内存在部分污染物超标的情况、如甲醛、$PM_{2.5}$ 等,但是对于不同的地区和季节,其超标情况有一定差异,相比较而言,夏季室内环境在一定程度上要优于冬季。究其原因在于随着人们生活水平的提高,室内装饰行业飞速发展,人们大量采用豪华美观的装饰材料,而不考虑材料对人体的危害,进而引发污染物超标。据美国一项调查显示,每年有超过 6 亿美元的医疗费用用于医治室内环境质量差引起的疾病,大部分与室内污染物、温湿度及气流等因素有关。故我们在进行房屋建设和室内环境营造过程中,要尽可能考虑生态、健康及环保等因素,力求营造舒适健康的室内环境。

7.2 国际及国内室内环境质量标准对室内环境要求分析

7.2.1 热湿环境

目前，国际公认的评价和预测室内热环境热舒适的标准为 ASHRAE 55 系列标准和 ISO 7730 系列标准。ASHRAE 55 最新版本为 ASHRAE 55—2010《Thermal Environmental Conditions for Human Occupancy》。ISO 7730 系列标准是根据 P. O. Fanger 教授的研究成果，其现行版本是 ISO 7730—2005《热环境人类工效学—基于 PMV-PPD 计算确定的热舒适及局部热舒适判据的分析测定和解析》。在我国，目前通用的国家标准是《民用建筑室内热湿环境评价标准》GB/T 50785—2012。表 1-7-1 罗列了三个标准对于室内热环境相关的温度、湿度和风速的相关限值，综合对比 ASHRAE55、ISO 7730 和 GB/T 50785 三个标准的热舒适区间可以发现，三个标准对于温度、湿度和风速的相关限值存在一定的差异，但相比较而言，各个标准限值相差不大，比较显著的不同在于 ISO 7730 和 GB/T 50785—2012 在 ASHRAE 55 基础上对其评价指标的范围做了进一步的细化，如 ISO 7730 将热环境分为 A、B 和 C 三种等级，各等级分别给出了相应范围；而 GB/T 50785—2012 则将热环境分为 I 级、II 级。

各国规定的热环境等级划分标准　　　　　表 1-7-1

指标	等级	操作温度（℃）		空气相对湿度（%）		最大风速（m/s）	
		夏季	冬季	夏季	冬季	夏季	冬季
ASHRAE 55—2010	—	22.5～27	20～24.5	25～65	20～70	≤0.25	≤0.15
ISO 7730—2016	A	24.5±1	22±1	—	—	0.12	0.10
	B	24.5±1.5	22±2	—	—	0.19	0.16
	C	24.5±2.5	22±3	—	—	0.24	0.21
GB/T 50785—2012	I 级热舒适度	24～26	22～24	40～60	≥30	≤0.25	≤0.2
	II 级热舒适度	26～28	18～22	≤70	—	≤0.3	≤0.2

7.2.2 声环境

室内声环境现行的设计参考标准主要采用我国《民用建筑隔声设计规范》GB 50118—2010 与《健康建筑评价标准》TASC 02—2016，国际标准主要罗列了《建筑物选址室内空气质量、热环境、照明和声学设计和能量性能评估用室内环境输入参数》BS EN 15251：2007、《建筑能耗-室内环境质量》ISO 17772—1—2017，本文主要以办公室为例对比分析国际与国内标准对声环境的要求，通过对比可以发现，A声级是目前室内声环境评价指标的主流，但对于不同的国家标准，声环境等级划分存在差异，相对来说国外标准的要求略严于国内标准，并进行一定的等级划分，同时随着标准不断简化，如我国《健康建筑评价标准》采用房间功能类型取代建筑、房间类型，进行了一定程度简化，具体参见表1-7-2和表1-7-3。

国际声环境标准对比 表 1-7-2

房间名称	等效连续 A 声级（dB）			
	BS EN 15251：2007	ISO 17772-1-2017		
		一级	二级	三级
单人办公室	30～40	≤30	≤35	≤40
会议室	30～40	≤30	≤35	≤40
地景化办公室	35～45	≤35	≤40	≤45

国内声环境标准对比 表 1-7-3

标准名称	房间名称	等效连续 A 声级（dB）	
		高要求	低限标准
《民用建筑隔声设计规范》 GB 50118—2010	单人办公室	≤35	≤40
	多人办公室	≤40	≤45
	电视电话会议室	≤35	≤40
	普通会议室	≤40	≤45
《健康建筑评价标准》 TASC 02—2016	有睡眠要求的主要功能房间	≤30	(30，35]
	集中精力、提高工作效率的功能房间	≤35	(35，37]
	通过自然声进行语言交流的场所	≤40	(40，42]
	通过扩声系统传输语言信息的场所	≤45	(45，50]

7.2.3 光环境

室内光环境现行的设计参考标准主要采用我国《建筑照明设计标准》GB 50034—2013，国际标准主要罗列了《光和照明—工作场所照明》BS EN 12464-1-2011、《工作场所照明》ISO 8995-1：2002（E）/CIES 008/E：2001，本文主要以办公室为例对比分析国际与国内标准对光环境的要求，通过对比可以发现，对于光环境，国内外标准采用的光环境评价体系基本一致，评价指标普遍采用照度 E_m、统一眩光值 UGR、一般显色指数 R_a，但就办公室而言，我国增加了均匀度的评价指标，同时不同的标准对于统一眩光值 UGR、一般显色指数 R_a 的要求基本一致，但国外标准中对于照度标准值的要求较高于国内标准，具体参见表1-7-4。

各国规定的光环境参数划分 表 1-7-4

GB 50034—2013			BS EN 12464-1-2011		ISO 8995-1/CIES008/E：2001	
房间或场所	Em（lx）	U0	房间类型	Em（lux）	工作类型	Em（lux）
普通办公室	300	0.60	单人办公室	500	复印、归档	300
高档办公室	500	0.60	开敞式办公室	500	书写、打字、阅读、数据录入	500
会议室	300	0.60	会议室	500	会议室	500
视频会议室	750	0.60			制图	750

注：由于房间对于统一眩光值 UGR、一般显色指数 R_a 的要求基本一致，故本表未罗列这两项。

7.2.4 空气品质

随着经济和检测技术发展，各国家和地区对本国的室内空气质量标准都进行了相关修订，大体趋势表现在增添对人体危害较大的污染物，同时进一步降低其他污染物浓度限值。相比于国外而言，我国有关室内环境质量相关标准起步较晚，对污染物的控制也低于其他国家。如美国在 1997 年提出的有关 $PM_{2.5}$ 的相关标准，到目前为止包括美国、欧盟、日本等一些发达国家已将其纳入国标并强制性限制。但就我国而言，2012 年 2 月新修订发布的《环境空气质量标准》才增加了 $PM_{2.5}$ 监测指标，之后在 2016 年《健康建筑评价标准》T/ASC 02 也提出了 $PM_{2.5}$ 的浓度限值，但多数亚洲国家和地区还没有强制控制 $PM_{2.5}$。当前国际上室内空气质量标准控制的主要污染物为甲醛（HCHO）、臭氧（O_3）、可吸入颗粒物（PM_{10}）、细颗粒物（$PM_{2.5}$）、总挥发性有机化合物（TVOC）、苯（C_6H_6）、二氧化碳（CO_2）、氨（NH_3）。但是由于各国技术发展水平以及具体情况不同，在主要控制项目上存在一定差异，同时不同国家的指标要求存在比较明显的差别，表 1-7-5、表 1-7-6 主要罗列了各国关于 CO_2 和 PM_{10} 的相关浓度限值，我国的各个污染物的浓度限值基本处于中下游水平，部分污染物的设定值与其他国家相比，差距较大。

CO_2 浓度限值要求 表 1-7-5

标准值 （ppm）	测量要求	指标类型	来源	国家及地区
1000	日平均值	标准值	室内空气质量标准 GB/T 18883—2002	中国
900	日平均值	健康建筑	健康建筑评价标准 T/ASC 02—2016	中国
1000	8 小时均值	标准值	Hong Kong Environmental Protection Department	中国香港
800	8 小时均值	较高要求		
1000		标准值	The law for maintenance of sanitation in buildings	日本

标准值（ppm）	测量要求	指标类型	来源	国家及地区
1000	8 小时均值	标准值	Guidelines for good IAQ in office premises	新加坡
比室外浓度不高于 700		标准值	ASHRAE	美国
600		较高要求	ANSI/ASHRAE	美国
5000	8 小时均值	限值	HSC，2002	英国
1000		标准值	WHO，2004	世界范围
3500	长期暴露	限值	HealthCanada，1989	加拿大
5000	8 小时均值	限值	Germany's MAK（ANSI/ASHRAE，2004）	德国
5000	长期暴露	限值	NOHSC，1995	澳大利亚
700		高要求	Finnish Society of Indoor Air Quality and Climate	芬兰

PM$_{10}$浓度限值要求   表 1-7-6

限值（µg/m³）	备注	来源	国家及地区
70	年均浓度	健康建筑评价标准 T/ASC 02—2016	中国
75	日均浓度		中国
150	日均浓度	室内空气质量标准 GB/T 18883—2002	中国
20	8 小时均值（高要求）	HKEPD	中国香港
180	8 小时均值（一般要求）		
150	长期暴露	Institute of Environmental Epidemiology，SIAQG	新加坡
90	1 小时均值		澳大利亚
150	日均值	ASHRAE	美国
150	日均值	USEPA	美国
50	年均值		
20	8 小时均值	FiSIAQ	芬兰
50	日均值	WHO	世界范围
20	年均值		

7.3 绿色建筑相关标准对室内环境要求分析

中国于 2006 年提出第一部《绿色建筑评价标准》，经过十几年的发展，不管是在数量、规模上还是质量上都有了质的提升。建筑业在高速发展的同时，也面临着严峻的挑战，随着资源消耗日剧增多，据统计，建筑能耗占总能耗的 50%

以上，生态环境的逐渐恶化，使得绿色建筑必须肩负起更高的使命。所以，《绿色建筑评价标准》（以下简称《标准》）也在不断发展，分别在 2014 年、2019 年进行了两次修订，赋予了绿色建筑新的内涵：在全寿命期内，节约资源、保护环境、减少污染，为人们提供健康、适用、高效的使用空间，最大限度地实现人与自然和谐共生的高质量建筑。同时在《标准》中对室内环境中的热湿环境、声环境、光环境、空气品质都有了更高的要求。

7.3.1　热湿环境

绿色建筑提倡"被动优先、主动优化"的原则去营造舒适健康的热湿环境，所以在《标准》中提倡优化建筑空间和平面布局，鼓励外窗、玻璃幕墙等外立面透明部分围护结构有较大可开启部分，使建筑获得良好的自然通风。已有研究表明，在自然通风条件下，人们感觉热舒适和可接受的环境温度要远比空调采暖室内环境设计标准限定的热舒适温度范围来得宽泛。当室外温湿度适宜时，良好的通风效果还能够减少空调的使用。同时，《标准》中也鼓励设置可调节遮阳设施，改善室内热舒适，也能减少得热量，进而减少能耗。

在 2019 版《标准》中，还新增了对主要功能房间热环境参数在适应性热舒适区域的时间比例的要求；采用人工冷热源的建筑，主要功能房间达到现行国家标准《民用建筑室内热湿环境评价标准》GB/T 50785 规定的室内人工冷热源热湿环境整体评价Ⅱ级的面积比例至少达到 60％ 以上。这一点关注的是建筑适应性热舒适设计，从动态热环境和适应性热舒适角度，对室内热湿环境进行设计优化，强化自然通风、复合通风，合理拓宽室内热湿环境设计参数，强调建筑中人不是环境的被动接受者，而是能够进行自我调节的适应者，鼓励设计中允许室内人员对外窗、风扇等装置进行自由调节。人工冷热源热环境等级判定和非人工冷热源热环境等级判定见表 1-7-8 和表 1-7-8。

人工冷热源热环境等级判定　　　　　　　　表 1-7-7

等级	整体评价指标（PMV）		局部评价指标		
			冷吹风感（LPD_1）	垂直空气温度差（LPD_2）	地板表面温度（LPD_3）
较高要求	$10\% < PPD \leqslant 15\%$	$-0.7 \leqslant PMV < -0.5$ 或 $+0.5 < PMV \leqslant 0.7$	$20\% \leqslant LPD_1 < 30\%$	$10\% \leqslant LPD_2 < 20\%$	$10\% \leqslant LPD_3 < 15\%$
最高要求	$PPD \leqslant 10\%$	$-0.5 \leqslant PMV \leqslant +0.5$	$LPD_1 < 20\%$	$LPD_2 < 10\%$	$LPD_3 < 10\%$

非人工冷热源热环境等级判定　　　　　　　　表 1-7-8

等级	指标（APMV）
较高要求	$-0.7 \leqslant APMV < -0.5$ 或 $+0.5 < APMV \leqslant 0.7$
最高要求	$-0.5 \leqslant APMV \leqslant +0.5$

7.3.2 声环境

绿色建筑的室内声环境以主要功能房间室内允许噪声级、构件空气声隔声性能、楼板撞击声隔声性能作为评价标准，对比分析普通建筑与绿色建筑的差别时以《民用建筑隔声设计规范》GB 50118 为基础。由于各类建筑内房间类型众多，所以在比较不同功能类型的建筑要求时，只选取其最主要的两类功能房间昼间要求比较分析，且不包括特殊房间。对于《民用建筑隔声设计规范》GB 50118 中一些只有单一室内噪声级要求的建筑，认定该室内噪声级对应数值为低限标准，而高要求标准则在此基础上降低 5dB（A）；单一构件对应的空气隔声性能数值为低限标准限值，而高要求标准限值则在此基础上提高 5dB；单一楼板撞击声隔声性能的建筑类型，规定高要求标准限值为低限标准限值降低 10dB。表 1-7-9 为不同类型建筑主要功能房间声环境要求。

不同类型建筑主要功能房间声环境要求　　　　　　　表 1-7-9

建筑类型	主要功能房间	噪声级限值		与产生噪声房间之间的空气声隔声性能		楼板撞击声隔声性能	
		普（A声级，dB）	绿（A声级，dB）	普（dB）	绿（dB）	普（dB）	绿（dB）
住宅建筑	卧室、起居室	≤45	≤40	≥45	≥50	≤75	≤65
办公建筑	普通办公室/普通会议室	≤45/≤45	≤40/≤40	≥45/≥45	≥50/≥50	≤75/≤75	≤65/≤65
学校建筑	普通教室/教师办公室	≤45/≤45	≤45/≤45	≥50/—	≥50/—	≤75/—	≤75/—
商店建筑	商场、购物中心/餐厅	≤55/≤55	≤50/≤45	≥45/≥45	≥50/≥50	—	—
医院建筑	病房/诊室	≤45/≤45	≤40/≤40	≥50/≥40	≥55/≥45	≤75/—	≤65/—
旅馆建筑	客房/餐厅（宴会厅）	≤45/≤55	≤40/≤50	≥40/—	≥45/—	≤75/—	≤65/—

注：1. "普"代表普通建筑要求，"绿"代表绿色建筑要求；
　　2. "—"表示《民用建筑隔声设计规范》GB 50118 未作要求。

提升建筑声学性能，推进绿色建筑是绿色发展理念在工程建设领域的重要举措，营造良好的声环境一般采用有效措施去优化室内声环境，包括优化建筑总平面和空间布局，优化设备选型，控制设备设施噪声排放值，并对其采取减振、消声措施；对电梯井道、设备机房和主要功能房间围护结构采取针对其噪声特性的减振、隔声和吸声降噪措施；采用同层排水或其他降低排水噪声的有效措施等。针对不同房间类型的室内噪声级等级判定和隔声性能等级提升及判定方法见

67

表 1-7-10 和表 1-7-11。

室内噪声级等级判定

表 1-7-10

房间类型	较高要求		最高要求	
	昼间	夜间	昼间	夜间
有睡眠要求的主要功能房间	≤40dB	≤33dB	≤35dB	≤30dB
需要集中精力、提高学习和工作效率的功能房间	≤40dB		≤35dB	
需保证人通过自然声进行语言交流的场所	≤42dB		≤40dB	
需保证通过扩声系统传输语言信息的大空间人员密集场所	≤50dB		≤45dB	
需保证通过扩声系统传输音乐信息的重要演绎空间	≤35dB		≤30dB	

隔声性能等级判定

表 1-7-11

房间类型	较高要求	最高要求
噪声敏感房间与产生噪声房间之间的空气声隔声性能	$D_{nT,w}+C_{tr}\geqslant50dB$	$D_{nT,w}+C_{tr}\geqslant55dB$
噪声敏感房间与普通房间之间的空气声隔声性能	$D_{nT,w}+C\geqslant45dB$	$D_{nT,w}+C\geqslant50dB$
室外与噪声敏感房间之间的空气声隔声性能	$D_{2m,nT,w}+C_{tr}\geqslant40dB$	$D_{2m,nT,w}+C_{tr}\geqslant45dB$
噪声敏感房间顶部楼板的撞击声隔声性能	$L'_{nT,w}\leqslant70dB$	$L'_{nT,w}\leqslant65dB$

7.3.3 光环境

《建筑采光设计标准》GB 50033 对典型的公共建筑室内采光标准值进行了规定，其中几种建筑的侧面采光系数如表 1-7-12 所示。

不同功能房间侧面采光系数要求

表 1-7-12

建筑类型	主要功能房间	采光等级	采光系数标准值（%）	室内天然光照度值（lx）
办公建筑	普通办公室/普通会议室	Ⅲ/Ⅲ	3.0/3.0	450/450
校园建筑	**普通教室**/教师办公室	**Ⅲ**/Ⅲ	**3.0**/3.0	**450**/450
商店建筑	普通商店/娱乐场所	无	无	无
医院建筑	**病房**/诊室	**Ⅳ**/Ⅲ	**2.0**/3.0	**300**/450
饭店建筑	客房/餐厅（宴会厅）	Ⅳ/Ⅳ	2.0/2.0	300/300

注：其中普通教室和病房加粗显示，表示为强制性条文。

绿色建筑在 GB 50033 基础上，满足平均采光系数，进而根据主要功能房间采光系数满足要求的面积比例进行评判。绿色建筑针对人工光环境各参数要求与《建筑照明设计标准》GB 50034 一致，作为其控制项。但最新《标准》对光环境提出了更高的要求，见表 1-7-13，一般需要满足如下要求：

（1）充分利用天然光，且主要功能房间有眩光控制措施；对于天然采光不足

68

的情况，通过反光板、棱镜玻璃窗、天窗、下沉庭院等设计手法的采用，以及各类导光技术和设施的采用，可以有效改善这些空间的天然采光效果；

（2）采用节能型电气设备及节能控制措施，采光区域的人工照明随天然光照度变化自动调节，不仅可以保证良好的光环境，避免室内产生过高的明暗亮度对比，还能在较大程度上降低照明能耗。

<table>
<tr><td align="center">光环境等级判定</td><td></td><td align="right">表 1-7-13</td></tr>
</table>

等级	等级判定规则
较高要求	在照度、照度均匀度、统一眩光值、眩光值、一般显色指数、色温、频闪满足《建筑照明设计标准》GB 50034 的要求基础上： 一般类建筑[*1]常用房间或场所在照明功率密度满足《建筑照明设计标准》GB 50034 的基础上，一般显色指数 R_a 提升 5，照度标准值提升 30%。 重要类建筑[*1]常用房间或场所在照明功率密度满足《建筑照明设计标准》GB 50034 的基础上，一般显色指数 R_a 提升 5，照度标准值提升 30%。 特殊类建筑[*1]常用房间或场所在照明功率密度满足《建筑照明设计标准》GB 50034 的基础上，一般显色指数 R_a 提升 5；无电视转播的体育建筑和有电视转播的体育建筑照度标准值提升 20%，眩光值降低 3；教育建筑照度标准值提升 30%，统一眩光值降低 2，一般照明照度均匀度提升 0.10。 一般类建筑、重要类建筑中除有特殊照度需求的房间或场所[*2]，从绿色节能的角度考虑照度宜限制在 750 lx 以下，有特殊照度需求的房间或场所和特殊类建筑在二星级基础上根据需求进行合理设定
最高要求	在照度、照度均匀度、统一眩光值、眩光值、一般显色指数、色温、频闪满足《建筑照明设计标准》GB 50034 的要求基础上： 一般类建筑常用房间或场所在照明功率密度满足《建筑照明设计标准》GB 50034 的基础上，一般显色指数 R_a 提升 5，照度标准值提升 50%。 重要类建筑常用房间或场所在照明功率密度满足《建筑照明设计标准》GB 50034 的基础上，一般显色指数 R_a 提升 10，照度标准值提升 50%。 特殊类建筑常用房间或场所在照明功率密度满足《建筑照明设计标准》GB 50034 的基础上，一般显色指数 R_a 提升 10，特殊显色指数 R9 大于 0；无电视转播的体育建筑照度标准值提升 50%，眩光值降低 6；有电视转播的体育建筑照度标准值提升 30%，眩光值降低 6；教育建筑照度标准值提升 50%，统一眩光值降低 4，一般照明照度均匀度提升 0.20。 一般类建筑、重要类建筑中除有特殊照度需求的房间或场所[*2]，从绿色节能的角度考虑照度应限制在 750 lx 以下，有特殊照度需求的房间或场所和特殊类建筑在三星级基础上根据需求进行合理设定

注：*1. 根据视看功能重要性及有无特殊需求，将建筑光环境划分为以下三大类：
　　① 一般类建筑：包括居住建筑、观演建筑、交通建筑、商店建筑、旅馆建筑、科技馆建筑、会展建筑、金融建筑、博物馆建筑（除陈列室外）；
　　② 重要类建筑：包括图书馆建筑、办公建筑、医疗建筑、美术馆建筑；
　　③ 特殊类建筑：博物馆建筑陈列室、教育建筑、无电视转播的体育建筑和有电视转播的体育建筑。
　　*2. 一般类建筑、重要类建筑有特殊照度需求的房间或场所指：博物馆建筑中的美术制作室、保护修复室、文物复制室、标本制作室，商店建筑中高档商店营业厅、高档超市营业厅、收款台，旅馆建筑中厨房，交通建筑中收款台、海关护照检查，办公建筑中视频会议室，医疗建筑中化验室、手术室、药房等，美术馆中的藏画修理室等。

7.3.4　室内空气品质

我国现行的关于室内空气污染物限定的标准是从 2003 年开始实施的由国家环境保护总局、国家质量监督检验检疫总局和卫生部共同颁布的国家标准《室内空气质量标准》GB/T 18883—2002，该标准从保护人体健康出发，首次全面规定了室内空气的物理性、化学性、生物性、放射性四类共 19 个指标的限量值。绿色建筑对室内空气质量要求与《室内空气质量标准》GB/T 18883 一致，作为其控制项。但绿色建筑提高了室内空气品质的部分要求，主要表现在以下几个方面：

（1）对主要空气污染物浓度如氨、甲醛、苯、总挥发性有机物、氡等污染物浓度有规定限值，具体如表 1-7-14 所示。选用的装饰装修材料满足国家现行绿色产品评价标准中对有害物质限量的要求。

（2）要求地下车库应设置与排风设备联动的一氧化碳浓度监测装置，超过一定量值时即报警并启动排风系统。

室内空气品质等级划分及限值要求　　　　　　表 1-7-14

指标	单位	指标类型	浓度限值	
			较高要求	最高要求
甲醛（HCHO）	mg/m³	1h 均值	0.07	0.03
臭氧（O_3）	mg/m³	1h 均值	0.10	0.05
可吸入颗粒物（PM_{10}）	ug/m³	24h 均值	100	50
细颗粒物（$PM_{2.5}$）	ug/m³	24h 均值	35	25
总挥发性有机化合物（TVOC）	mg/m³	1h 均值	0.45	
苯（C_6H_6）	mg/m³	1h 均值	0.07	
二氧化碳（CO_2）	%	24h 均值	0.09	0.08
氨	mg/m	1h 均值	0.15	

7.4　舒适健康室内环境发展重点

一个好的建筑最大的目的就是满足人的生活工作要求，不仅能够提供较高的舒适度，还要有良好的室内空气质量。而不管是提升舒适度，还是加大新风量改善室内空气质量，都需要能源的支持。这就为中国的建筑节能事业带来了两个矛盾：一个是建筑节能与提升室内环境水平的矛盾；另一个是建筑节能与改善室内空气质量的矛盾。如何在低耗能条件下，获得健康舒适的室内环境已成为我国绿色建筑发展的重要举措。

舒适健康含义是多元的、广泛的，绿色建筑的健康体现在建筑环境（声、光、热、空气品质）的营造上，绿色建筑本身则更多侧重建筑与环境之间的关系，对舒适健康方面的要求并不全面。而舒适健康的影响因素还很多，绿色建筑无法全面满足人们对环境、适老、设施、心理、食品、服务等更多的健康需求。因此，健康建筑是绿色建筑在舒适健康方面"以人为本"向更深层次发展的需求，舒适健康的室内环境是健康建筑的重要载体。

世界卫生组织给出了现代关于健康较为完整的科学概念：健康不仅指一个人身体有没有出现疾病或虚弱现象，而是指一个人生理上、心理上和社会上的完好状态。建筑尺度相对较小，更容易通过技术手段控制建筑带来的健康风险因素，如装修污染、水质污染、热湿环境等。建筑服务于人，健康建筑的本质是促进人的身心健康，所以，绿色建筑的深层次发展是通过建筑的介质性要素（空气质量、水质）、感官性要素（声环境、光环境、热湿环境）等方面全面促进建筑使用者的生理健康、心理健康和社会健康。

7.4.1 空气质量高要求

现代人约有 87% 的时间在建筑室内环境中度过，据统计，我国死亡率最高的 10 种疾病中 7 种与空气污染相关，可见室内空气质量对人的健康具有非常重要的影响。一般来讲，室内空气污染物主要通过呼吸系统、消化系统或皮肤接触进入人体内部，从而对人体健康产生危害。

现阶段，我国建筑室内空气质量部分相关标准有《室内空气质量标准》GB 18883、《民用建筑工程室内环境污染控制规范》GB 50325 等，这些标准落实方式一般是项目竣工验收阶段，对其室内空气污染物水平进行测试，但后期对建筑使用者带来健康危害的污染源头，不单来自涂料、板材等，家具部品、室内陈设品的危害甚至影响更为巨大。

绿色建筑需提高对室内空气中甲醛、苯系物、TVOC、$PM_{2.5}$、PM_{10} 等室内空气污染物浓度限值的要求，同时以实际使用阶段的检测结果为保障手段，切实做到严格把控室内空气质量。

7.4.2 厨房空气污染物控制

随着生活质量的提高，人们对室内空气品质有越来越高的要求。厨房烹饪，特别是中国传统的烹饪过程会产生大量的油烟、味道、湿气等，是室内环境主要的污染源。有效地控制厨房内的空气污染物是改善室内空气品质的重要保证。

针对我国烹饪特点，绿色建筑应对厨房的通风量及气流组织进行严格要求，一方面降低人员暴露于油烟中的危害，另一方面从源头避免烹饪带来的污染。

71

7.4.3 室内生理等效照度控制

在现代社会中，人类在室内环境中的时间越来越长，人工照明可以弥补自然光对环境照明需要的不足。但是随着光的非视觉生物效应研究的进展，人们发现光照对于人类的影响不仅仅只是让人看清世界这么简单，还影响了人类的生理节律，照明与健康息息相关。

绿色建筑室内环境需对室内生理等效照度进行控制，对于居住建筑，为保证良好的休息环境，夜间应在满足视觉照度的同时合理降低生理等效照度；对于公共建筑，为保证舒适高效的工作环境，应适当提高主要视线方向的生理等效照度。

7.4.4 不同功能房间室内噪声级高要求及声景设计

噪声污染会使人产生消极、烦闷的心理状态，此外还会影响睡眠质量、损伤听觉器官、引起心血管疾病等。绿色建筑应按房间用途和健康需求分别要求，分别是：有睡眠要求的房间；需集中精力、提高学习和工作效率的房间；需保证人通过自然声进行语言交流的场所；通过扩声系统传输语言信息的场所。

目前在仅基于噪声的政策和规范中，许多问题已经暴露出来，声景的发展将是向前迈出的重要一步，它承载着为人们提供健康环境资源的社会功能，亦是健康人居环境的重要体现。声景可以为人们提供舒适的声环境，对人体的健康起到积极的作用。随着老年人口的增加，人们需要防止人体机能退化的声景；良好的声景设计或再设计也是为儿童提供充实和健康的成长环境的先决条件。

7.4.5 热湿环境与健康控制

自空调诞生以来，它以营造一个热中性的环境为目的，为人们创造了"冬暖夏冷"的空调环境，然而大量研究表明，长期处于稳态空调环境，极易引起人们困倦、胸闷、过敏等症状，同时由于人体适应能力降低，也会导致生理抵抗力和免疫力减弱等，究其原因是传统空调环境温度、湿度等参数的长期稳定使人体缺少适当的刺激所致。因此，绿色建筑室内热湿环境的控制首先需基于人体适应性提出动态调控的方法，满足人体动态热舒适的需求。

如果人员长期处于一种过冷或过热的偏离中性温度的环境时，人体的自主性生理调节会一直处于紧张、疲劳状态，则会对人体的身体健康产生影响，因此极端温度的控制将是今年绿色建筑热湿环境控制的重点之一。另外，需关注高温高湿、低温高湿等情况对于人体健康的影响，湿度会影响室内微生物的生长，从而间接对人体健康产生影响，因此室内湿度的控制也非常关键。

7.5 展 望

营造健康的建筑环境和推行健康的生活方式，是满足人民群众健康追求、实现健康中国的必然要求，也是绿色建筑的深层次发展方向。对于绿色建筑室内环境的下一步发展，重点在于：

（1）舒适健康室内环境关键性问题研究

与绿色建筑相比，健康建筑对室内环境舒适健康性能要求更高且涉及的指标更广，而且与绿色建筑发展规律相似，健康建筑的一些关键性问题，特别是体现在运行效果上的问题，例如室内各类空气污染物的有效控制、室内空气污染的低浓度暴露健康效应、热应力/高湿环境健康风险等，均需要进一步研究和探索。

（2）交叉学科需要持续深化研究

舒适健康室内环境更加综合且复杂，除建筑领域本身外还涉及公共卫生学、心理学、营养学、人文与社会科学、体育健身等很多交叉学科，各领域与建筑、与健康的交叉关系，需要持续深入的研究。

（3）健康建筑的发展路径研究

舒适健康室内环境是健康的重要体现载体，健康建筑的发展对于促进人民身心健康具有积极作用，然而我国健康建筑处于起步阶段，如果结合我国国情并以低碳生态城市建设、新型城镇化建设等为载体，推动我国健康建筑未来健康发展，是需要研究和解决的问题。

（4）健康建筑产业发展

为满足人们追求舒适健康室内环境的最基本需求，助力"健康中国"建设，需要以《标准》为引领，推动健康建筑行业向前发展。这就需要整合科研机构、高校、地产商、产品生产商、医疗服务行业、物业管理单位、适老产业、健身产业等在内的更多资源，形成良好的健康建筑发展环境，共同带动和促进健康建筑产业的向前发展。

作者：李百战　丁勇　喻伟　缪玉玲（重庆大学，中国城市科学研究会绿色建筑与节能委员会绿色建筑室内环境学组）

8 城市声环境新进展：迈向声景指标

8 New developments in urban sound environments: towards soundscape indices

摘　要：目前仅在欧盟就有 8000 万公民受到环境噪声的困扰，利用降低"声级"的传统方法已经进行了大量工作，但却并不总是能带来生活质量的改善。近年来，快速发展的声景领域正通过跨学科的方法，考虑人们在不同语境中的声环境感知，以解决这一问题。然而，声景是极其复杂的，将其作为环境设计的基础进行考量，则需要对学科进行革命性改变。本文首先探讨在从噪声控制到声景营造的变化，以充分反映人们的舒适度的趋势下，发展"声景指标"（SSID）的必要性。进而通过分析城市开放公共空间的声景设计，讨论了实现这一目标的步骤，包括：通过捕获声景并建立综合数据库来表征声景；基于数据库确定关键因素及其对声景质量的影响；建立、测试和验证声景指标；论证声景指标在声环境管理中的适用性。

Abstract：While in EU alone 80 million citizens are suffering from excessive environmental noise, the conventional approach, i. e. reduction of "sound level", although much work has been carried out, does not always deliver the required improvements in quality of life. The growing field of soundscape is addressing this gap by considering sound environment as perceived, in context, with an interdisciplinary approach. However, soundscape are hugely complex and measuring them as a basis for environmental design requires a step change to the discipline. This talk explores the need for developing "soundscape indices" (SSID), in the movement from noise control to soundscape creation, adequately reflecting levels of human comfort. By analysing the soundscape design of urban open public spaces, the coherent steps for achieving this are also discussed, including characterising soundscape by capturing soundscape and establishing a comprehensive database; determining key factors and their influence on soundscape quality based on the database; developing, testing and validating soundscape indices; and demonstrating the applicability of the soundscape indices in the management of our sound environment.

欧盟在关于未来噪声政策的绿皮书中指出，根据世界卫生组织的调查，8000万欧盟公民暴露在不可接受的环境噪声水平下，而仅交通噪声的社会成本就占生产总值的 0.2%～2%。但降低"声级"的传统方法并不总是能够改善生活质量。声景策略是一个正在发展的领域，它通过跨学科的方法，考虑人们在不同语境中感知到的声环境，从而解决这一问题。本文首先讨论了从噪声控制到声景营造的发展过程，简要回顾了声景研究的当前进展和未来挑战。然后将重点放在从"分贝"类的措施转变为"声景指标"（SSID）的需求上，并提出声景指标的开发和应用框架，从而充分反映人们的舒适度。

8.1 从噪声控制到声景营造

环境噪声来自交通（道路/铁路/航空）、工业、建筑、公共工程和邻里等，就收到的投诉数量而言，它们往往是造成环境困扰的主要原因。而这可能导致一系列健康、社会和经济问题。

欧盟于 2002 年颁布的《环境噪声评估及管理法令》（END），已经引领了一系列重大行动。降低噪声水平是该法令的重点，也是当前全球所有其他现行法规和政策的重点。然而，降低声级并不总是可行且合算的，更重要的是，虽然近几十年在消减噪声方面进行了大量的研究和实践，但这并不一定会有效改善生活质量。例如，在城市开放空间中的研究表明，当声压级低于某一值（65～70dBA）时，人们的声舒适度评价与声压级无关，而声音的种类、使用者的特点及其他非声学因素却起着重要作用。此外，考虑整体声环境而不只是噪声源（特别是道路交通噪声）的意义也会随着更安静的交通工具的发展而变得更加重要。研究还发现，环境噪声的烦恼度大约只有 30% 取决于声能等物理层面的因素。该法令还呼吁对"安静区域"采取行动——这种特殊类型的声景是值得保留的。但目前还不清楚如何确定这些区域，去哪里采取行动，如何使用安静区域图，或如何将其融入设计。因此，有必要发展一种新的评价声环境质量的方法来实现革命性改变。

声景营造不同于噪声控制工程，它关乎着耳朵、人、声环境和社会之间的关系。它涉及声学、美学、人类学、建筑学、生态学、民族学、传播学、设计学、人文地理学、信息学、景观学、法学、语言学、文学、媒体艺术、医学、音乐学、噪声控制工程学、哲学、教育学、心理学、政治学、宗教学、社会学、技术学和城市规划学等多个学科。声景在政策以及规划设计方面也具有重要的实际意义。虽然"声景"一词早在 20 世纪 60 年代便被提出，但直到最近研究人员和实践者才对它给予极大的关注，欧盟创造安静区域的法令是其主要驱动力。在最近国际标准化组织发布的 ISO 12913-1：2014 声学-声景-第 1 部分"定义和概念框架"中，声景被定义为"一个或多个人在语境中感知，或体验，和（或）理解的声环境"。因此，"声景"与"声环境"不同，因为它涉及感知结构而不仅仅是物理现象。

声景研究代表了环境噪声领域的一个范式转变，它结合了物理学、社会学和心理学的方法，并将环境声音视为一种"资源"而不是"废物"。虽然目前仅基于噪声的研究和政策已经揭示了许多问题，但仍迫切需要这样的范式转变。实施声景的好处包括：

（1）健康。研究表明，安静区域和恢复性声景有益于心理健康。随着老年人数量的增加，有必要提供支持性环境，以防止功能性健康退化。感知良好的声景设计或再设计也是为儿童提供适宜和健康的学习环境的先决条件。

（2）经济。有吸引力的声景可以提高房地产价格，并为经济投资创造一个有吸引力的环境，或者通过提供恢复性的城市空间来抵消健康成本。

（3）文化。声景是"感知地域"的重要指标，它考虑不同人的感知或评价，而不仅仅是一个地方的噪声水平，并且支持着我们城市结构中的文化多样性；环境声音的质量帮助人们认同一个地域的独特性。同时声景研究也将有助于理解建筑与城市的保护和恢复。

8.2　声景：当前进展和未来挑战

在近一二十年中，声景研究吸引了越来越多的关注。在一系列国际会议中，例如国际噪声控制工程大会（InterNoise）、欧洲规划学院协会年会（AESOP）、国际声学大会（ICA）、国际噪声生物效应大会（ICBEN）和欧洲噪声控制会议（Euronoise）等，都组织了一系列专项议题。同时，实践工程中的兴趣也在不断增加。例如，伦敦当局正在积极推动实际声景项目示例。其他城市也在采取类似的行动，如柏林、斯德哥尔摩和安特卫普。目前已经建立了一些研究联盟，例如英国工程和物理科学研究理事会资助的噪声未来（NoiseFutures）联盟（http：//noisefutures.org），该联盟汇集了来自不同背景的 65 名学者、政策制定者和工程师；欧盟科技合作组织（EU-COST）的欧洲声景联盟（http：//soundscape-cost.org），由 23 个欧盟国家和其他 7 个合作伙伴国家共同协作，其范围涵盖科学、工程、社会科学、人文和医学等一系列学科；以及世界大学联盟（WUN）的"世界环境声学联盟"。

为了回顾现有的研究并探索未来的挑战，建立一个框架至关重要，同时需要考虑研究和实践方面，如图 1-8-1 所示，其中考虑了五个主要问题。

理解与模型　更好地理解声景对使用者的整体和多样化的影响十分必要，无论其影响是积极的还是消极的。为此，应考虑以下几个方面：声景的定义，以确

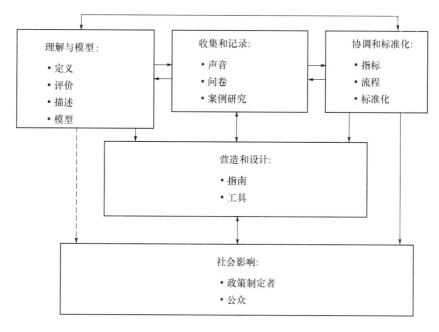

图 1-8-1　考虑研究和实践两方面的声景框架

定研究范围；声景评价，以学科交叉的方式，结合相关概念，将生理（感官）、心理、心理物理、认知、情感、社会、物理和建筑的方法联系起来，并且探究文化差异；确定声景描述的要素。最后，将从不同领域获得的知识整合到明确的模型中。

收集和记录　鉴于声景的范围很广，收集和维护实验声音数据库十分重要，以便从跨学科的角度重新分析和研究。此外，创建调查问卷数据库和案例研究库也很有价值。

协调和标准化　虽然声景已经从一系列角度被研究，但更重要的是复审和协调当前的词汇和方法，开发一套新的指标来表征环境的声音质量，从而能够显著改善当前作为国际法规基础的传统分贝级方法。这些指标应适用于评价与健康相关的生活质量和功能健康，并可用于评估与健康利益相关的需求。同时还需要制定标准流程，可用于更好地评价可能导致研究结果差异的跨背景和跨文化因素。这些指标和标准流程可以为标准化奠定基础，引领国际标准。

营造和设计　声景设计需要基于科研和成功案例的实践指导。从声景的角度为保护建筑遗址提供指导，开发工具和相应的软件，以供城市规划者和政策制定者使用，这些都十分有意义。此外，可听化工具与声景设计密切相关且十分重要。

社会影响　在政策制定者和利益相关者之间，特别是在《环境噪声评估及管理法令》的需求下，建立关于城市声景和安静区域的意识并促进交流也很重要。同时还应该认识到，声景研究不仅是为了改善现有的声环境，也是为了保护可归类为声学遗产的声环境。同样重要的是在公众中建立意识，特别是考虑到与噪声相比，声景与广大公民更为相关。

8.3 发展声景指标

在从噪声控制到声景营造的过程中，至关重要的一步是将评价声景质量的方法标准化。

8.3.1 从分贝到声景指标

声音测量中最早和最常用的科学指标是分贝（dB）。在给定分贝的情况下，人们对主观响度的感知在不同频率上存在差异。在许多情况下，响度和烦恼度是两个独立的并在运作方式上截然不同的感知属性。基于实验室主观测试，等噪曲线已被建立。噪度最初被引入飞机噪声评价，但也被用于其他类型的噪声。

用 A 计权表示整体声压级，即 dBA（通常以 Leq 的形式表示在时域内的等效连续声压级）在几乎所有国家和国际法规中都是最常用的。然而，在过去的几十年里，它的有效性受到了诸多批判。大量研究表明，dBA 与人们的感知之间没有很好的相关性，因此其作为与法规相关的噪声干扰指标的适用性受到严重质疑。例如，dBA 最初的设计是在相对较低的声压级下近似于人耳的响应，因此其适用性范围有限。此外，有关低频噪声问题的抱怨也越来越多，对此，dBA 无法给出正确的指示。dBA 在使用过程中的局限引发了以下两方面研究：对不同类型的噪声源的声压级标准调整研究，如所谓的铁路噪声修正；以及特定噪声源的社会心理噪声感知模型。然而，这些研究仍只专注于噪声，而非综合考虑消极/不需要和积极/需要的整体声环境。

心理声学研究是继 dBA 之后的进一步发展，它起源于工业产品领域，为的是更好地设计产品的声质量。心理声学指标包括响度、波动度或粗糙度、尖锐度等。心理声学指标使仪器可以测量声音感知的属性，但是仪器在所有方面都离模拟人类对声音的感知和评价相去甚远。更重要的是，研究产品声质量，通常只需考虑单一声源，但环境声学的一个显著特征是存在多个、动态声源，这使得心理声学指标的使用变得更加复杂。

总而言之，人们普遍认为对声环境的评价不应仅依赖物理指标，还应考虑环境中人的体验。据案例报告，即使地方当局执行了所有的环境噪声标准，社区投诉仍是不断。因此，顺应从单纯降噪向声景发展的必然趋势，制定声景指标成为迫切需求，这使得整体评价声景质量成为可能，从而充分反映人的舒适度。

8.3.2　声景指标的开发与应用框架

既然已经证明人们对不同声景的感知/体验是不同的，那么肯定有一些基本的因素决定着人们的感知。根据前人的研究，基本因素可归纳为三个主要方面：生理/生物因素、心理因素、物理/心理声学因素，以及附加的语境/环境因素（如视觉、文化）。

近年来受到关注的生理/生物因素已被证明对声景质量有相当大的影响，但相关研究极为有限。如上文所述，物理/心理声学因素，如 LAeq、L90、响度、尖锐度，已被证明是有效的但并不足够。语境和心理因素的影响被认为在事件声和声景感知之间的关系中起着重要的作用——例如，声源的意义、偶然事件的出现和规律性、安静时段的次数和持续时间、视觉感知的绿植量、"声标"的存在及其历史意义（如伦敦市中心的"大本钟清晰可听区域"）、使用者的社会、人口和行为因素以及他们的期望。

综合分析上述因素的研究相当有限。一种方法是开发一些更复杂的因素，如"变化度（Slope）"。另一种方法是开发总体声景质量的中间指标，即基于心理声学和心理因素，评价声景质量的一个方面，如事件感、活力度、宁静度和愉悦度。

声景质量与生理/生物因素、心理因素、物理/心理声学因素，以及附加的语境/环境因素之间存在一些趋势或相关性，表明了引入声景指标的可行性。但值得注意的是，在具有多个决定因素的情况下，声景指标的建立可能会变得十分复杂。为得出声景指标，采用大规模、跨学科、系统的方法十分必要。

为满足这一需求，确定声景质量的决定因素，揭示这些因素如何影响声景质量，并提出具有广泛应用价值的具有可信度的声景指标至关重要。模型框架如图 1-8-2 所示，其中声景指标可以采取单个指标或一组指标的形式。前者可以是 SSID＝f（物理因素）＋f（心理因素）＋f（生理因素）＋f（语境因素）……，其中 SSID 可以是单个数值指标，也可以是表示可能性的模糊指标。如果决定因素之间存在多重或复杂的相关性，那么 SSID 也可以用计算机模型来计算而非采用上述分析或经验公式来计算。如果是后者，则 SSID 将基于一组公式或计算机模型，并反映多种属性，例如主观响度、声音偏好、活力度等。无论是单一指标

图 1-8-2　开发声景指标的框架

还是一组指标，都应考虑在设计阶段和使用后评价阶段这两种情况。对于前者，所有的输入都应该在设计阶段提供，并可以基于以往或现有的调查数据引入与感知相关的因素。

开发声景指标的框架解决了从降噪到声景营造这一更广泛、更智能的目标，并使得以充分反映人们舒适度的方式评价声环境质量成为可能。

8.4 结 论

本文通过讨论从噪声控制到声景营造的过程，回顾了当前声景研究和实践中的进展和挑战，揭示了从"分贝"类型的指标向声景指标转变的必要性。

提出了开发和应用声景指标的框架，为实现这一目标的连贯步骤是：通过捕获声景并建立综合数据库来表征声景；基于数据库确定关键因素及其对声景质量的影响；提出、测试和验证声景指标；以及论证声指标在声环境管理中的适用性。

作者：康健（伦敦大学学院；天津大学；英国皇家工程院）
本文主要基于作者在 2018 年西太平洋声学会议上的大会报告，由巴美慧及李忠哲协助翻译。

第二篇 | 标准篇

2019 年，《绿色建筑评价标准》GB/T 50378—2019 发布实施。该《标准》作为规范和引领我国绿色建筑发展的根本性技术标准，自 2006 年第一版发布以来历经十多年的"三版两修"，修订之后的《标准》总体上达到国际领先水平，初步形成了"领跑"世界绿色建筑标准的新格局。《标准》已被住房和城乡建设部列为推动城市高质量发展的十项重点标准之一，对建设领域落实绿色发展理念、满足人民美好生活需求起到重要作用。

在此基础上，根据深化工程建设标准化工作改革培育发展团体标准的意见，一批团体标准对国家绿色建筑标准进行了配套和衔接，房屋建筑中的绿色理念逐步向绿色健康、绿色改造、绿色智慧、绿色建材等方向延伸和提升，初步形成优势互补、良性互动、协同发展的工作模式。本篇中，既有针对特殊形态的绿色建筑及区域的评价标准和建设标准，例如绿色校园、绿色村庄、绿色医院等；也有绿色建筑发展所涉及的重点专项技术标准，例如健康建筑、绿色建材、综合改造、室内 $PM_{2.5}$ 控制等。本篇分别介绍了相关标准的编制背景、编制工作、技术内容等。

Part 2 | Standards

In 2019, assessment standard for green building (GB/T 50378—2019) was released and implemented. As a fundamental technical standard that standardizes and guides the development of green buildings in China, the " standard" has undergone more than ten years of " 3 editions and 2 revisions" since the first edition was released in 2006. The revised " Standard" has generally reached the international leading level, and has initially formed a new pattern of " leading" the world green building standards. The " standard" has been listed by the Ministry of Housing and Urban-Rural Development as one of the ten key standards for promoting high-quality urban development, and has played an important role in implementing the concept of green development in the construction field and meeting people's needs for a better life.

On this basis, according to the opinions of deepening the standardization work reform of engineering construction and fostering the development of group standards, a number of group standards have matched and linked the national green building standards, and the green concept in housing construction has been gradually extended and promoted in the direction of green health, green transformation, green wisdom and green building materials, and a working mode of complementary advantages, benign interaction and coordinated development has been preliminarily formed. In this paper, there are evaluation standards and construction standards for unusual forms of green buildings and areas, as well as key special technical standards involved in the development of green buildings. And this paper introduces the compilation background, compilation work and technical content of relevant standards respectively.

1 《绿色校园评价标准》GB/T 51356—2019

1 National standard *Green Campus*
Evaluation Standard GB/T 51356—2019

1.1 编 制 背 景

全球气候变化已成为 21 世纪人类发展面临的最大挑战之一，实现低碳目标涉及社会各个层面，学校作为教育和生活的机构与场所，需承担起社会的模范和先导作用。世界范围内有许多中小学校及高校加入了构建低碳校园的行列。

校园是社会的重要组成部分，是为国家提供发展支撑力量的重要摇篮和基地。根据中国教育部 2018 年教育事业发展统计公报，全国共有各级各类学校 51.88 万所，幼儿园 26.67 万所，普通小学 16.18 万所，初中阶段学校 5.20 万所，普通高中学校 1.37 万所，中等职业教育学校 1.02 万所，普通高等学校 2663 所；各级各类民办学校 18.35 万所，民办幼儿园 16.58 万所，民办普通小学 6179 所，民办初中 5462 所，民办普通高中 3216 所，民办中等职业学校 1993 所，民办高校 750 所。全国中小学校舍建筑面积总量超过 142987.66 万 m^2，各级各类教育在校学生为 2.76 亿人，教职员工近 1672.85 万人。目前校园数量多、人口稠密、校园建筑设施量大面广，能耗高且管理水平低、学校能源消耗严重制约着低碳校园工作深入持久地开展。

党中央、国务院发布了推进节能减排与发展新能源的战略部署。2013 年 1 月 1 日国务院办公厅向各省、自治区、直辖市人民政府、国务院各部委公布了《绿色建筑行动方案》（国办发〔2013〕号），文件中明确"重点任务"："政府投资的国家机关、学校、医院、博物馆、体育馆等建筑，自 2014 年起全面执行绿色建筑标准。"在十九大报告中也明确指出："开展创建节约型机关、绿色家庭、绿色学校、绿色社区和绿色出行等行动。"建设绿色校园能够有效降低建筑建设和运行能耗，适合我国国情，并减少建筑对周边环境影响，实现建筑与环境和谐共处，为学生提供适宜身心健康成长的求学场所及环境。

近些年，随着可持续发展的思想逐渐深入人心，我国的绿色建筑评价标准得到了快速的发展，然而与发达国家相比，我国并没有一套针对校园的国家级别的"绿色校园"评价标准。自 2014 年 4 月起，由同济大学副校长、中国工程院院士、瑞典皇家工程科学院院士吴志强教授担任主编，中国城市科学研究会担任主编单位，联合全国多家知名高校、中小学的教授、校长等专家，共同组织编写国家标准《绿色校园评价标准》。

国家标准《绿色校园评价标准》GB/T 51356—2019，2019 年 3 月 13 日发布，2019 年 10 月 1 日实施，作为我国开展绿色校园评价工作的技术依据，更好地指导绿色校园评价工作，引导和促进环保、节能、舒适的绿色校园建设。

1.2 国内外相关评价标准

作为绿色建筑研究的重要领域，绿色校园评价标准在国际上备受关注且有所发展，美国 LEED FOR SCHOOLS、英国 BREEAM EDUCATION 和澳大利亚 GREEN STAR EDUCATION 都是在原有基础上针对校园制定的评价标准，并且应用广泛、国际认可度高。

LEED FOR SCHOOLS 在 LEED-NC 评价标准的基础上，增加了对整体规划、抑制滋生霉菌、教学声学和场地环境的评估，是目前应用最广泛的评价体系。在最新版本 LEED 2009 FOR SCHOOLS 中，指标体系分为七大类：可持续场地、节水、能源与大气、材料与资源、室内环境质量、创新与设计、区域优势。

BREEAM EDUCATION 属于 BREEAM New Construction 体系，可用于建筑物在整个生命周期（设计、建造和翻新等）对环境影响的评价，指标体系共计十大类：管理、健康与福祉、能源、交通、水、材料、废物、土地利用与生态、污染、创新。

GREEN STAR EDUCATION V1 于 2010 年 1 月由澳大利亚绿色建筑委员会颁布，指标体系分为管理、室内环境质量、能源、交通、水、材料、土地使用与生态、排放、创新九个方面，其中特别重视能源与排放，获得 GREEN STRA 认证的建筑，相对于同类别其他单体建筑是全球温室气体排放量最小的建筑。

我国对绿色校园评价标准的研究起步较晚，但是近些年来发展迅速，成果显著。1996 年我国正式引入绿色学校这一概念，1998 年清华大学首次提出"绿色大学计划"，这标志着我国"绿色大学"建设历史的开端。

2006 年教育部发出《关于建设节约型学校的通知》，2008 年教育部和住建部联合发布《高等学校节约型校园建设管理与技术导则（试行）》，对校园的基本建设从规划、设计、建设到运行管理全过程围绕节能环保提出建设与管理原则。

2013 年，由同济大学副校长、中国工程院院士、瑞典皇家工程科学院院士吴志强教授担任主编，中国城市科学研究会绿色建筑与节能专业委员会绿色校园学组担任主编单位，汇同各个中小学、大学的专家们编写完成《绿色校园评价标准》（编号 CSUS/GBC 04—2013，自 2013 年 4 月 1 日起实施）。强调校园重在"园"所指的整体性而非某个"单体建筑"，针对不同的学校类型分别设定评价内容和指标，具有很强的针对性和适应性。

1.3 编制工作介绍

1.3.1 编制情况介绍

根据住房和城乡建设部《关于印发 2014 年工程建设标准规范制订修订计划的通知》（建标〔2013〕169 号）的要求，2014 年 4 月 18 日，由中国城市科学研究会担任主编单位，由同济大学副校长、中国工程院院士、瑞典皇家工程科学院院士吴志强教授担任主编，中国建筑科学研究院副总经理王清勤任副主编，中国城市科学研究会担任主编单位，同济大学、中国建筑科学研究院有限公司会同清华大学、北京大学、山东建筑大学、沈阳建筑大学、苏州大学、江南大学、华南理工大学、南京工业大学、浙江大学、重庆大学、华中科技大学、华东师范大学、香港绿色建筑委员会、华东师大二附中、上海世界外国语学校、清华附中朝阳学校、中国建筑西南设计研究院共 19 家单位，开展国标《绿色校园评价标准》（以下均简称为《标准》）编制工作。

《标准》编制组成立暨第一次工作会议于 2014 年 4 月 18 日在北京召开（图 2-1-1）。住房和城乡建设部标准定额司、住房和城乡建设部建筑环境与节能标准化技术委员会等相关领导、主编吴志强教授以及各编委及编制单位成员共 27 人参加了会议。会议讨论了编制的难点、重点、围绕《标准》适用于不同区域的结构体系、评价指标体系、技术重点和难点、编制框架、任务分工、评价创新内容、进度计划等进一步工作安排。

图 2-1-1 国家标准《绿色校园评价标准》编制组成立暨第一次工作会议

国家标准《绿色校园评价标准》编制的重点问题：《标准》各项的评分权重评估体系的构建与重点、难点；《标准》适用于不同区域的中小学校、职业学校、高等学校整体校园评价的标准内容体系框架；绿色教育及创新评价过程中，如何调动中小学、职业学校及高校的积极性，创建绿色校园。《标准》的技术体系研究及与相关政策法规的衔接、《标准》适用于不同类型校园的新建、改建、扩建以及既有校区的评价内容及要点。

《标准》编制组第二次工作会议于 2014 年 7 月 5 日在山东建筑大学召开。主编吴志强教授在分析国外标准的评估体系基础上，提出绿色校园是绿色社区的缩影，致力于结合可持续发展教育、健康生活和教育环境的创造，来改善能源效率，节约水源，保护资源，节约土地，保护环境的教育资源和社区，提高校园环境舒适度。《标准》编制组在此次会议中重点讨论基本规定及能源与资源、环境与健康、运行与管理等重点科研问题，以及研究专题报告编写等工作安排。

2014～2015 年，编制组多次在上海召开标准研讨会及网络会议，进行标准的修改工作，经过综合考核评价学校在绿色校园建设、运行及社会服务过程中的举措及成效，促进绿色校园建设工作更加深入开展和长效机制的形成，充分发挥中小学校、职业学校及高等学校引领社会可持续发展的积极作用。

2015 年 4 月 26 日，《标准》编制组第三次工作会议在苏州大学召开。会议讨论并形成《标准》征求意见稿第三版修订稿，会议就相关的《标准》内容、条文说明、评价方式及标准编制工作进度等进行相关讨论。

1.3.2 标准编制阶段

2015 年 5～12 月，《标准》编制组针对中小学校及职业学校、高校的校园整体评价特征、地域性气候特征、校园能源与资源消耗特征、室内外环境质量控制、运行与管理特征、水资源利用、碳排放和绿色教育、区域性创新与特色提升等几大方面，着重研究后形成的相关具有可操作性的条文及评价方式进行讨论，并 2016 年 1 月形成《标准》征求意见稿并在全国征求意见。

1.3.3 征求意见阶段

2016 年 1～4 月，《标准》发送全国教育单位、科研单位、中小学校、职业学校、高等学校、设计院单位进行全国的广泛征求意见，2016 年 4 月汇总相关意见并对标准进行修改，根据意见编制组进行了相应的修改完善，形成标准送审稿。

1.3.4 国家《绿色校园评价标准》北京评审会

中国城市科学研究会会同 20 家单位共同编制的工程建设国家标准《绿色校园评价标准》（以下简称《标准》）的送审稿审查会议于 2016 年 10 月 26 日在北京召开。标准编制负责人吴志强教授以及《标准》编制组成员参加了会议。会议成立了以中国城市科学研究会绿色建筑与节能专业委员会王有为主任委员、中国城市规划设计研究院李迅副院长、清华大学建筑学院栗德祥教授、北京大学吕斌教授、中国城市建设研究院有限公司许文发教授、中国建筑设计院有限公司副总工潘云钢等 11 位专家的标准审查委员会，会议由建筑环境与节能标准化技术委员会主持（图 2-1-2）。

图 2-1-2　国家标准《绿色校园评价标准》北京审查会

会议首先听取了《标准》主编吴志强教授就标准编制的背景、工作情况以及标准的主要内容和确定的依据所作的汇报，并对《标准》送审稿进行了逐章、逐节、逐条的审查。审查组专家对《标准》均给予了高度的评价与肯定，认为《标准》依据我国学校自身特点进行编写，弥补了我国绿色校园评价领域的空白，注重对被动式、低成本、简单有效技术措施应用的鼓励。一致同意《标准》通过审查，形成审查意见如下：

（1）《标准》基于中小学校和职业学校及高等学校的实际特点，提出了规划与生态、能源与资源、环境与健康、运行与管理、教育与推广五个方面的评价。

（2）《标准》技术体系完整、技术内容全面、技术依据充分、指标科学合理，体现了以人为本、绿色发展的理念，为绿色校园的评价提供了依据，促进了我国绿色校园的建设，将具有良好的社会效益和经济效益。

（3）《标准》具有科学性、适用性、可操作性、创新性，填补了我国绿色校园评价标准的空白，总体达到国际先进水平。

1.4　技　术　内　容

1.4.1　适用对象

《标准》适用于中小学校、职业学校和高等学校绿色校园的评价。

依据现行国家标准《中小学校设计规范》GB 50099 中的定义，中小学校泛指对青、少年实施初等教育和中等教育的学校，包括完全小学、非完全小学、初级中学、高级中学、完全中学、九年制学校等各种学校。职业学校包括中等专业学校、技工学校、职业高级中学和成人中等专业学校、高等职业学校等。高等院校包括普通高等院校、成人高等院校、民办高等院校等，涵盖了高等教育的各个方面。为体现民主和公平性，不同类型的中小学校、职业学校及高等院校校园均可作为评价对象。

标准可用于中小学校、职业学校及高等学校新建校区的规划评价，新建、改建、扩建以及既有校区的设计、建设和运行评价。通过综合考核评价学校在绿色校园建设、运行及社会服务过程中的举措及成效，促进绿色校园建设工作更加深入开展和长效机制的形成，充分发挥中小学校、职业学校及高等学校引领社会可持续发展的积极作用。

1.4.2 体系介绍

《标准》的编制框架和主要内容与现有国家标准规范保持一致的基础上，契合学校自身特点，加强绿色理念的传播和应用，并借鉴国际先进的经验，推广符合我国国情的适宜技术，在满足学校建筑功能需求和节能需求的同时，重点突出绿色人文教育的特殊性与适用性。《标准》分为中小学校评价体系和职业学校及高等学校两套评价体系。具体内容包括：总则，术语，基本规定，中小学校，职业学校及高等学校，特色与创新，条文说明。

1.4.3 基本要求

（1）绿色校园的评价应以单个校园或学校整体作为评价对象。

目前，我国的绿色建筑工作从关注单体绿色建筑向关注绿色生态城区、绿色校园、低碳城市转型。校园内含有教学用房、教学辅助用房、行政办公用房、生活服务用房等多种类型建筑，绿色校园强调的是校园整体的资源节约和环境保护。以节能为例，考虑到对校园内历史悠久的老建筑的保护，并不要求校区内每一栋建筑都必须达到较高的节能标准，而应从校园整体上考察生均能耗降低率。另外，在进行申报时，校园内一些具有特殊功能的用房可以不包含在内。例如，职业学校及高校中耗能较高的风洞实验室、生产性厂房、校外的实验基地等。

（2）绿色校园的评价应以既有校园的实际运行情况为依据。对于处于规划设计阶段的校园，可根据本标准进行预评价。

考虑到我国校园建设的实际情况，本标准以量大面广的既有校园作为主要评价对象，不仅要评价"绿色措施"，而且要评价这些"绿色措施"所产生的实际效果，即把"运行评价"作为本标准的正式评价，不设置设计评价。对于处于规划设计阶段的校园，可依据本标准对校园的规划设计图纸进行预评价，重点在于评价绿色校园方面面采取的具体技术措施和这些措施的预期运行效果。预评价仅作为"正式评价"的预认证阶段，最终认证以"正式评价"为准。

（3）申请评价方应对校园进行全寿命期技术和经济分析，选用适当的技术、设备和材料，对规划、设计、施工、运行阶段进行全程控制，并应提交相应分析、测试报告和相关文档。

申请评价方依据有关管理制度文件确定。绿色校园注重全寿命期内能源资源节约与环境保护的性能，申请评价方应该对校园全寿命期内各个阶段进行控制，综合考虑性能、安全、耐久、经济、美观等因素，优化技术、设备和材料选用，以及采用技术与投资之间的总体平衡，并按本标准的要求提交相应分析、测试报告和相关文件。

1.4.4 国家标准《绿色校园评价标准》评分方法及评分等级

绿色校园评价指标体系应由规划与生态、能源与资源、环境与健康、运行与管理、教育与推广五类指标组成。每类指标均应包括控制项和评分项。每类指标包括控制项和评分项。控制项为绿色校园评价的必备条件；评分项为划分绿色校园等级的可选条件，每类指标的评分项总分为100分。为鼓励绿色校园的技术创新，体现绿色校园的特色，评价指标体系还统一设置加分项——"特色与创新"项为加分项，是难度大、综合性强、绿色度较高的可选项。其中控制项的评定结果应为满足或不满足。评分项的评定结果应为根据条、款规定确定得分值或不得分，加分项的评定结果应为某得分值或不得分。

对于具体的参评校园而言，它们在功能、所处地域的气候、环境、资源等方面客观上存在差异，对不适用的评分项条文不予评定。这样，适用于各参评校园的评分项的条文数量和总分值可能不一样。因此，计算参评校园某类指标评分项的实际得分值与适用于参评校园的评分项总分值的比例，能够反映参评校园实际采用的"绿色措施"和（或）效果占理论上可以采用的全部"绿色措施"和（或）效果的相对得分率。

绿色校园评价应按总得分值确定评价等级。总得分值应为五类指标评分项的加权得分与加分项的附加得分（Q_6）之和。评价指标体系五类指标各自的评分项得分 Q_1、Q_2、Q_3、Q_4、Q_5 应按参评校园的评分项实际得分值除以理论上可获得的总分值再乘以100分计算，每类指标的评分项得分均不应小于40分。

1.5 结 语

《标准》的目的是为了以评促建，建设我们全国的绿色学校，而不是为了评价而评价。因此标准编写着重条款的适应性，符合中小学、职业学校、高校等学校的特征性。考虑学校建设有别于其他建筑评价类型的区别与联系，根据绿色校园的特点与专家讨论建议，提出节能、节水、节材中的节材由原来的"固定性"转为"流动性"，建筑从"硬件"转为"运行"。

《标准》评价指标体系：吻合中小学校、职业学校、高等学校的校园整体评价特征，编制组针对性地从中小学校、职业学校、高等学校的校园整体评价特征、地域性气候特征、校园能源与资源消耗特征、室内外环境质量控制、运行与管理特征、水资源利用、碳排放和绿色教育、区域性创新与特色提升等几大方面进行专题研究。

在未来，《标准》将建立网络评测平台，平台将公布评测内容条款细则及方法。使用者可按照条款要求上传学校资料，进行远程沟通。评估组将针对资料进行预评审，并针对上传材料进行审核与证实手续。在对项目充分了解情况下，再进行实地勘察。该平台措施可有效提高全国各地学校进行评审的效率，也有利于参评单位加深学校对评测标准及方法的理解，以期更加科学合理、广泛地推进绿色校园的评价和建设工作。

绿色校园评价标准是一项技术标杆的测评，也是不断对学校的建设者、管理者、使用者提出了倡导"绿色"行为和建立"绿色"观念引导性的建议，希望在后续通过实际评价，不断积累经验和基础数据。

作者： 吴志强　汪滋淞　徐倩（同济大学）

2 健康建筑相关标准介绍

2 Introduction of healthy building standards

2.1 背 景 与 现 状

2.1.1 背景

从 2015 年，党的第十八届五中全会首次提出"推进健康中国建设"，到 2019 年《健康中国行动（2019—2030 年）》，全面推进我国大健康政策以"疾病"为中心向以"健康"为中心转变，从依靠卫生健康系统向社会整体联动转变。在国家政策的顶层推动下，我国健康政策持续深化，"健康中国"建设工作不断部署、落实。积极贯彻落实中央精神，为人民创造福祉，"为健康中国"战略贯彻落实提供有力保障，是建设领域的责任。

短短 40 年，我国的城市化实现了从 17.9％到 59.6％的飞跃，随之而来的空气污染、水质污染、土壤污染、噪声污染等外界环境问题，装修污染、水二次污染、通风不良、健身条件缺乏、空间压抑等建筑内部问题，老龄化、城市高压、食品安全、职业危害、群众健康素养低等社会环境问题，严重影响人民群众的健康水平，甚至危及生命，人们迫切需要一个健康舒适的生活空间。建筑作为人们日常生活、工作、学习、饮食、娱乐、交流、运动最重要的空间场所，担负起为人民群众创造所必需的健康舒适环境的重大使命。

我国正处于建筑业由"功能导向"向"需求导向"转变、房地产行业高质量发展转型、建筑消费产业升级的重大转变时期。只有高品质住房才能适应已经过剩的房地产市场需求，在不以高消耗为代价的前提下，实现"以人为本"的"健康建筑"成为建筑业转型的必然方向。健康建筑产业有机串联健康、建筑、健身三大产业，是建筑产业链广度的延伸，成为建筑消费产业升级的必然趋势。

2.1.2 国内外发展现状

国外很多组织和国家已经制定了符合所在国实际情况的健康建筑标准。影响力较大的有美国的 WELL 建筑标准，其将建筑设计与健康保健相结合，通过实施各项策略、计划与技术来鼓励健康、积极的生活方式，减少住户与有害化学物质和污染物的接触，打造能改善住户营养、健康、情绪、睡眠、舒适和绩效的建筑环境。其技术框架包括空气、水、营养、光、运动、热舒适、声环境、材料、精神、社区、创新等。美国 Fitwel 标准以促进健康、减少发病率和缺勤率、关注易感人群、提升幸福感、增强身体活动、保障使用者安全、提供健康食物等为目的，设计了用于不同建筑的技术策略。其技术框架为选址、建筑进入、室外空间、入口和地面、楼梯、室内环境、工作区、共享空间、用水供应、食堂与零售食品、食品售卖机和小吃店、紧急程序等方面。法国的《健康营造：开发商和承建商的建设和改造指南》是为业主和建设者提出切实可行的解决方案，以防止建筑中遇到的各种污染，同时考虑了声音、视觉和热湿环境的舒适度以及某些新出现的健康风险。其技术框架为洁净空气、健康水质、良好舒适度（声音、视觉、热湿）、新风险预防（电磁、纳米材料）等主题。

我国学者在 1995 年就提出了适应于当时社会发展背景的"健康建筑"的观点，随后陆续开展了"健康建筑""健康住宅"等方面的研究和标准化工作。国家住宅与居住环境工程技术研究中心在 2009 年推出了一本协会标准《健康住宅建设技术规程》CECS 179：2009，该规程以住宅的舒适、健康为出发点，对住宅提出了更高的需求。而严格来说，健康住宅只是包含于健康建筑概念中的一种针对特定建筑类型的概念。2017 年 1 月，《健康建筑评价标准》T/ASC 02—2016 正式发布实施，是我国首部以"健康建筑"理念为基础研发的评价标准，该标准的落地实施，标志着我国建筑行业向崭新领域的又一步跨域。

现阶段国外健康建筑标准除美国 WELL 建筑标准在工程实践中有所落地外，其他国家仍处于萌芽和探索阶段。我国的健康建筑由于起步较早，推进得力，目前已经初步形成了以标准推广带动工程项目建设的良好发展局面，并已逐步建立更加精细化的标准体系。着眼于未来，下一步如何巩固和加强我国健康建筑的领先态势，还需突破发展中的一些障碍，形成有针对性的对策和方案，持续推动健康建筑快速健康发展。

2.2 标 准 体 系 构 建

为实现健康建筑的规模化、精细化建设指引，在中国建筑科学研究院有限公司、中国城市科学研究会的大力推动下，以《健康建筑评价标准》为母标准，针对具有鲜明特色的建筑功能类型以及更大规模的健康领域，开展了具有针对性的健康系列标准编制工作。从区域范围讲，由健康建筑到健康社区、健康小镇；从建筑功能讲，由健康建筑到健康医院、健康校园，我国健康建筑系列标准逐步完善，向更精细化发展的同时也为更广泛的人群服务。截至 2019 年 9 月，已陆续立项健康建筑系列标准 13 部，如表 2-2-1 所示。

健康建筑在编技术标准   表 2-2-1

序号	标准名称	归口管理单位
1	《健康社区评价标准》	中国工程建设标准化协会
2	《健康小镇评价标准》	中国工程建设标准化协会
3	《既有住区健康改造技术规程》	中国城市科学研究会
4	《既有住区健康改造评价标准》	中国城市科学研究会
5	《健康酒店评价标准》	中国工程建设标准化协会
6	《健康医院评价标准》	中国工程建设标准化协会
7	《健康养老建筑评价标准》	中国工程建设标准化协会
8	《健康体育建筑评价标准》	中国工程建设标准化协会
9	《健康校园评价标准》	中国工程建设标准化协会

2.3 重点标准简介

2.3.1 《健康建筑评价标准》

《健康建筑评价标准》T/ASC 02—2016 遵循多学科（建筑、设备、声学、光学、公共卫生、心理、健身、建材、给水排水、食品、社会服务等多个学科专业）融合性原则，建立了涵盖生理、心理、社会三方面健康要素的一级评价指标，分别为空气、水、舒适、健身、人文、服务，各一级指标下又细分二级指标（图 2-2-1，表 2-2-2）。为鼓励健康建筑的性能提高和技术创新，另设置"提高与创新"章节。

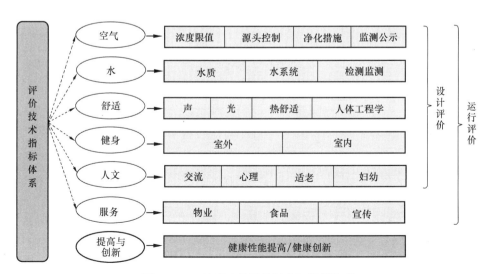

图 2-2-1 《健康建筑评价标准》指标体系

其中,"空气"是对全污染物(物理污染物、化学污染物、放射性污染物、生物污染物),全部品(装修主材、辅材、家具、陈设品等)和全空间(厨房、卫生间、打印室、机房、化学品储藏室等)进行分类控制。通过控制室内污染物(PM$_{2.5}$、甲醛、TVOC等)的浓度限值,提高家具、建材的绿色环保要求,设置空气净化装置,实时发布室内空气品质指标等措施,四位一体保障建筑者的呼吸健康。

健康建筑的 12 大特色指标 表 2-2-2

序号	特色指标
1	基于室内暴露水平和人体健康风险的 PM$_{2.5}$浓度控制
2	基于全过程全部品散发率迭加预测的室内污染物控制
3	基于中式烹饪餐饮污染特征的厨房污染综合控制
4	基于用水安全及品质提升的建筑给排水系统功能提升
5	基于光对人体生理节律影响的人工及自然照明控制
6	基于不同功能房间再细分的噪声水平控制
7	基于建筑室内外空间合理布置的健身场所及设施设计
8	基于适老适幼等不同人群关爱的人性化建筑及设施设计
9	基于居家养老及机构养老需求的基础建筑设计
10	基于人体工程学的建筑空间设计及设施要求
11	基于心理调节需求的建筑空间、色彩及专门功能房间设计
12	基于主动健康大数据监测的环境参数及行为节律传感设计及大数据分析

"水"是对水的不同用途(生活饮用水、泳池水、直饮水、集中生活热水、非传统水源),水系统的不同环节(水池、水箱、水封、管材、水阀等)进行分类控制。健康建筑通过限定水中硬度及菌落总数值、设立健康便捷的直饮水设施、采用更静音且更卫生的排水设计、鼓励向使用者实时公开饮水和用水的品质参数等措施,优化系统构成、提高水质要求、提高使用者的可感知度与可参与度,最大程度地提升用水体验感。

"舒适"是从人的感官全面出发,将舒适性指标分解为声(噪声与声景),光(视觉系统与非视觉系统),热湿(单指标调控与多指标参数耦合)和人体工程学,重新定义舒适的内涵。健康建筑引入声景、生理等效照度、人体工程学设计等理念,使得学习和工作环境明亮而柔和,让睡眠环境静谧安逸,室内的温湿度清爽宜人,桌椅、设施等便捷易用,营造出更加人性化的建筑环境。

"健身"是要求室内外均设置健身场地,面向不同建筑功能、使用人群,按需配备免费的健身器材及配套设施,提升健身场地及设施的便捷性,制定鼓励健身的激励办法,提高使用者健身的主动性及体验感。建立全空间适应、全龄友好的健身环境,实现提升使用者健康水平的目的。

"人文"是设置适应不同年龄层级使用特点的交流场地，满足人们交流、沟通和活动的需求；营造优美的绿化环境，提供丰富的精神文化生活场所，开展专项文化艺术设计，用色彩、艺术品、绿化给人们带来身心的愉悦；设置安全扶手、防滑地面、急救通道等爱心设计，保障使用者的安全与便捷；设置专门的心理宣泄或指导室，满足使用者心理纾解的需求。

"服务"是要求管理机构制定并实施健康管理制度；从加工和售卖两个环节，兼顾食品的安全和营养；制定健康建筑使用手册、公示健康信息；举办健康促进活动、提供免费体检服务；宣传健康理念，普及健康知识，提高群众健康素质。为使用者提供全面周到的健康服务。

2.3.2 《健康社区评价标准》

为了提高人民健康水平，贯彻健康中国战略部署，推进健康中国建设，实现健康社区健康性能的提升，指导健康社区规划建设，规范健康社区评价，监督健康社区管理，根据中国工程建设标准化协会《关于印发〈2017年第二批工程建设协会标准制订、修订计划〉的通知》（建标协字〔2017〕031号）的要求，制定《健康社区评价标准》。标准任务下达后，于2017年10月30日启动编制，现已于2019年4月报批。

《健康社区评价标准》以健康建筑的核心团队以及积累的项目实践为基础，沿用空气、水、舒适、健身、人文、服务六大健康要素的一级指标体系，全过程指导、规范健康社区的规划、设计和运营管理（图2-2-2）。标准围绕现代健康观所强调的多维健康的理念，不仅关注个体，也关注各种相关组织和社区整体的健康。健康社区注重结果也强调过程，即健康社区不仅指达到了某个健康水平，也要求社区管理者秉持促进和保护居民健康的根本理念，并不断采取和实施切实可

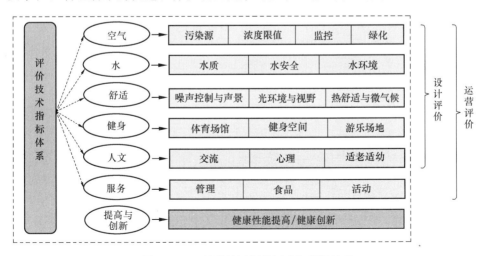

图2-2-2 《健康社区评价标准》指标体系

行的措施以促进和保护人们的健康，主要技术内容包括：

"空气"是一方面对室外大气，室内颗粒物、甲醛、TVOC 等污染物散发源进行源控制；另一方面针对主要污染物类型 $PM_{2.5}$、PM_{10}、CO_2、TVOC、甲醛、氨、氡等设定浓度限值；并且通过净化技术选用、管理制度制定、检测技术与控制技术选取等技术措施实现社区内空气健康的多重保障。

"水"是一方面设定各类水体总硬度、菌落总数、浊度等参数控制等水质参数；另一方面强化景观水体人身安全保护等水安全措施；进而对社区生态水景、海绵城市设计、雨污系统设计等进行全面设计，形成健康的水环境。

"舒适"是从噪声控制与声景（室内外功能空间噪声级控制、噪声源排放控制、回响控制、声掩蔽技术、声景技术、吸声降噪技术等）；光环境与视野（玻璃光热性能、光污染控制、生理等效照度设计、智能照明系统设计与管理、生理等效照度设计等）；热舒适与微气候（热岛效应控制、景观微气候设计、通风廊道设计、极端天气应急预案等）共四个方面展开，营造全面的健康舒适环境。

"健身"是要求按照不同规模社区大、中、小型体育场馆配比设计体育场馆；按照室内外健身空间功能、数量、面积等配比设计健身空间与设施；按照儿童游乐场地、老年人活动场地、全龄人群活动场地等配比设计游乐场地，营造全龄友好的健身环境。

"人文"包括交流（全龄友好型交流场地设计，人性化公共服务设施，文体、商业及社区综合服务体等）；心理（特色文化设计、人文景观设计、心理空间及相关机构设置）；适老与妇幼（防滑铺装、安全护栏、圆角处理等安全设计，标识引导、母婴空间设置、公共卫生间配比等便捷设计）；交通（安全提醒设计、连续步行系统设计等），打造满足不同层次精神文化需求的人文环境。

"服务"包括管理（质量与环境管理体系、宠物管理、卫生管理、心理服务、志愿者服务等）；食品（食品便捷设计、食品安全把控、膳食指南服务、酒精限制等）；活动（联谊、文艺表演、亲子活动等筹办，信息公示，健康宣传等），满足人们对于社区活动与管理等多方面的健康需求。

2.4 结 束 语

标准体系是健康建筑发展的必要引领和支撑。在 2017～2019 年间，以《健康建筑评价标准》为核心标准，标准体系的建立取得了良好的成效，为行业发展起到良好的引领、指导和规范作用。在此基础上，还应进一步加强健康建筑技术标准体系的研究，建立包含健康建筑设计、施工、运维、评价、性能检测等在内的涵盖建筑全寿命期不同阶段不同建筑类型的标准体系，为健康建筑从策划、设计到运营全过程的实现提供严格保障。同时，应不断吸纳健康建筑研究的科学成果，收集评价运行中的各种反馈数据，持续地充实和完善健康建筑评价指标，相关技术内容也需要不断补充和再创新，研究健康建筑评价指标的动态优化机制，使标准始终保持科学性与先进性。此外，还应加强我国健康建筑标准国际化的探索和研究。

作者：王清勤[1]　孟冲[1,2]　盖轶静[2]（1. 中国建筑科学研究院有限公司；2. 中国城市科学研究会）

3 《绿色建材评价》T/CECS 10025～10075—2019 系列标准

3 Evaluation of Green Building Materials T/CECS 10025～10075—2019 series standard

3.1 编 制 背 景

当前，我国正处于工业化、城镇化快速发展时期。建筑材料作为工程建设的基础和保证建筑物功能的重要物质支撑，在此过程中也面临着资源约束趋紧、能耗水平高企、环境污染严重等问题。绿色建材因其节能、减排、安全、便利和可循环等优势，这几年正被广泛地接受和得到大量的应用。但因为没有相应的标准，造成了目前市场上绿色建材的概念混乱，产品良莠不齐，有的造成了不好的影响，严重影响了绿色建材的发展，因此急需统一标准，规范市场。研究和制定科学合理的评价标准，客观、准确地评价建材的绿色程度已成为迫切需要解决的问题。

尽快编制绿色建材评价标准，大力发展绿色建材，是全面推广绿色建筑的需要，是实现节约资源和能源、减少污染，创造健康、舒适的生活环境的重要措施，也是引导建材工业深化节能降耗、消化过剩产能、调整产业结构、促进转型升级的迫切需要，对于推进生态文明建设，全面建设资源节约型、环境友好型社会具有重要意义。

（1）编制绿色建材评价标准，推动绿色建材生产应用，是顺应绿色建筑快速发展的需要。

我国是世界上年新建建筑量最大的国家，建筑量多年保持高速增长。近些年，我国城镇年均以 10 亿～15 亿 m² 的建设量支撑着国民经济的发展，而且随着新型城镇化不断推进，大规模建设还将持续。我国的绿色建筑工作起步较晚，2006 年发布了国家标准《绿色建筑评价标准》（2019 年修订），自 2008 年 7 月发布第一批绿色建筑设计评价标识以来，绿色建筑发展迅速，逐渐成为建筑业的发展方向。截至 2015 年 12 月 31 日，全国共评出 3979 项绿色建筑评价标识项目，总建筑面积达到 4.6 亿 m²。根据《国家新型城镇化规划 2014—2020》的要求，城镇绿色建筑占新建建筑比重将从 2012 年的 2% 提升到 2020 年的 50%。绿色建筑已形成规模化发展和全面推进态势。

建筑材料是建筑建造的基本元素，建筑材料的绿色性能优劣直接决定着建筑的绿色程度，绿色建材是实现绿色建筑的基本必要保证。我国建筑节能与绿色建筑事业的快速推进和发展对建材的节能、环保、绿色、低碳、可循环利用的性能都提出了很高的要求。《关于进一步加强城市规划建设管理工作的若干意见》（中发〔2016〕6 号）提出，推广绿色建筑和建材，完善绿色节能建筑和建材评价体系。因此，目前亟需编制绿色建材评价标准，绿色建材的发展必须以终端的绿色建筑需求为导向，促进绿色建材产业和绿色建筑产业协调健康持续发展。

（2）编制绿色建材评价标准，促进建材工业转型升级，是实现绿色发展的需要。

建材工业是我国国民经济的重点行业，也是建筑业发展的基础行业。改革开放 30 多年来，我国的建材工业发展取得了举世瞩目的成就，有力支撑了中国经济的高速增长和建筑业的快速发展。然而，高产能、高贡献率的同时，也造成了建材工业"两高一资"和产能过剩等沉疴顽疾。普遍存在着以下主要问题：产品单一、功能质量和规格档次总体较低；生产工艺相对落后、资源能源消耗多、有害污染物排放量大，环境保护和节能减排压力剧增，节能减排步伐缓慢；部分大宗建材行业产能过剩，产业组织结构调整优化步伐缓慢；建材新兴产业总体规模偏小、产业化进程亟待加快；建材生产标准和建筑应用标准衔接、配套性差，生产和应用信息不对称，与建筑工程应用产生脱节等问题，难以满足建筑节能、绿色建筑和新型城镇化建设需要。

随着社会主义生态文明建设的加快推进，高能耗、高排放和资源型的建材工业面临着进一步降低单位能耗和二氧化碳排放量，进一步削减氮氧化物和二氧化硫排放总量，进一步提高产品的质量和环保性能等多重约束，迫切要求建材工业更加注重发展质量和效益。编制绿色建材评价标准，推广绿色建材，可以节约资源和能源、保护生态环境、减少污染物排放，有效带动相关技术及产业的资金投入，对缓解资源环境约束，促进建材工业的结构调整和转型升级，实现经济社会的可持续发展具有重要意义。

（3）编制绿色建材评价标准，加快绿色建材产品评价认证，是规范绿色建材产品认证市场的需要。

2019 年 10 月 25 日，市场监管总局办公厅、住房和城乡建设部办公厅、工业和信息化部办公厅印发《绿色建材产品认证实施方案》（市监认证〔2019〕61 号）。《方案》明确规定，绿色建材产品认证按照《指导意见》、本实施方案及《绿色建材评价标识管理办法》（建科〔2014〕75 号）实施，实行分级评价认证，由低至高分为一、二、三星级，在认证目录内依据国家绿色产品标准认证的建材产品等同于三星级绿色建材。按照《绿色产品标识使用管理办法》（市场监管总局 2019 年第 20 号公告）要求，对认证目录内依据国家绿色产品标准认证的建材产品，适用"认证活动—"的绿色产品标识样式；对按照《绿色建材评价标识管理办法》（建科〔2014〕75 号）认证的建材产品，适用"认证活动二"的绿色产品标识样式，并标注分级结果。绿色建材评价标准的制定，将成为我国绿色建材产品认证的重要技术参考依据。

3.2 编 制 工 作

3.2.1 任务来源

根据《关于印发〈中国工程建设标准化协会 2017 年第二批产品标准试点项目计划〉的通知》（建标协字〔2017〕032 号），《绿色建材评价标准》列为制定项目，主编单位为住房和城乡建设部科技与产业化发展中心。该标准由中国工程建设标准化协会绿色建筑与生态城区专业委员会归口管理。

3.2.2 编制过程

自 2013 年，住房和城乡建设部、工业和信息化部成立绿色建材推广和应用协调组以来，设立绿色建材评价管理办公室，依托于住房和城乡建设部科技与产业化发展中心（住房和城乡建设部住宅产业化促进中心），负责绿色建材评价标识的日常管理工作。

2017 年 8 月 28 日，由住房和城乡建设部科技与产业化发展中心主编的《绿色建材评价标准》编制组成立暨第一次工作会议在北京市召开。经标准编制启动会专家组建议，采用开放式、系列标准编制模式，即一个技术通则加多个建材产品技术要求构成的"1＋n"标准模式，扩展成 100 项标准。

2017 年 9 月 22 日，住房和城乡建设部科技与产业化发展中心组织召开"绿色建材评价标准编制工作会"，研究讨论绿色建材评价系列标准的产品类别，征集参编单位。经上报协会，11 月 20 日，100 项产品标准列入中国工程建设标准化协会《2017 年第三批产品标准试点项目计划》（建标协字〔2017〕034 号）。

住房和城乡建设部科技与产业化发展中心会同各编制单位分别于 2017 年 10 月 17 日、19 日在北京组织召开了"绿色建材评价"系列标准材料和设备标准编制启动会，讨论标准编制大纲、框架、任务分工和初稿。

2018 年 2 月 9 日，根据中国工程建设标准化协会《2017 年第一批工程建设协会标准制订、修订计划》（建标协字〔2017〕014 号）和《2017 年第三批产品标准试点项目计划》（建标协字〔2017〕034 号）要求，向社会公开征求对《绿色建材评价标准 预制构件》等 52 项征求意见稿的意见。

2018 年 12 月 10～11 日，由中国工程建设标准化协会绿色建筑与生态城区专业委员会组织召开专家审查会，专家审查组听取了标准编制组对编制过程、主要技术内容等的汇报，对《标准》（报审稿）的内容进行了逐条审查。

根据中国工程建设标准化协会第 489 号、第 508 号、第 509 号关于发布《绿色建材评价 预制构件》等 51 项标准的公告，本系列标准已正式发布，自 2020 年 3 月 1 日起施行。

3.3　技　术　内　容

标准主要内容包括基本要求和技术要求两部分。

基本要求包括对企业的基本要求，以及对各类建材产品资源、能源和环境属性的基本要求。对企业的基本要求主要包括对企业在环保、管理体系、安全等提高自身建设方面和从产业政策方面对生产企业的产品结构及工艺技术进行正确引导的要求，以及对产品质量和施工的要求。

产品资源属性基本要求主要包括再生料使用、可降解材料使用、速生材料使用等指标；能源属性基本要求包括单位产品综合能耗指标，仅针对有能耗限额标准的产品；环境属性基本要求包括产品有毒有害物质释放量等指标。

技术要求是对具体单类建材产品相应的绿色属性及品质属性要求，重点选取产品绿色度、环保性、耐用性、舒适性、安全性等方面的指标。

3.4　结　束　语

本系列标准按照《标准化工作导则 第 1 部分：标准的结构和编写》GB/T 1.1—2009 给出的规则起草，依据国家标准《绿色产品评价通则》GB 33761 绿色产品评价指标选取原则以及有关国家、行业标准的要求制定。充分考量了国内外绿色建材先进技术标准内容，深刻发掘绿色建材内涵，发挥建筑材料对建筑的基础和支撑作用，推动绿色建筑和建材工业转型升级，从而具体落实绿色建材的产用协调一体，提升我国建筑工程质量和居民生活品质。

作者：张澜沁　刘敬疆　刘珊珊（住房和城乡建设部科技与产业化发展中心）

4 《既有公共建筑综合性能提升技术规程》T/CECS 600—2019

4 Association Standard of *Technical Specification for Comprehensive Retrofitting of Existing Public Buildings* T/CECS 600—2019

4.1 编 制 背 景

我国处于城镇化快速发展时期，城镇化率从 1978 年的 17.9％增长至 2018 年的 59.58％，预计 2020 年将达到 63.40％。城镇化率提高的同时，既有建筑存量大幅增加。截至 2017 年，既有建筑面积已到达 613 亿 m^2，其中既有公共建筑面积约 124 亿 m^2，既有公共建筑存量大成为突出特点。此外，建筑存量增长带来建筑能耗加剧，截至 2017 年，建筑运行的总商品能耗为 9.63 亿 tce，其中既有公共建筑能耗（不含北方地区供暖）2.93 亿 tce，占建筑能耗总量的 30.43％。而通过前期调研发现，全国范围内较大比例的既有公共建筑由于建设年代较早，不符合国家现行抗震、防火要求，建筑室内环境品质普遍较差，难以满足现阶段使用舒适性的要求。由此可见，存量大、能耗高、安全防灾性能差、室内环境品质低成为当前既有公共建筑的共性问题，针对安全、节能、环境性能实施综合改造十分必要，是建筑领域践行城市更新战略，促进高质量发展的重要途径。

大面积改造工作开展需要科学、系统的改造技术标准支撑。而在以往的改造活动中，先后颁布了《既有建筑地基基础加固技术规范》JGJ 123、《民用房屋修缮工程施工规程》CJJ/T 53、《既有采暖居住建筑节能改造技术规程》JGJ 129、《公共建筑节能改造技术规范》JGJ 176、《既有建筑绿色改造评价标准》GB/T 51141 等技术规范，但已有标准主要针对既有公共建筑安全改造、节能改造等单一性能改造，而针对综合性能提升的标准规范尚存在一定缺位，这也成为制约当前既有公共建筑综合改造的技术瓶颈。

4.2 编 制 工 作

在上述背景下，中国建筑科学研究院有限公司于 2017 年 7 月牵头启动了中国工程建设标准化协会标准——《既有公共建筑综合性能提升技术规程》（以下简称《规程》）的立项申请工作。中国工程建设标准化协会于 2017 年 10 月 17 日印发了《2017 年第二批工程建设协会标准制定、修订计划》（建标协字〔2017〕031 号）文件，批准了《规程》的立项编制工作。自申请获得批准后，《规程》编制组严格按照中国工程建设标准化协会的标准管理要求，开展《规程》编制工作。

编制工作之初，编制组开展了广泛的调查研究，系统梳理了国内外既有建筑改造领域相关标准、成熟的建筑性能评估与分级体系，全面调研了我国不同气候区既有公共建筑综合性能及改造技术落实情况，剖析了既有公共建筑综合改造在设计阶段、施工阶段及运营阶段存在的具体问题，展望了国内外既有公共建筑综合性能提升新技术、新趋势。系统的调研工作为《规程》的编制提供了先进的方法依据与坚实的数据基础。

在上述调查研究的基础上，编制组开展了系统的编制工作。为明确既有公共建筑综合性能分级与提升标准，编制组首先进行了既有公共建筑安全、环境、能效性能评估工作，确立了评估等级划分。在明确评估等级与提升目标的基础上，开展了建筑安全性能提升、环境性能提升、能效提升系列技术的研究工作，梳理凝练了以上三个维度的性能提升关键技术，研究过程中始终确保《规程》与现有的安全性能标准、能效性能标准、结构性能标准有效衔接。

《规程》编制过程历时约 9 个月的时间，期间召开了多次编制组全体工作会议，邀请多位行业专家对《规程》编制质量进行严格把关。编制组成立暨第一次工作会议于 2017 年 12 月 19 日在北京召开，于 2018 年 8 月形成征求意见稿，通过定向发送、网站发布等形式广泛征求行业主管部门、国内知名专家及从业人员的意见；于 2019 年 4 月 8 日召开审查会并顺利通过审查，2019 年 9 月 12 日获得批准发布。

4.3 技 术 内 容

4.3.1 体系架构

本《规程》共分为 6 个章节，包括总则、术语、综合性能评估方法、建筑安全性能提升、建筑环境性能提升、建筑能效性能提升。

第 3 章"综合性能评估方法"系统给出了建筑安全性能评估、环境性能评估、能效性能评估三类专项评估的评估内容、评估方法，最后给出了专项性能等级划分标准与综合性能不合格、一星级、二星级、三星级四类划分标准。

第 4～6 章为既有公共建筑综合性能提升技术的具体规定，包括建筑安全性能提升、建筑环境性能提升、建筑能效提升三部分内容。

《规程》体系架构如图 2-4-1 所示。

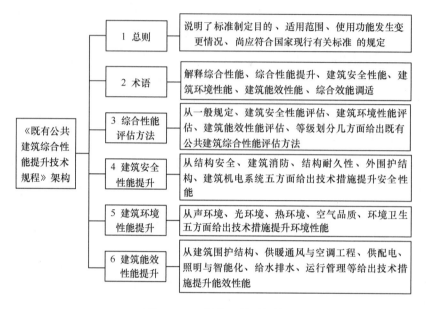

图 2-4-1　《规程》体系架构

4.3.2　定位与适用范围

综合性能包括建筑安全、建筑环境和建筑能效等方面的建筑整体性能。综合性能提升是指通过结构加固、室内外环境改善、建筑节能改造等技术手段，使既有公共建筑整体性能较改造前得到改善的活动。

本规程适用于既有公共建筑综合性能提升改造，鼓励提升既有公共建筑的安全、环境及能效三方面的综合性能。但考虑不同项目的实际情况比较复杂，在实施过程中有侧重某一方面的改造工作，也可参照本规程进行专项改造。

4.3.3　综合性能评估方法

《规程》第 3 章规定了既有公共建筑综合性能评估包含的内容，包括建筑安全性能评估、建筑环境性能评估及建筑能效性能评估；规定了综合性能等级的评定原则，即应根据建筑安全性能、建筑环境性能及建筑能效性能各自的等级进行综合评定；规定了提升改造的标准，即当对既有公共建筑进行综合性能提升改造时，在改造前后应分别对其进行评估，且改造后的综合性能等级应至少提升一个星级。而考虑安全性能对建筑使用者人身安全的重要意义，明确了当既有公共建筑安全性能等级评定为不合格时，必须对其安全性能进行提升改造。在上述规定的基础上，对建筑安全性能、环境性能、能效性能的评估内容及等级划分作出了具体的规定。

4.3.4 等级划分

《规程》将建筑安全性能、建筑环境性能、建筑能效性能划分不同等级，分别按表 2-4-1、表 2-4-2、表 2-4-3 的规定进行等级划分。综合性能分为不合格、一星级、二星级、三星级 4 个等级，按表 2-4-4 的规定进行等级划分。

建筑安全性能等级划分表　　　　　　　　　　　　表 2-4-1

等级	划分规则
不合格	结构安全性评定为 C_{su} 或 D_{su} 级、建筑抗震评定为 C_e 级、建筑消防安全性评定为 C_f 级、耐久性评定为 C_d 级、外围护结构评定为 C_n 级，机电系统安全性评定为 C_p 级
一星级	结构安全性评定为 B_{su} 级、建筑抗震评定为 B_e 级、建筑消防安全性评定为 B_f 级、外围护结构评定为 C_n 级、耐久性评定为 B_d 级、机电系统安全性评定为 B_p 级
二星级	结构安全性评定为 A_{su} 级、建筑抗震评定为 B_e 级、建筑消防安全性评定为 B_f 级、外围护结构评定为 B_n 级、耐久性评定为 B_d 级、机电系统安全性评定为 A_p 级
三星级	结构安全性评定为 A_{su} 级、建筑抗震评定为 A_e 级，建筑消防安全性评定为 A_f 级，外围护结构评定为 A_n 级、耐久性评定为 A_d 级、机电系统安全性评定为 A_p 级

建筑环境性能等级划分表　　　　　　　　　　　　表 2-4-2

等级	划分规则
一星级	室内声环境、光环境、热环境以及空气品质均需评定为一星级及以上等级
二星级	在一星级基础上，室内声环境、光环境、热环境以及空气品质中两项及以上评定为二星级及以上等级
三星级	室内声环境、光环境、热环境以及空气品质中两项及以上评定为三星级，其余评定为二星级及以上等级

建筑能效性能等级划分表　　　　　　　　　　　　表 2-4-3

等级	划分规则
一星级	围护结构性能、暖通空调系统性能，电气、照明与智能化系统性能，给水排水系统性能均需评定为一星级及以上等级
二星级	围护结构性能、暖通空调系统性能，电气、照明与智能化系统性能，给水排水系统性能均需评定为二星级及以上等级
三星级	围护结构性能、暖通空调系统性能，电气、照明与智能化系统性能，给水排水系统性能均需评定为三星级

既有公共建筑综合性能等级划分表　　　　　表 2-4-4

综合性能等级	划分规则
不合格	建筑安全性能评定为不合格
一星级	建筑安全性能、建筑环境性能及建筑能效性能均需评定为一星级；或其中有一项性能为二星级及以上，其他两项为一星级
二星级	建筑安全性能、建筑环境性能及建筑能效性能中至少有两项为二星级；另一项应达到一星级
三星级	建筑安全性能、建筑环境性能及建筑能效性能中至少有一项为三星级；另两项应达到二星级及以上

4.3.5 综合性能提升内容

《规程》第 4～6 章为既有公共建筑综合性能提升技术的具体规定，包括建筑安全性能提升、建筑环境性能提升、建筑能效提升三部分内容。

建筑安全性能提升技术包括结构安全、建筑消防、结构耐久性、外围护结构、建筑机电系统安全性能提升技术。外围护结构提升技术中，针对当前幕墙事故频发，对幕墙加固改造技术尤其重视，规定了应从与主体结构连接可靠、支承结构安全可靠、装饰面板安全可靠、防火性能有效改善等方面进行安全性能提升，并有效提升防水性能，气密性能、保温隔热性能、隔声性能、采光性能等外围护结构综合性能。

建筑环境性能提升技术包含声环境、光环境、热环境、空气品质、环境卫生等提升技术。针对老龄化趋势，遵循健康舒适与全龄友好原则，环境改造重点关注全龄化设计要求，提出建筑室内公共区域、室外公共活动场地及道路均满足无障碍设计要求；建筑室内公共区域的墙柱等处的阳角为圆角，并设有安全抓杆或扶手等；设有可容纳担架的无障碍电梯；设有母婴室、亲子卫生间等，并将这些内容作为一般规定予以重点规定。

建筑能效提升技术包含建筑围护结构、供暖通风与空调工程、供配电、照明与智能化、给水排水、运行管理提升技术。其中围护结构提升突出强调了围护结构的运行维护，针对渗漏、结露等问题，及时采取措施维修维护，保持应有的保温隔热、气密等性能，以延长使用时间；对外墙、门窗幕墙、外遮阳装置等定期清洗，以保持应有的反射、隔热、透光等功能，保证围护结构的节能性能。

4.4 实 施 应 用

开展既有公共建筑综合性能提升改造工作必要而紧迫，《规程》的编制将为改造工作开展提供强有力的技术支撑，从而突破改造技术瓶颈，加速改造进程，带来显著的经济效益、环境效益与社会效益。

经济效益　实施既有公共建筑综合性能提升改造将有利于盘活既有存量建筑，《规程》落地将加速改造进程，大量减少低品质建筑拆除、废弃等；《规程》给出了清晰的改造技术方案，能显著提升建筑能效，降低建筑运行费用，营造舒适的建筑室内环境，提升生产效率。

环境效益　《规程》系统凝练了既有公共建筑环境性能提升技术体系，技术应用有利于提高建筑室内声、光、热湿等环境品质，显著提升公共建筑室内环境和城市整体环境质量，有利于控制城市能源资源消耗与温室气体排放，推动人类社会可持续发展。

社会效益　《规程》的实施能显著提升既有公共建筑安全、能效、环境性能，契合国家提出的供给侧结构性改革趋势，实现建筑行业为社会提供更优质的建筑产品的客观要求，进一步推动既有公共建筑改造行业发展，促进建筑业产业升级。

4.5　结　束　语

《规程》以既有公共建筑综合性能提升改造为目标，首次提出了涵盖既有公共建筑安全性能、环境性能、能效性能在内的综合性能的评估标准与等级划分，并创新集成性地提出了建筑安全性能提升、环境性能提升、能效性能提升技术体系，填补了既有公共建筑综合性能评价领域与提升技术领域空白，对我国既有公共建筑综合性能提升改造工作有重要推动作用。

作者　王俊　李晓萍　魏兴（中国建筑科学研究院有限公司）

5 《建筑室内细颗粒物（PM~2.5~）污染控制技术规程》T/CECS 586—2019

5 《建筑室内细颗粒物（$PM_{2.5}$）污染控制技术规程》T/CECS 586—2019

5 Association Standard of *Technical Specification for Pollution Control of Fine Particulate Matter* (*PM~2.5~*) *in Building* T/CECS 586—2019

5.1 编 制 背 景

5.1.1 背景和目的

细颗粒物（$PM_{2.5}$）是指悬浮在空气中，空气动力学当量直径小于等于2.5μm的颗粒物，被认为是影响建筑室内空气品质的重要因素之一，且与人体健康显著相关。研究表明，长期暴露在颗粒物污染环境中，会对人体呼吸系统、心脑血管系统、免疫系统、神经系统、生殖系统等造成伤害。世界卫生组织估计，每年约有700万人因接触$PM_{2.5}$污染而死亡。《空气污染与儿童健康：规定清洁的空气》显示，全球93%的15岁以下儿童暴露于超出世界卫生组织空气质量指南规定的$PM_{2.5}$浓度指导值。

为打好污染防治攻坚战，建设美丽中国，国家发布《关于全面加强生态环境保护坚决打好污染防治攻坚战的意见》等系列文件。与此同时，国家采取了加强工业企业大气污染综合治理、推进散煤治理和煤炭消费减量替代、开展柴油货车超标排放专项整治、强化国土绿化和扬尘管控、有效应对重污染天气等系列措施，大气环境质量得到有效改善，但与发达国家相比，我国室外空气质量及标准限值仍然存有一定差距。2018年世界空气质量报告显示，全球73个地区中仅11地区的室外$PM_{2.5}$年均浓度不超过10μg/m^3，我国大陆地区室外$PM_{2.5}$年均浓度为41.2μg/m^3，排名倒数第12。现代人们大部分时间是在室内度过，当雾霾天气出现时，人们通常选择在室内活动。建筑室内$PM_{2.5}$污染具有易控、人员暴露时间长、健康效应显著等特点。因此，建筑室内$PM_{2.5}$污染的有效控制是降低由$PM_{2.5}$诱发疾病风险的重要途径。

目前，国内外针对$PM_{2.5}$污染控制已做了大量研究，但对于工程应用方面，还没有一套系统的建筑室内$PM_{2.5}$污染控制方法，包括确定$PM_{2.5}$室外计算浓度的方法、用于工程规范性的设计计算方法等。在此背景下，由中国建筑科学研究院有限公司会同有关单位制定了《建筑室内细颗粒物（PM$_{2.5}$）污染控制技术规程》T/CECS 586—2019（以下简称《规程》）。

本《规程》规定了 PM$_{2.5}$ 室内外的计算浓度，给出了建筑室内 PM$_{2.5}$ 污染控制的设计方法和控制措施，提出了检测和运行维护的相关要求，旨在为工程设计、建设和运营提供技术指导，降低室内人员因暴露于 PM$_{2.5}$ 污染环境下诱发疾病的风险。

5.1.2 编制基础

编制团队在建筑室内 PM$_{2.5}$ 污染控制方面开展了系列工作，承担了国家"十二五"科技支撑计划课题"建筑室内颗粒物污染及其复合污染控制关键技术研究"（2012BAJ02B02）、全球环境基金（GEF）第五期项目"建筑室内 PM$_{2.5}$ 控制技术研究"（2-B-CS-008），编制了国家标准《通风系统用空气净化装置》GB/T 34012—2017、团体标准《健康建筑评价标准》T/ASC 02—2016，出版了专著《建筑室内 PM$_{2.5}$ 污染控制》等，为我国建筑室内 PM$_{2.5}$ 污染治理提供了技术支撑，并荣获 2017 年度"华夏建设科学技术奖"一等奖。相关研究成果包括：

（1）首次提出了建筑室内 PM$_{2.5}$ 污染控制设计方法。将建筑 PM$_{2.5}$ 污染控制计算分成建筑室内 PM$_{2.5}$ 负荷计算与空气处理设备的处理能力计算两部分，PM$_{2.5}$ 污染控制设计计算方法类似于空调设计方法，方便设计者使用。

（2）建立了室内 PM$_{2.5}$ 质量浓度预测模型。对北京城区临街办公建筑的室内外 PM$_{2.5}$ 质量浓度与气象参数进行长期监测，通过大数据分析，建立了耦合室外气象参数、建筑围护结构特性的室内外 PM$_{2.5}$ 质量浓度预测模型，并通过实测数据验证了模型的有效性。

（3）提出了空气过滤器组合效率及选型方法。搭建了空气过滤器性能试验平台，经过大量实测，得到了特定尘源条件下各级过滤器 PM$_{2.5}$ 计数效率、计重效率以及二者间的相关性，为空气过滤器的选择提供技术参考。

（4）提出了 PM$_{2.5}$ 污染控制的系统节能运行方案。采用旁通（包括系统旁通、设备旁通）、空气过滤部件启闭两种方式，可避免过滤器一直处于工作状态，系统阻力增加等带来运行费用增加的情况，以此实现系统的节能运行。

5.2 编 制 工 作

5.2.1 任务来源

根据中国工程建设标准化协会《关于印发〈2017 年第一批工程建设协会标

准制定、修订计划）的通知》（建标协字〔2017〕014 号）的要求，对《规程》进行起草制定。《规程》由中国工程建设标准化协会绿色建筑与生态城区专业委员会归口管理，由中国建筑科学研究院有限公司牵头负责制定，编制团队由科研院所、高等院校、设计单位、检测单位、施工企业等 18 家单位组成。

5.2.2 编制过程

（1）《规程》编制组于 2017 年 6 月在北京召开了编制组成立暨第一次工作会议，编制工作正式启动。会议讨论并确定了《规程》的定位、适用范围、编制框架、编制重点和难点、任务分工、进度计划等。会议形成了《规程》草稿。

（2）《规程》编制组第二次工作会议于 2017 年 8 月在北京召开。会议针对 $PM_{2.5}$ 室外计算浓度取值方法、控制措施等重点问题进行了讨论，并统一要求规范标准用词和条文表述方法，合理设置条文数量和安排条文顺序等。会议形成了《规程》初稿。

（3）《规程》编制组第三次工作会议于 2017 年 9 月在北京召开。秘书组对《规程》编制情况、汇稿中存在的问题及下一阶段工作安排进行了介绍。编制组对《规程》的共性问题进行了讨论，逐条分析条文内容，并提出了修改建议。

（4）《规程》编制组第四次工作会议于 2017 年 11 月在常州召开。编制组对《规程》条文的合理性、全面性等进行了讨论，并对条文内容进行修改，形成了《规程》征求意见稿。

（5）《规程》征求意见。在征求意见定稿后，编制组于 2018 年 3 月 19 日向全国科研院所、高等院校、设计单位、企业等相关单位的专家发出了征求意见。通过各网站、公众号平台等共收到近 200 条意见。编制组对返回的宝贵意见进行逐条审议，对征求意见稿进行了多次修改，形成《规程》送审稿。

（6）《规程》审查会议于 2018 年 8 月在北京召开。会议组成的审查专家组认真听取了《规程》编制情况的汇报，对《规程》内容进行了逐条审查。最后，审查专家组一致认为，规程的编制对促进我国建筑室内 $PM_{2.5}$ 污染控制起到重要作用，总体达到国内领先水平。

（7）其他工作。除编制工作会议外，主编单位还组织召开了多次研讨会，针对标准中的专项问题进行深入研讨。此外，针对共性与难点问题进行广泛调查研究，并参考与协调国内外相关标准，力求《规程》内容更加科学、合理。

5.3 技 术 内 容

5.3.1 主要技术内容

《规程》分为 7 章，主要技术内容包括总则、术语、计算浓度、控制措施、设计计算、检测、运行维护。通过上述内容，《规程》强调，建筑室内 $PM_{2.5}$ 污染控制应充分结合所在地区的环境空气质量、室内 $PM_{2.5}$ 控制目标、通风系统形式等，合理选用建筑室内 $PM_{2.5}$ 污染控制的设计参数、技术方案及运行维护管理手段。

第 1 章为总则，由 4 条条文组成，对《规程》的编制目的、适用范围、总体原则等内容进行了规定。在适用范围中指出，本规程适用于新建、改建和扩建的民用建筑室内 $PM_{2.5}$ 污染控制，包括办公建筑、医疗卫生建筑（非洁净区域）等公共建筑和居住建筑。对于工业建筑，可参照本规程执行。

第 2 章为术语，定义了与建筑室内 $PM_{2.5}$ 污染控制密切相关的 7 个术语，具体为：细颗粒物（$PM_{2.5}$）、$PM_{2.5}$ 室外计算浓度、$PM_{2.5}$ 室内计算浓度、$PM_{2.5}$ 负荷、穿透系数、$PM_{2.5}$ 去除能力、计重效率。

第 3 章为计算浓度，由 2 条条文组成，包括 $PM_{2.5}$ 室外计算浓度和 $PM_{2.5}$ 室内计算浓度。《规程》规定 $PM_{2.5}$ 室外计算浓度宜采用近 3 年历年平均不保证 5 天的日平均质量浓度。即：将统计期内每一年的 $PM_{2.5}$ 日平均质量浓度分别进行降序排列，去掉 $PM_{2.5}$ 日平均质量浓度最高的 5 天，也就是第 6 天的 $PM_{2.5}$ 日平均质量浓度就是不保证 5 天的 $PM_{2.5}$ 日平均质量浓度，近 3 年平均不保证 5 天的室外 $PM_{2.5}$ 日平均质量浓度的平均值就是历年平均不保证 5 天的 $PM_{2.5}$ 日平均质量浓度。74 个城市 $PM_{2.5}$ 室外计算浓度详见表 2-5-1，对于未列入本表的城市，可取就近城市的 $PM_{2.5}$ 室外计算浓度。

$PM_{2.5}$ 室外计算浓度　　　　　　　　　　表 2-5-1

城市	$PM_{2.5}$室外计算浓度（$\mu g/m^3$）	城市	$PM_{2.5}$室外计算浓度（$\mu g/m^3$）	城市	$PM_{2.5}$室外计算浓度（$\mu g/m^3$）	城市	$PM_{2.5}$室外计算浓度（$\mu g/m^3$）
海口	54	江门	100	长春	132	徐州	195
拉萨	58	西宁	101	重庆	133	济南	203
厦门	62	佛山	103	南京	134	沧州	206
昆明	64	宁波	106	苏州	134	哈尔滨	206
深圳	65	衢州	106	连云港	144	天津	212
福州	66	金华	113	扬州	147	太原	229
惠州	68	上海	113	盐城	148	唐山	229
舟山	71	南昌	115	沈阳	149	廊坊	240
珠海	71	呼和浩特	118	青岛	149	北京	241
温州	82	大连	120	镇江	149	衡水	253
贵阳	84	兰州	120	泰州	150	西安	261
台州	84	嘉兴	121	武汉	151	保定	267
中山	85	承德	123	淮安	151	乌鲁木齐	276
丽水	87	南通	125	合肥	152	郑州	277
东莞	92	杭州	126	常州	154	邯郸	283
南宁	93	湖州	127	秦皇岛	154	邢台	288
广州	96	绍兴	128	长沙	156	石家庄	344
张家口	98	无锡	130	成都	165		
肇庆	99	银川	131	宿迁	170		

注：统计区间为 2016～2018 年。

《规程》将 $PM_{2.5}$ 室内计算浓度分为现行值和引导值两类。现行值为现行国家标准和行业标准要求的 $PM_{2.5}$ 计算日均质量浓度限值，引导值为推荐采用更高标准的 $PM_{2.5}$ 计算日均质量浓度值，详见表 2-5-2。

$PM_{2.5}$ 室内计算浓度

表 2-5-2

等级	现行值（$\mu g/m^3$）	引导值（$\mu g/m^3$）
Ⅰ级	35	25
Ⅱ级	75	35

注：$PM_{2.5}$ 室内计算浓度为日均值。

其中，《环境空气质量标准》GB 3095—2012 规定的环境 $PM_{2.5}$ 浓度限值（日均值）为：一级浓度限值 $35\mu g/m^3$，二级浓度限值 $75\mu g/m^3$。综合考虑我国现阶段颗粒物污染情况及其健康风险，标准中 $PM_{2.5}$ 室内计算浓度现行值的 Ⅰ、Ⅱ 级要求与《环境空气质量标准》GB 3095—2012 浓度限值一致；引导值的 Ⅰ 级标准依据为世界卫生组织指导 24 小时平均值（$25\mu g/m^3$），该值是建立在人体 24h 和年均暴露安全的基础上制定，Ⅱ 级标准为《环境空气质量标准》GB 3095—2012 中一级浓度限值。

建筑使用目标人群对 $PM_{2.5}$ 敏感性强或对室内 $PM_{2.5}$ 浓度控制有高要求的建筑，如托儿所、幼儿园、养老院、其他特殊需求的建筑等，宜采用 Ⅰ 级标准值进行设计；使用目标人群对 $PM_{2.5}$ 敏感性较弱或一般性建筑，如普通住宅建筑、办公建筑、商店建筑、图书馆、候车室（厅）等，宜至少采用 Ⅱ 级标准值进行设计。

第 4 章为控制措施，共包括三部分：围护结构、室内污染源、污染控制系统。"围护结构"由 4 条条文组成，分别对建筑出入口、外窗及幕墙气密性、外围护结构缝隙及孔洞等方面进行了规定。"室内污染源"由 3 条条文组成，要求散发大量 $PM_{2.5}$ 设备所在的房间或区域宜采取排风等措施；通过采取禁止室内吸烟、设置吸烟隔离区、减少燃烧型蚊香的使用等措施以控制香烟、蚊香等燃烧产生 $PM_{2.5}$ 污染；同时，厨房应进行有效的油烟排放设计。"污染控制系统"由 4 条条文组成，对新风取风口位置、通风净化系统设置空气净化装置、静电过滤器产生臭氧量等进行了规定。

第 5 章为设计计算，共包括两部分：负荷计算、设备选型。"负荷计算"由 4 条条文组成，包括室内 $PM_{2.5}$ 负荷、新风 $PM_{2.5}$ 负荷、渗透 $PM_{2.5}$ 负荷、室内源 $PM_{2.5}$ 负荷。"设备选型"由 5 条条文组成，对空气净化装置的 $PM_{2.5}$ 去除能力、空气净化装置的过滤效率计算、空气净化器的洁净空气量计算等进行了规定。本章是《规程》的核心章节，以"建筑室内 $PM_{2.5}$ 负荷等于空气处理设备的 $PM_{2.5}$ 去除能力"为基础理论，将建筑 $PM_{2.5}$ 污染控制计算分成建筑室内 $PM_{2.5}$ 负荷计

112

算与空气处理设备的处理能力计算两部分，使 $PM_{2.5}$ 污染控制设计计算方法与室内温度控制设计方法类似。常规舒适性空调系统设计主要控制室内温度、湿度，设计方法已经很完善，而 $PM_{2.5}$ 污染控制设计计算，只需在原有空调设计完成的基础上进行。根据已经确定的空调系统形式，可计算出空气处理设备所需的过滤效率，再根据过滤效率进行空气净化装置的选型。

第 6 章为检测，共包括三部分：检测项目和检测仪器、空气净化装置的过滤效果检测、室内 $PM_{2.5}$ 浓度检测。"检测项目和检测仪器"由 5 条条文组成，其中检测项目包括空气净化装置过滤效果检测和室内 $PM_{2.5}$ 浓度检测，检测仪器对颗粒物测试仪、风速仪的选用进行了规定。"空气净化装置过滤效果检测"由 7 条条文组成，"室内 $PM_{2.5}$ 浓度检测"由 5 条条文组成，该部分协调了国家标准《通风系统用空气净化装置》GB/T 34012 的相关内容，提出了建筑室内 $PM_{2.5}$ 污染控制相应的检测要求。

第 7 章为运行维护，共包括两部分：运行、维护。"运行"由 4 条条文组成，对运行管理制度、运行管理班组、节能运行策略、自动化监测与管理系统等进行了规定。"维护"由 7 条条文组成，对维护保养方案、密封部位定期更换或修补、空气净化装置定期清洗或更换、检测装置定期检查、通风管道定期清洗、维护保养档案进行了归纳。

5.3.2 特点及评价

（1）室内外设计浓度

首次提出了基于"不保证天数"的 $PM_{2.5}$ 室外设计浓度确定方法，结合 2016～2018 年的室外 $PM_{2.5}$ 浓度监测数据，给出了中国 74 个城市的 $PM_{2.5}$ 室外设计浓度日均值。同时，规定了 $PM_{2.5}$ 室内浓度限值确定原则，提出了 $25\mu g/m^3$、$35\mu g/m^3$、$75\mu g/m^3$ 等不同等级的 $PM_{2.5}$ 室内设计浓度日均值。

（2）室内 $PM_{2.5}$ 污染控制的设计计算方法

首次以"$PM_{2.5}$ 负荷"为基础建立了室内 $PM_{2.5}$ 污染控制的设计计算方法，即建筑室内 $PM_{2.5}$ 负荷等于空气处理设备的 $PM_{2.5}$ 去除能力，并以"计重效率"规范设计计算，以此解决室内 $PM_{2.5}$ 污染控制缺少设计方法的问题。

（3）节能运行策略

室外 $PM_{2.5}$ 污染具有随机性等特点，当室外空气质量优良时，空气净化装置仍处于工作状态会增加风机能耗，进而增加了运行费用。因此，可根据 $PM_{2.5}$ 污染控制系统形式、室内外 $PM_{2.5}$ 污染的变化特征，设置旁通和空气过滤部件启闭的室内 $PM_{2.5}$ 污染控制系统节能运行策略，为工程的运营提供指导。

5.4 结 束 语

PM$_{2.5}$被广泛认为是影响空气质量的重要污染物，已经成为人们高度关注的热点。本《规程》填补了我国建筑室内 PM$_{2.5}$污染控制方法的空白，期间在北京、天津、上海等城市开展建筑室内 PM$_{2.5}$污染控制工程应用，增强了对周边地区的引领带动作用；对整体提升建筑室内 PM$_{2.5}$污染控制领域的技术创新能力、支撑行业进步和经济社会发展起到了重要作用。

另外，建筑室内外 PM$_{2.5}$污染治理是一项重要的民生工程，降低室内外 PM$_{2.5}$污染水平、提升建筑人居环境品质、提高人民群众健康水平和幸福指数，仍需要地方、国家和区域等层面多领域多行业的共同努力。

作者：王清勤 赵力 吴伟伟 范东叶 仇丽娉（中国建筑科学研究院有限公司）

6 《医院建筑绿色改造技术规程》T/CECS 609—2019

6 Association Standard of *Technical Specification for Green Retrofitting of Hospital Building* T/CECS 609—2019

6.1 编 制 背 景

6.1.1 标准编制的需求

随着我国医疗事业的不断发展，医院建设进入了一个新的发展时期，除了大量新建医院之外，大城市乃至中小城市的既有医院也正在进行不同程度的改造和扩建。许多医院经过改造和扩建之后，医疗服务环境得到逐步改善，其中不乏一些成功的范例，但同时也存在着较多问题。

（1）降低医疗成本、提高医疗资源利用效率的直接要求。

随着医疗技术的不断进步、诊疗设备的不断更新、附加服务的不断增加，医院建筑的高能耗和污染物排放问题日益凸显，并直接关系到医院的运营成本和环境安全。如何提高医院各类能源的效率，推进医院能源管理和节能改造工作，成为当前形势下医院迫切需要落实的任务。优化建筑功能布局流线以缩短就医流程、优化医院能源系统以降低建筑能耗、改善就医室内外环境以提高患者康复速度，一方面可以降低医疗成本、提高医疗资源利用效率，另一方面必将对国民医疗保障的民生问题做出贡献，更好地满足人们对医院环境和医疗服务增长的需求。

（2）医院建筑功能升级以及提升室内外环境质量的要求。

目前国内医院依旧是重治疗轻康复、重医疗技术和设备轻室外环境、重规范轻个性，建筑风格单一、色彩单调、空间狭促、环境嘈杂、绿地偏少，不能为病人提供有效的康复环境。而人们对就医环境的要求越来越高，人们渴望在医院环境中，交通组织有秩序，没有嘈杂的声音，没有卫生间消毒药水等不良异味，人们更渴望在医院室外空间中找到适合自己的园艺活动，寻求更多的跟大自然亲密接触的机会。为了满足这越来越多的人的需求，对医院建筑进行绿色改造，提升室内外环境质量,已成为目前医疗行业的重要发展方向。

(3) 医院建筑提高能源效率、实现节能减排的重要方式。

随着医疗技术的不断进步、诊疗设备的不断更新、附加服务的不断增加,医院建筑的高能耗和污染物排放问题日益凸显,并直接关系到医院的运营成本和环境安全。如何提高医院各类能源的效率,推进医院能源管理和节能改造工作,成为当前形势下医院迫切需要落实的任务。按照绿色医院和节能减排的要求,进行医院建筑绿色改造,能达到减低运营成本和保证无害化排放的目的,这无疑已成为医院建筑提高能效、降低能耗的重要方式之一。

6.1.2 国际医院建筑绿色改造现状和趋势

世界各国及国内各级政府普遍重视绿色医院的研究,由于医院建筑使用功能复杂,对卫生和舒适性要求高,能源消耗种类繁多,同时医院建筑运行时间长、运行管理复杂等因素,世界卫生组织和许多国家都根据各自国情和需求在绿色医院建筑方面制定了相关政策和评价体系,而既有医院建筑绿色改造则相对较少。由于世界各国和国内各地区经济发展水平、地理位置和环境资源等条件不同,对绿色医院建筑的研究与标准制定也存在差异。但医疗技术的发展带来的医疗基础设施的高要求、医院安全卫生的严控关、医院能源消耗种类和医用资源的多样性以及服务群体的特殊性等,都是所有医院建筑进行绿色改造需要关注的核心。

6.2 编 制 工 作

6.2.1 编制原则

建立在国家绿色建筑评价标准的基础之上,突出医院与一般公共建筑改造的不同点,在满足医院建筑功能的需求和特殊要求的同时,实现绿色建筑的基本目标和要求。即,在响应现有的国家相关规范和标准的同时,突出标准对医院特点的针对性和定性与定量相结合的可操作性,以便于指导医院建设单位和设计单位的应用。

主要编制原则有:①结合国情,同时借鉴国际成功经验;②重点突出医院的特殊性,强调可持续发展理念在医院建筑绿色改造中的应用;③注重系统性和可操作性。

6.2.2 编制过程

(1) 准备阶段

标准由中国建筑技术集团有限公司牵头,编制组成立暨第一次工作会议于

2016 年 9 月 1 日在北京召开。在标准编制准备过程中，广泛征求标准修订目标、应用等意见建议，初步确定参编单位。召开编制组成立会，启动编制工作，确定修订工作计划及编制大纲。

标准编制组开展了广泛的调查研究，内容包括以下几个方面：一是调研了解我国医院建筑的总体建设现状；二是分析我国医院建筑目前存在的问题，在梳理总结的基础上研究医院建筑进行绿色改造的需求；三是研究国外医院建筑相关技术标准及发展趋势，为标准的编制工作奠定基础。

（2）征求意见阶段

标准于 2017 年 7 月 18 日形成征求意见稿，通过定向发送、网站发布（中国工程建设标准化信息网）等形式广泛征求行业主管部门、国内知名专家及从业人员的意见，根据反馈意见，编制组多次集中讨论，对反馈意见或建议进行汇总、分析、归纳和处理，并对标准进行了修改完善，形成送审稿。

（3）专家审查阶段

2017 年 12 月 26 日由中国工程建设标准化协会绿色建筑与生态城区专业委员会组织在北京举行了《规程》审查会。编制组根据审查会议提出的意见和建议，对《规程》做了进一步的修改和完善，于 2018 年 3 月初完成《规程》报批稿。

中技集团狄彦强所长代表编制组对《规程》的编制情况进行了总体汇报。审查专家组认为《规程》针对医院建筑绿色改造的特点，技术内容科学合理、创新性、可操作性和适用性强，符合我国法规规定和强制性标准要求，与现行相关标准相协调，在我国医院建筑绿色改造方面填补了空白，总体达到国内领先水平。审查专家组一致同意标准通过审查。

6.3 技 术 内 容

6.3.1 主要技术内容

《规程》用于既有医院建筑改造。主要技术内容是：1. 总则；2. 术语；3. 基本规定；4. 诊断与策划；5. 规划与建筑；6. 结构与材料；7. 暖通空调；8. 给水排水与污水处理；9. 电气与智能化；10. 室内环境质量；11. 绿色施工；12. 绿色运行维护。

第 1 章为总则，由 4 条条文组成，对《规程》的编制目的、适用范围、建设原则等内容进行了规定。

第 2 章为术语，定义了与医院建筑绿色改造密切相关的 13 个术语，具体为：绿色改造、诊断、策划、弹性化设计、适度集中化、导向标识、净化空调系统、综合能效调适、医院污水、非传统水源、电磁干扰、细颗粒物、可维护性。

第3章是基本规定，由4条条文组成，分别对医院建筑绿色改造应遵循的原则，改造前应进行诊断与策划工作，改造时应保留过程资料，改造使用的技术和产品应符合国家规定，进行基本规定说明。

第4～12章，分别从诊断与策划、规划与建筑、结构与材料、暖通空调、给水排水与污水处理、电气与智能化、室内环境质量、绿色施工、绿色运行维护，对医院建筑在进行绿色建筑改造中涉及的项目相应的建设原则和技术进行了规定和说明。

6.3.2 特点及评价

《规程》在编制过程中紧密结合国情，全面对标国际医院建筑绿色评价和改造标准，符合工程建设标准编写规定的要求，送审资料齐全，符合我国法规和强制性标准要求。《规程》的制定指向性强，技术内容科学合理，可操作性和适用性强，其成果填补了我国在既有医院建筑绿色改造领域中的空白，达到国际先进水平，对促进我国既有公共建筑健康发展起到重要作用。

6.4 结 束 语

《医院建筑绿色改造技术规程》是医院建筑绿色改造工作依据的准则。该标准的编制、实施将改善既有医院建筑在功能布局、能源系统、室内外环境等方面存在的问题，对于从事医院建筑绿色改造的相关管理、咨询、设计等技术人员提供重要的参考，为推进我国医院建筑绿色改造工作发展具有重要意义。

《医院建筑绿色改造技术规程》结合我国医院发展特色、绿色建筑发展水平，对比国际上医院建筑绿色改造的丰富经验，基于大量现状调研、实际工程，归纳提出适合我国国情的医院建筑绿色改造技术规程。该规程便于指导医院建筑进行绿色改造实际操作，就国内实践而言填补了该领域的空白。在保证医疗环境品质的同时提升医院建筑综合能效，符合我国可持续发展的政策方针。编制工作汇集了行业优秀的产学研力量，无论其研究路径还是实践工程，形成了独有的推进既有建筑绿色改造工作进程的模式，更有效地服务政府、服务企业、服务社会，发挥行业协会力量的创新工程。

作者：赵伟 狄彦强（中国建筑技术集团有限公司）

7 《绿色村庄评价标准》
T/CECS 629—2019

7 Association Standard of
Evaluation Standard for Green Villages
T/CECS 629—2019

7.1 编 制 背 景

村庄是农民居住相对集中的地方,居民均是以农业生产为其主要工作,人们以土地资源为生产对象,村庄的建筑以农宅为主,拥有少量公共服务设施,因此村庄与城镇在用地布局、功能结构、空间环境、服务设施以及建筑等方面有显著差别。本项目任务的目的在于为我国绿色村庄建设提供技术支持与评价标准,保障村庄在设计、建造或改造、运行过程中均实现绿色、低碳、环保,促进村庄建设的可持续发展,从而改善我国农村的人居环境。

随着我国村镇建设的蓬勃发展,在很大程度上改善了农民的居住条件,提升了村镇的城市化水平。但在村庄规划、空间环境以及建筑性能等方面仍存在诸多问题,例如:村庄生产生活用地缺少统筹、布局分散、面积浪费;村庄生态环境日趋恶化,多数村庄生活垃圾处于无管理、任意丢弃堆放的状态,排水管网不健全,生活污水随意泼洒;绿化景观单一,综合物理环境较差,公路交通沿线的村庄噪声问题凸显;村庄建筑舒适度低、围护结构性能较差、住宅能耗较大等,这些问题已成为制约村庄建设发展的关键问题,急需根据我国农村地区的自然环境、经济技术条件、资源状况、居民生产生活方式以及人文风俗等综合因素,建立一套因地制宜、科学合理、符合农村实际情况的绿色村庄评价体系,并制订性能评价标准,以指导绿色村庄的建设。而目前我国针对绿色村庄建设的技术标准还很少,本标准的制定将对于改善农民群众的生产生活条件,提高农民生活品质,降低村庄建设所带来的能源需求和环境压力,推动村庄建设向健康、节能、生态、可持续的方向发展具有重要价值和意义。

7.2 编 制 工 作

7.2.1 任务来源

根据中国工程建设标准化协会文件"关于印发《2016 年第一批工程建设协会标准制订、修订计划》的通知"（建标协字〔2016〕038 号），《绿色村庄评价标准》列为协会标准制定项目。主编单位为哈尔滨工业大学，参编单位包括清华大学、同济大学、重庆大学、东南大学、浙江大学、华南理工大学、中国建筑技术集团有限公司、西北工业大学、深圳大学、内蒙古工业大学、华中科技大学、中国城市规划设计研究院等高校及企业单位。

7.2.2 编制过程

《绿色村庄评价标准》（以下简称《标准》）的编制工作按照标准编制程序进行，主要工作包括前期调研、标准讨论、征求意见、标准审查等。

（1）前期调研。标准编制组主要成员长期从事该领域的研究工作，完成了与本标准相关的一系列科研项目，包括国家自然科学基金、"十一五""十二五"国家科技支撑计划课题等，取得一系列相关成果。但我国幅员辽阔，村庄分布分散，且各地区差别较大，在原有工作基础上，选择我国不同气候条件及区位特点的典型村庄进行了补充调研和测试，为《标准》编制提供数据支撑。调研与测试内容包括：①村庄选址、规划布局模式、绿化景观配置、基础设施建设、运行管理等；②村庄院落的功能布局、设施配置、室外环境等；③村庄住宅的使用功能、围护结构热工性能、设备设施、室内物理环境、结构与材料等。获得了大量真实可靠的基础数据，对村庄规划设计、建筑设计及运营管理有了更深入的了解，为标准的编制提供了依据和数据支撑。

（2）标准讨论。编制过程中采用会议或通讯的形式召开了多次工作会议进行标准讨论。2016 年 9 月 22 日，在哈尔滨工业大学召开编制组成立暨第一次工作会议，讨论了《标准》工作大纲、任务分工和进度安排，明确了标准定位和适用范围，提出"标准编制应结合各地区村庄特点及绿色村庄建设实际需求"的指导思想。2017 年 3 月形成《标准》的条文初稿，并召开编制组工作会议，对标准框架进行了讨论和修改，对条文内容进行了逐条分析，提出了修改意见。2017 年 5 月，对修改后的标准条文进行再讨论，重点关注了标准各章节的技术内容，确定了合理的条文数量与分值，随后采用问卷调查和专家打分的方式确定了绿色村庄评价指标权重。2017 年 7~9 月，通过前期调研及编制组成员的反复沟通与研讨，在补充完善条文说明的基础上，对标准整体内容进行多次修改，完善了标准的重点技术内容，2017 年 9 月完成《绿色村庄评价标准》（征求意见稿）。

（3）征求意见。2017 年 9 月 25 日开始进行标准征求意见，编制组对遴选出的 50 位专家发出征求意见函，专家分别来自高等院校、建筑科学研究院、规划/建筑设计研究院、企事业单位等相关部门，专业涉及城乡规划、建筑设计、建筑技术、暖通空调、景观设计等各个领域。截至 2017 年 10 月 25 日，共收到 36 份专家意见，有效意见共计 105 条。针对标准的技术问题，2017 年 11 月～2018 年 3 月，各技术内容的编写负责人对征求意见的评审专家所提出的问题进行了修改与回复，给出采纳与否的理由。针对标准的框架问题，编制组召开工作会议对《标准》条文进行了重新梳理和讨论，最终确定标准的章节框架和内容，并采用调整后的标准内容对某绿色村庄案例进行了标准试评工作，保证了标准在实施过程中的可行性与合理性。2018 年 4～7 月，根据调整后的标准框架，对条文及条文说明进行了修改和补充完善，并讨论确定了最终内容，形成《绿色村庄评价标准》（送审稿）。

（4）标准审查。2018 年 12 月 18 日，中国工程建设标准化协会绿色建筑与生态城区专业委员会组织有关专家成立专家审查组，对《标准》（送审稿）进行了会议审查，审查专家组认真听取了编制组对《标准》编制背景、过程和内容的介绍，对《标准》内容进行逐条讨论，形成审查意见如下：《标准》符合工程建设标准编写规定的要求，送审资料齐全，符合我国法规规定和强制性标准要求，与现行相关标准相协调。《标准》在编制过程中，广泛调研，借鉴国内外相关标准和工程实践经验，针对我国村庄建设特点，构建了系统、适宜的评价体系，《标准》构架合理，技术内容科学，创新性、可操作性和适用性强。《标准》是我国绿色建筑及区域评价系列标准的补充，弥补了现有评价标准体系中尚未涉及的区域，填补了我国有关农村区域绿色评价的空白。《标准》的实施将对促进我国绿色村庄建设起到重要作用，总体上达到国际先进水平。审查专家组一致同意《标准》通过审查，建议尽快修改完善并报批。

7.3 技 术 内 容

7.3.1 主要技术内容

本标准共分 11 章，主要技术内容包括：1. 总则；2. 术语；3. 基本规定；4. 可持续规划；5. 基础设施；6. 健康舒适环境；7. 节能与能源利用；8. 资源节约与利用；9. 防灾与安全；10. 运营与管理；11. 提高与创新。

第一部分为第 1～3 章，分别是总则、术语和基本规定。其中：总则部分包括标准编制目的、适用范围、评价原则等，明确了《标准》适用范围为绿色村庄的评价，包括新建村庄和改造村庄；术语部分对绿色村庄、绿化覆盖率、户厕、可再生能源、秸秆、有机农业、观光农业 7 个专业名词作了明确定义；基本规定部分明确了绿色村庄的评价范围、评价方法及等级划分。依据村庄的建设和运行特点以及各项评价指标的难易程度和可操作性，利用层次分析法确定了绿色村庄评价指标的权重（表 2-7-1）。

绿色村庄评价指标权重　　　　　　　　　　表 2-7-1

项　　目		可持续规划 W_1	基础设施 W_2	健康舒适环境 W_3	节能与能源利用 W_4	资源节约与利用 W_5	防灾与安全 W_6	运营与管理 W_7
设计评价	新建村庄	0.16	0.18	0.22	0.16	0.13	0.15	—
	改造村庄	0.13	0.19	0.23	0.17	0.15	0.13	
运行评价	新建村庄	0.15	0.14	0.20	0.16	0.13	0.12	0.10
	改造村庄	0.13	0.15	0.21	0.17	0.13	0.11	0.10

考虑到我国幅员辽阔和农村发展的现实情况，如南方沿海一带的农村经济技术条件要远远高于东北地区，一些偏远地区的农村经济仍较为落后。绿色村庄的等级划分增加了基本级，即分为基本级、一星级、二星级、三星级 4 个等级，各等级的绿色村庄均应满足本标准所有控制项的要求。当总得分分别达到 40 分、50 分、60 分、80 分时，绿色村庄等级应分别评为绿色村庄、一星级绿色村庄、二星级绿色村庄、三星级绿色村庄。

第二部分为第 4～10 章，分别是绿色村庄评价的 7 类指标，包括可持续规划、基础设施、健康舒适环境、节能与能源利用、资源节约与利用、防灾与安全、运营与管理。每类指标分为控制项和评分项，控制项是对绿色村庄的基本要求；评分项是划分绿色村庄等级的重要依据，可根据实际情况选做，依据评价条文的具体规定确定得分值。各章指标的评分项内容如下：

第 4 章可持续规划，评分项包括土地利用和公共服务 2 个分项，设置了集约利用土地；公共服务、交通系统、停车场所等评价条款。

第 5 章为基础设施，评分项包括给水排水、供电与通信、道路交通 3 个分项，设置了给水系统建设、给水系统水质、排水系统建设、绿色雨水基础设施；公共配电变压器、公共通信设施、视频监控设备、建筑内有线电视及信息网络系统；道路硬化、无障碍设施等评价条款。

第 6 章健康舒适环境，评分项包括生态环境、物理环境、卫生环境 3 个分项，设置了村庄布局、村庄绿化；村庄声环境、村庄夜间照明、村庄风环境、室内物理环境；环卫设施设置、院落布局、畜禽养殖污染防治、户厕设置等评价条款。

第 7 章节能与能源利用，评分项包括建筑节能和可再生能源利用 2 个分项，设置了围护结构热工性能、暖通空调系统、电能计量装置；利用可再生能源的农户比例、太阳能或风能路灯等评价条款。

第 8 章资源节约与利用，评分项包括节水与水资源利用、节材与材料资源利用 2 个分项，设置了节水器具使用、非传统水源利用；建筑材料就地取材、土建装修一体化施工、装配化施工、废弃物减量化/资源化计划、3R 材料利用、农作物废弃物处理等评价条款。

第 9 章防灾与安全，设置了结构体系和构件布置、地基持力层和基础选型、结构体系及构件抗震、承重建筑材料强度、承重构件尺寸等评价条款。

第 10 章运营与管理，评分项包括管理制度和技术管理 2 个分项，设置了村庄运行管理机制、生态文明倡导、村民满意率调查；生活垃圾收集转运及无害化处理、无公害病虫防治技术应用、特色农业、生态农业技能培训服务等评价条款。

第三部分为第 11 章提高与创新，即加分项，目的是鼓励绿色村庄在节约资源、生态环境保护、保障安全健康等方面有所提高与创新。条文设置主要包括两类，一类是从性能提高的角度，对第 4～10 章中部分条文的评价标准再提高，包括围护结构热工性能、污水收集设施和污水处理系统建设、利用可再生能源的农户比例等；另一类是从创新的角度提出评价条款，包括有机农业、观光农业、养老服务设施等。此外，对于未列在绿色村庄评价指标范围内，但在保护自然资源和生态环境、节能、节材、节水、节地、减少环境污染与智能化系统建设等方面采取了创新技术措施，并证明该技术措施可有效提高环境友好性、资源与能源利用效率或具有较大社会效益时，也可参与评审。

7.3.2 特点及评价

我国是农业大国，农村在经济发展、技术水平等方面与国外及国内城镇均有较大差异，因此，本标准在对全国范围的村庄进行广泛调研的基础上，借鉴国内外标准的方法及内容框架，针对我国村庄的经济发展水平、技术条件、自然环境、资源状况、居民生产生活方式等方面的特点编制而成，具体特色如下：

（1）紧扣村庄建设特点，形成完善评价体系。紧密结合农村地区的自然环境、经济技术条件、资源能源状况、居民生产生活方式及人文风俗等综合因素，提出了一套以"可持续规划、绿色基础设施、健康舒适环境、节能与能源利用、资源节约与利用、防灾与安全、运营与管理"为基础，符合村庄实际情况的绿色村庄评价体系。

（2）全面考虑村庄特色，基于农民生产生活模式，设置特色评价条文。在结合村庄建设特点的基础上，充分考虑村庄资源特点、居民的生产生活习惯及民俗特色等，设置了相关特色评价条文，如农作物的废弃物处理、畜禽养殖污染处理、村庄院落布局、特色农业、有机农业、观光农业等。村庄与城区、镇区等区域相比，在气候、环境、资源、经济技术发展水平与民俗文化等方面都存在较大差异性，已有标准中各项指标的评价标准并不能完全用于村庄评价，本标准结合村庄的实际状况，并考虑到未来的发展需求，合理确定了符合村庄使用特点的评价标准。

（3）明确量化评价方法，提高标准可操作性。标准中对于量化比较困难的评价指标，根据指标的评价方法对设计方案进行描述，并通过相关文件进行审核，减少了主观判断对评价结果的影响。此外，采用达标户数比例、指标平均值等方法对评价指标的得分等级和达标情况进行量化衡量，实现对村庄所有建筑进行综合评价。

（4）与国内外标准衔接，保证标准与时俱进。标准在评价体系构建、评价指标设置、评价等级划分等方面吸取了国内外相关标准的评价方法，同时充分考虑我国村庄的建设及运行特点，针对我国村庄的经济发展水平、技术条件、自然环境、资源状况、居民生产生活方式等方面编制而成，具有很强的适应性和可操作性，又保证了具有较强的先进性。

7.4 结 束 语

《标准》针对村庄的自然环境、经济技术条件、资源状况、居民生产生活方式以及人文风俗等综合因素，提出一套因地制宜，符合农村实际情况的绿色村庄评价体系，并制订了性能评价标准。通过标准的试评工作及结果分析表明，评价指标的评价难度适中合理，符合正态分布基本规律，涵盖了部分基本得分项、具有一定难度和较高难度设计及技术措施才能达到的评价指标。通过本标准的实施，将有利于节能减排，改善我国农村的人居环境，提升广大农民的生活品质，促进我国农村建设的可持续发展。

此外，影响绿色村庄的因素复杂繁多，本标准提炼了其中最重要的影响因素作为评价指标，在今后的工作中应不断通过实践来检验标准的适用性、可行性和科学性，在实际操作中发现问题、解决问题、积累经验，从而为进一步修订和完善标准积累资料。

作者： 金虹[1] 邵腾[2]（1. 哈尔滨工业大学；2. 西北工业大学）

第 三 篇 | 科 研 篇

　　为落实创新驱动发展战略，引导住房和城乡建设领域科技创新方向，进一步提升行业创新能力，住房和城乡建设部开展2019年科学技术计划项目评审，针对住房和城乡建设发展的瓶颈问题和提升人居环境品质的科技需求，开展关键核心技术、前沿引领技术、现代工程技术攻关和产品研发，以期落实创新驱动发展战略，引导住房和城乡建设领域科技创新方向，进一步提升行业创新能力。

　　本篇从住房和城乡建设部2019年立项的412项科研项目中，遴选10项绿色建筑与建筑节能领域的代表性项目，包括：（1）绿色建筑技术与建筑节能技术科研开发类项目，共5项；（2）绿色技术创新科技示范工程类项目，共2项；（3）围绕住房和城乡建设领域绿色低碳发展、应对气候变化建设等国际科技合作类项目，共2项；（4）绿色城市关键技术研究与示范重大科技攻关与能力建设类项目，共1项。对各科研项目，分别从研究背景、研究目标、研究内容、预期成果等方面进行介绍。

　　通过介绍10项代表性科研项目，反映了2019年绿色建筑与建筑节能的新技术、新动向。旨在把绿色理念投放到国内所有能涉及的领域，拥有创新、绿色的新规划，以期通过多方面的探讨与交流，共同提高绿色建筑的新理念新技术，走可持续发展道路，共同完成绿色建筑发展与兴起的伟大目标。

Part 3 | Scientific Research

To implement the innovation-driven development strategy, guide the direction of scientific and technological innovation in the field of housing and urban-rural construction, further enhance the innovation ability of trade, the ministry of housing and urban-rural development launched the review of the science and technology plan project in 2019, in view of the construction of housing and urban and rural development bottleneck problems and improve the quality of living environment of science and technology needs, to carry out research and development on key core technologies, cutting-edge technologies, and modern engineering technologies, in order to implement the innovation driven development strategy, guide the direction of scientific and technological innovation in the field of housing and urban-rural construction, further improve industry innovation ability。

This paper selects 10 representative projects in green building and building energy conservation from 412 scientific research projects set up by the ministry of housing and urban-rural development in 2019. Including 1) Research and development projects of green building technology and building energy saving technology, a total of 5 projects. 2) Green technology innovation demonstrative project of science and technology projects, a total of 2 projects. 3) Around the field of housing and urban-rural construction to address green and low-carbon development, climate change and other international science and technology cooperation projects, a total of 2 projects. 4) Research and demonstration of key technologies for green cities major scientific and technological breakthroughs and capacity building project, a total of 1 project. The projects are introduced from the aspects of research background, research objective, research content and expected results.

By introducing 10 representative projects, reflects the new technologies and trends of green building and building energy efficiency in 2019. The goal is to put the green concept into all fields that can be involved in the country, to have the new plan of innovation and green, with a view to improve the new idea and new technology of green building, take the road of sustainable development, and jointly achieve the great goal of the development and rise of green building through various discussions and exchanges.

1 传统村落绿色宜居住宅设计 方法及关键技术研究

1 Research on the design method and key technology of green and livable residence in traditional villages

项目编号：2019-K-033

项目牵头单位：苏州大学

项目负责人：刘志宏

项目起止时间：2019 年 9 月 1 日～2022 年 9 月 30 日

1.1 研 究 背 景

地球气候变暖是目前地球环境所面临的严重问题之一。欧洲委员会共同研究中心和荷兰环境影响评价厅共同发表的报告中显示，2019 年全球 CO_2 排放量将急速增加。随着乡村经济的不断发展，在传统村落住宅改扩建、新住宅建设等的实施过程中，不但出现了大量的能源浪费，而且引发了不少环境污染问题，低能耗绿色建筑技术在乡村住宅建设中的应用将成为未来乡村高效集约化建设的主要发展方向。绿色宜居住宅的建设，就是对建筑方面绿色生态环保问题作出的正面反应。

为了传统村落更好地可持续发展，需要更科学的、体系化的应对策略。最好的途径之一是与绿色建筑技术相结合，通过绿色建筑技术来完善我国传统村落住宅低能耗技术体系。突破传统村落科技落后、技术人才匮乏和区域文化差异等难题，在延续传统文化血脉的基础上，完善村落绿色宜居住宅设计方法体系的架构。重点发展绿色科技与特色乡村技术，促进乡村振兴战略规划的实施。

1.2 研 究 目 标

1.2.1 学术理论目标

了解目前学术界对中国传统村落绿色宜居住宅设计方法及关键技术构建体系

研究相对滞后的现状，相关的理论指导和借鉴案例匮乏，为形成合理可行的绿色宜居住宅设计方法及关键技术理论打下基础。

1.2.2 应用实践目标

（1）发展传统村落绿色宜居的构建方法，实现对乡村住宅设计的优化。

（2）掌握基于绿色建筑评价体系的传统村落绿色宜居住宅的低能耗关键技术方法及其路径设计，对自然型住宅与生态型住宅进行试验验证，并进行相应的工程示范。

（3）提出如何对自然资源进行有效利用，以完善中国绿色建筑评价认证体系，提出适用于传统村落住宅设计的方法体系，探寻低能耗绿色技术的实现路径。

1.3 研 究 内 容

（1）本项目计划以中国传统村落名录中的传统村落为选型基础，从中选取典型村落住宅为试点，融合乡村自然的资源，探索乡村发展中传统资源与现代绿色技术的撮合服务路径。

（2）针对现有研究成果中存在的资源低效利用、地域局限和政策对接等不充分等情况，对乡村振兴背景下传统村落绿色宜居住宅发展现状进行梳理，并从村落的活化延续、绿色发展、资源互补、特色旅游开发与文化提升等方面加以研究。

（3）拟将村落的自然生态条件和绿色住宅低能耗技术相结合，构建"自然型、生态型、文化型、智慧型、科技型"五类绿色宜居住宅设计方法及关键技术，探索传统村落绿色宜居住宅设计理念方法的传承模式。

（4）总结乡村住宅低能耗技术的发展与应用现状，建立绿色宜居住宅设计方法及关键技术体系。

1.4 预 期 成 果

系统建立我国传统村落绿色宜居住宅设计方法及关键技术体系，显著提升传统村落与绿色宜居住宅设计方法及营建关键技术水平，有效拓展中国绿色建筑评价认证标准的内涵式发展。本项目以科技创新为依托，以绿色技术为先导，以实践应用为核心，研究成果助力乡村生态化建设和绿色设计技术创新进步，具有重大的实用价值和经济社会效益。

2 地热能源站动态特性及运行优化研究

2 Research on dynamic characteristics and operation optimization of geothermal energy station

项目编号：2019-K-034
项目牵头单位：天津大学
项目负责人：吕石磊
项目起止时间：2019 年 6 月 1 日～2020 年 6 月 30 日

2.1 研究背景

天津健康产业园体育基地位于天津市静海区团泊新城西区，总建筑面积达 51.3 万 m²。该体育基地处于地热资源强度较高区域，总储量达 80 亿 m²，水温高达 60℃。因此，通过建设地热能源站，可有效减少燃煤供热带来的资源消耗与环境污染。然而，该地热能源站在实际运行中，尚未实现经济和节能效益最大化，存在着较大的运行优化空间。主要原因如下：①能源站实际运行工况与设计工况不同，所设定的能源站系统运行参数在不同工况下存在多组的最佳工况点。②当外界条件变化或系统性能变化时，缺乏动态调节模型，无法保证能源站高效节能运行。

针对上述问题，项目通过对团泊新城西区实际项目地热能源站的设计参数及运行工况进行实地调查，进而诊断能源站系统的运行问题。通过建立地源热泵系统协同仿真平台，研究能源站动态特性；基于能源站运行调节方法及动态特性，建立地热能源站运行调节模型，并确定最佳运行策略。本项目通过对实际项目的诊断优化，可实现项目经济和节能效益最大化。并且，项目研究将完善地热能源站的运行调节理论，形成地热能源站运行调节新技术体系，进而为同类项目的运行优化提供技术工具和理论支撑。

2.2 研 究 目 标

（1）通过对团泊新城地热能源站项目的实测调研，评估能源站运行实效，并诊断其运行调节中所存在的问题。

（2）建立基于 TRNSYS/MATLAB 的地热能源站动态仿真平台，探究能源站内部各设备的运行机制。

（3）基于地热能源站动态仿真平台，结合系统运行优化方法，建立地热能源站自动调节模型，进而确定能源站最佳运行策略。

2.3 研 究 内 容

（1）地热能源站运行实效及诊断研究：①地热能源站运行实效调研；②地热能源站运行诊断研究。

（2）地热能源站动态特性研究：①地热能源站动态模型研究；②地热能源站动态特性研究。

（3）地热能源站运行优化研究：①地热能源站调节方法的研究；②地热能源站运行优化策略研究；③地热能源站适宜性研究。

2.4 预 期 成 果

项目通过对团泊新城西区地热能源站项目的运行诊断，结合能源站动态仿真模型，探究能源站动态运行特性，为后续运行优化奠定基础。通过建立地热能源站动态调节数学模型，确定能源站最佳运行策略，进而实现该类地热系统高效节能运行。基于综合评价体系，从成本效益、能源禀赋、环境影响三方面对地热能源站在不同气候区典型代表城市的运行效果进行评价，进而对其在不同地区的应用适宜性进行评估。

3 西北地区绿色改造办公建筑综合运维平台建设与应用研究

3 Research on the construction and application of the comprehensive operation and maintenance platform of green transformation office building in Northwest China

项目编号：2019-K-035

项目牵头单位：甘肃省建筑科学研究院

项目负责人：张永志

项目起止时间：2019 年 6 月 1 日～2021 年 6 月 30 日

3.1 研 究 背 景

与新建建筑相比，我国既有建筑量大、面广，特别是西北地区，受当时技术水平与经济条件的限制，绝大多数既有建筑存在能耗强度大、环境负荷高等问题，室内环境和建筑功能有待进一步改善提升。虽然近年来新增建筑的整体功能有所提升，但随着时间的推移，建筑结构和部件的老化也会导致建筑功能衰退、安全性能下降，逐渐不能满足人们对房屋使用的要求。发展绿色建筑、对既有建筑进行绿色改造，是解决既有建筑所存在问题的有效途径。

3.2 研 究 目 标

结合西北地区高严寒、高地震烈度、高湿陷性场地及经济欠发达的特点，在既有办公建筑绿色改造中综合考虑测点布设、平台搭建与施工的协调配合，保证绿色改造质量与建筑安全，建设经济、高效，运维管理方便快捷的综合运维平台。

将 BIM 信息化技术应用于办公建筑的运营管理中，将办公大楼的内部格局划分，空间设备布局，设备日常运维信息的监测、提取、简单分析及工程量提取等多层面信息数据通过三维可视化手段进行全方位展示。将结构健康、能耗、室内环境、太阳能光伏发电、新风除尘净化等系统通过实时监测提取监测数据，构建办公建筑的全息三维可视化运维平台，实现同一平台管理、整体运行状态以及全息三维可视化的动态实时展示及运维管控，彰显办公建筑的信息化水平。

3.3 研 究 内 容

本项目以甘肃省建筑科学研究院办公楼"建研大厦"绿色信息化改造工程为依托，结合西北地区的地域特点，对绿色改造的办公建筑中应用的结构健康、能耗、室内环境、太阳能光伏发电、新风除尘净化等系统进行实时的监测并提取数据，将以上数据集成到 BIM 模型中，实时掌握建筑运行情况，为建筑结构的受力状态、损伤程度、寿命预测等提供有力依据，为评估办公建筑的能耗状态、室内环境情况提供数据支持，从而对绿色办公建筑的维修养护、加固改造提供指导，对耗能设备、新风除尘净化系统进行智能控制，达到降低办公建筑能耗、改善办公环境、保证建筑结构安全的目的，对西北地区既有办公建筑绿色信息化改造具有重要的借鉴和指导意义。具体内容如下：

（1）既有办公建筑绿色智慧改造与运维综合平台搭建的协同研究；

（2）西北地区绿色办公建筑监测项目需求分析；

（3）集成结构健康监测、能耗监测、室内环境监测、太阳能光伏发电、新风除尘净化等系统的综合运维平台搭建；

（4）对西北地区绿色改造办公建筑监测数据的综合对比分析。

3.4 预 期 成 果

（1）建立绿色改造办公建筑的结构健康、能耗、室内环境、太阳能光伏发电、新风除尘净化监测子系统。

（2）将结构健康监测系统、能耗监测系统、室内环境监测系统、太阳能光伏发电监测系统、新风除尘净化系统的数据进行集成，搭建综合运维平台，实现监测数据的统一调用、分析与管理，及时对建筑物设备进行调整。

（3）根据检测数据进行统计分析，制定绿色办公建筑的运行方案，保证建筑的安全、节能与环境健康。

（4）以 BIM 模型为载体对检测数据进行可视化处理，实现动态监测与管理。

（5）构建绿色办公建筑运行状态监测集成平台。

4 基于电力大数据的公共建筑能耗监测数据校核与节能潜力分析方法研究

4 Research on the method of checking energy monitoring data and analyzing the potential of energy conservation of public buildings based on big data of electric power

项目编号：2019-K-047

项目牵头单位：中国建筑节能协会

项目负责人：蔡伟光

项目起止时间：2019 年 6 月 1 日～2020 年 7 月 31 日

4.1 研 究 背 景

公共建筑是我国建筑节能工作的重点领域。公共建筑面积占全国建筑总面积的 18%，而能耗却占到了全国建筑总能耗的 38%，公共建筑单位面积能耗强度和单位面积电耗强度高于其他各类建筑。2005 年 4 月，国家颁布了首部指导公共建筑节能设计、运行和管理的国家标准《公共建筑节能设计标准》GB 50189—2005。"十二五"期间，2015 年 5 月，新版《公共建筑节能设计标准》GB 50189—2015 颁布，新建建筑能效提升 30%、相对节能率达 65% 的技术标准已全部实施，公共建筑节能工作取得了一定的进展。但随着中国经济结构转型，第三产业占 GDP 比重持续提升，公共建筑节能工作依然面临巨大挑战。

公共建筑节能工作的开展需要监测数据的支撑，我国的公共建筑能耗监测工作已经开展多年，但针对公共建筑能耗监测数据所存在的问题，并没有有效的方法学对其进行校核和修复，导致检测数据未能充分发挥作用。本项目基于电力公司逐日、高频的用户用电数据，对公共建筑的用电特征进行分析，建立多维因素评价模型，对大型公共建筑能耗监测平台的数据质量进行评价，对相关数据进行校核和修复，并探究基于逐日用电数据的公共建筑节能潜力分析方法。

4.2　研　究　目　标

本项目计划通过回归分析、大数据分析的方法，结合 Lean 模型，通过对成都电力公司公共建筑用电数据进行分析，比较能耗监测平台能耗数据，进行以下研究：

(1) 分析总结公共建筑用电特征。

(2) 对大型公建能耗监测平台数据质量进行校核。

(3) 开发基于逐日用电数据的公共建筑节能潜力分析方法。

4.3　研　究　内　容

4.3.1　公共建筑用电多维影响因素建模

从气候区、经营活动、建筑特征等多维度识别公共建筑能耗的影响因素，判定影响因素的权重，基于回归分析、人工神经网络等方法构建公共建筑能耗模型。

4.3.2　公共建筑能耗监测平台数据质量评估

将重庆市电力公司获取的逐日数据与重庆市公共建筑能耗监管平台 261 栋公共建筑能耗数据对比分析，从总量平衡、采暖空调能耗、同类型建筑三个层次对能耗监管平台的数据质量进行校核。通过对比分析，综合评估能耗监管平台的数据质量并划分为数据缺失、错误、缺陷、正常四个层级。

4.3.3　基于逐日用电数据的公共建筑节能潜力分析

基于重庆市电力公司的逐日数据，构建重庆地区公共建筑能耗模型，将采暖和空调用电拆分，同时以大量的公共建筑逐日数据为基础，构建正态分布模型，将个体建筑与同类型、同气候区建筑进行比较分析，判定个体建筑能耗的水平，进而探寻该建筑的节能潜力。

4.4　预　期　成　果

从政府层面来讲，对公共建筑用电特征的分析总结，将对政府相关电力决策提供事实数据支撑。同时，能耗监测平台数据校核方法的研究与完善，有助于全国能耗监测平台数据校核的推广。从市场的层面来讲，公共建筑用能分析、能耗监测平台数据校核以及公共建筑节能潜力分析，都将对节能改造工作的推动起到积极的作用，对未来探索发展能源合同管理等路径起到促进作用。通过项目的研究及成果的推广应用，对于政府的工作以及公共建筑节能改造工作都将起到积极的推动作用。

5 住房和城乡建设领域应对气候变化中长期规划前期研究

5 Preliminary study on the medium and long-term plan for addressing climate change in housing and urban-rural development

项目编号：2019-H-001

项目牵头单位：住房和城乡建设部科技与产业化发展中心

项目负责人：田永英

项目起止时间：2019年6月1日～2020年7月31日

5.1 研 究 背 景

应对气候变化是全世界面临的共同挑战。气候变化已严重影响中国自然生态系统和经济社会发展，对国家粮食安全、水资源安全、生态安全、环境安全、能源安全、重大工程安全、经济安全和人民生命财产安全均构成严重威胁，对国家安全提出严峻挑战。

为落实中共中央国务院《关于加快推进生态文明建设的意见》、中共中央国务院《国家应对气候变化国家方案》等要求以及国家实现自主贡献相关战略部署，切实提高应对气候变化能力，展开本次研究。

5.2 研 究 目 标

2019年7月召开项目启动会，确定项目研究技术路线。

2019年8～10月，调研相关试点城市，搜集有关资料，确定我国住房和城乡建设领域应对气候变化发展现状，提出重点问题，研判发展趋势。

2019年11月～2020年3月，对住房和城乡建设领域应对气候变化中长期发展的主要任务、政策措施等进行研究，围绕建筑、水系统、能源系统、绿地系统等重点专项，完成《住房和城乡建设领域应对气候变化中长期规划（2021—2035)》初稿，期间召开2次专家咨询会。

2020 年 4～7 月，完成《住房和城乡建设领域应对气候变化中长期规划（2021—2035）》修改稿，期间召开 2 次专家咨询会。

2020 年 8～12 月，完成《住房和城乡建设领域应对气候变化中长期规划（2021—2035）》建议稿，召开专家评审会，并组织召开成果扩散国际交流会。

5.3　研　究　内　容

（1）结合国际社会应对气候变化当前形势与我国实现国家自主贡献工作需求，总结国内外应对气候变化工作进展，分析存在问题，梳理国内外应对气候变化相关发展动态，对发展趋势进行研判。

（2）梳理国际应对气候变化政策要求，梳理党中央、国务院关于应对气候变化、城乡绿色发展等要求，对住房和城乡建设领域应对气候变化中长期发展的主要任务、政策措施等进行研究。

（3）针对住房和城乡建设领域应对气候变化中长期发展需求，围绕建筑、水系统、能源系统、绿地系统等重点专项进行研究。

5.4　预　期　成　果

形成《住房和城乡建设领域应对气候变化中长期规划（2021—2035）》建议稿，包括总结住房和城乡建设领域应对气候变化主要发展成就和存在的突出问题；住房和城乡建设领域应对气候变化中长期发展指导思想和基本原则；住房和城乡建设领域应对气候变化中长期发展目标；住房和城乡建设领域应对气候变化重点工作任务，包括建筑、水系统、能源系统、绿地系统等基础设施减缓和适应气候变化等内容，并论述拟采取的重要政策举措。

6 中国产能建筑适宜性与可行性研究

6 Study on suitability and feasibility of production capacity construction in China

项目编号：2019-H-004
项目牵头单位：住房和城乡建设部科技与产业化发展中心
项目负责人：彭梦月
项目起止时间：2019 年 8 月 1 日～2020 年 6 月 30 日

6.1 研 究 背 景

产能建筑在国际上已由试验性研究向工程实践逐步转变并推广，随着建筑理论不断成熟，建筑技术水平不断提高，特别是数字化信息化技术的急速发展，产能建筑必将成为未来建筑的发展趋势。而目前欧美发达国家在产能建筑领域已走在世界的前列。

从我国实际发展情况看，随着工业化城镇化进程的加快，人民生活水平的不断提高，资源约束日渐趋紧，环境污染日益严重，生态系统不断退化，经济社会的发展与人口资源环境之间日益突出的矛盾已成为经济社会可持续发展的重大瓶颈。因此，节能减排、绿色发展、循环发展及低碳发展是解决可持续发展矛盾的关键，是建设我国生态文明的必要途径。提高建筑能效、发展绿色建筑、推动既有建筑节能改造、推广绿色建材和推广应用新能源技术是民用建筑行业实现绿色发展的优先举措。

6.2 研 究 目 标

6.2.1 研究实现产能建筑的关键技术

调研国内现有近零能耗建筑与产能建筑的工程案例及其应用技术，在对国内外近零能耗建筑与产能建筑关键技术及实施效果进行梳理的基础上，提出实现中国产能建筑的关键技术，包括以下几方面：

（1）低成本的建筑节能与绿色建筑设计理念，包括利用自然资源条件，优化建筑朝向，通过自然采光及自然通风等方法达到较好的建筑能效和建筑舒适性提升的效果；

（2）高效的非透明围护结构和外保温系统；

（3）高舒适性的外门窗系统；

（4）良好的围护结构、无热桥措施及建筑气密性技术；

（5）高效的热回收新风系统；

（6）可再生能源系统，包括但不限于高效太阳能光伏建筑组件、可靠储电系统、直流输配电技术、高效蓄热（冷）系统、高效热泵系统等；

（7）建筑能源监测与控制技术。

6.2.2　研究产能建筑产业支撑的可行性

调研收集国内高性能围护结构、建筑物光电系统、光热系统、蓄电系统、蓄热（冷）系统的产业发展现状，提出产能建筑产业支撑的可行性及未来发展方向。

6.3　研　究　内　容

（1）中国产能建筑的定义研究。对比研究德国环境部、德国被动房研究所（PHI）、瑞士 Minergie（微能耗标准）及美国的零能耗建筑中对产能建筑的相关定义，确定适合中国国情的产能建筑的概念及指标体系。

（2）中国产能建筑适宜的建筑类型、气候区及控制指标研究。

（3）中国产能建筑技术可行性研究。

（4）中国产能建筑实施路线图建议。

6.4　预　期　成　果

（1）提出产能建筑定义及控制性指标。

（2）提出产能建筑优先发展气候区、建筑类型及技术路线相关建议。

（3）分析产能建筑关键技术及产业支撑现状及潜力。

（4）形成《中国产能建筑适宜性与可行性研究》报告。

7 白村低能耗农房设计及示范

7 Design and demonstration of low energy consumption agricultural housing in Baicun

项目编号：2019-S-028
项目牵头单位：中国建筑西北设计研究院有限公司
公司项目负责人：赵民
项目起止时间：2019 年 7 月 1 日～2021 年 6 月 30 日

7.1 研 究 背 景

白村新型社区是省市县确定的城乡发展一体化试点示范社区，是陕西省新一轮新农村改革试验点。2016 年省委、省政府一号文件将白村新型社区建设形式确定为关中地区新型农村社区建设的"推广模式"。白村新型社区也是省国土资源厅土地增减挂钩试点项目。社区建设以节约土地、改善农民住房和公共服务为核心，既解决了土地集约利用问题，又解决了美丽乡村建设、公共服务等问题。通过科学的全域发展规划，促进"农民向新型社区聚集、产业向现代园区聚集、土地向规模经营聚集"，真正实现农民就地城镇化。以低能耗及能源清洁利用为出发点，选择白村低能耗农房项目进行示范，项目规划用地约为 30 亩，建筑面积为 13168 m²，容积率为 0.52，功能属性为住宅和展示中心，总户数 50 户，本次选择其中 5 户进行示范。

7.2 研 究 目 标

(1) 提出白村低能耗农房建筑规划及户型设计方案。
(2) 提出白村低能耗农房被动式节能技术方案。
(3) 提出白村低能耗农房能源利用技术方案。
(4) 建设白村低能耗示范农房。
(5) 完成示范农房性能监测和居民调研。

7.3 研　究　内　容

立足白村实际，坚持以人为本，通过实地调研和问卷调查，坚持"尊重当地群众意愿和生态本土特色"的设计原则，提出白村低能耗农房建筑规划及户型设计方案。根据白村低能耗农房建筑规划及户型设计方案、被动式节能技术方案和能源利用技术方案，并结合"被动优先，主动优化，尽可能使用可再生能源"的设计理念，确定低能耗农房整体实施方案，建设白村低能耗示范农房，并完成对示范农房的性能测试和居民满意度调研，持续优化和改进。重点在西北寒冷、经济欠发达农村地区推广应用农房节能技术，提升当地农村建筑节能水平，提高农村人居环境生活质量，起到积极的示范效应。

7.4 预　期　成　果

（1）改善农房薄弱环节及挖掘节能技术措施应用潜力

白村一期新型社区的总体建筑性能高于传统村落，但仍存在较多薄弱环节，通过实地调研和现场测试，确定围护结构热工性能和室内外热湿环境变化规律，挖掘乡土绿色节能和现代建筑节能技术措施应用潜力，优化和改进节能技术落地具体方案，形成新产品、新技术。

（2）探索适宜白村农房室内设计温度和能耗指标

农村群众生活习惯和农房建筑特点，决定了农房室内设计温度和能耗指标与城市居住建筑存在较大差异。立足农村实际，通过问卷调研、热舒适度计算以及能耗模拟计算，建立适宜的设计温度和能耗指标，指导农村建筑节能设计。

（3）农村清洁供暖及优化建筑能源综合利用模式

白村属于寒冷区，冬季供暖是能源消耗的主要方式，存在既有建筑围护结构热工性能差、供暖能耗高、农房供暖措施不充分、热舒适性低等问题。白村低能耗农房通过被动设计提高了建筑性能，再通过综合利用多种可再生能源进一步降低传统能源消耗，并选择适宜白村的清洁供暖方案，优化建筑能源综合利用模式，形成农房整体能源利用技术方案。

8 暖通空调系统能耗模拟及方案优化设计软件研究

8 Research on designing software of energy consumption simulation and scheme optimization for heating ventilating and air condition system

项目编号：2019-K-041

项目牵头单位：深圳华森建筑与工程设计顾问有限公司

项目负责人：李百公

项目起止时间：2019 年 6 月 1 日～2020 年 6 月 30 日

8.1 研 究 背 景

暖通空调系统能耗在建筑能耗，特别是公共建筑能耗中占比较高。据有关统计，商业、宾馆酒店、政府办公楼及写字楼等公共建筑中空调系统能耗占比为 30％～50％。有效降低空调能耗，是新时代高质量绿色建筑发展的必然要求。能耗模拟技术是优化建筑方案设计、节能分析、标准制定、技术经济的重要手段，是理解和解释实际能耗数据的重要方法。

8.2 研 究 目 标

编制暖通空调系统能耗模拟及方案优化设计软件，将模拟技术和实际工程运行工况的经验相结合，在暖通空调系统设计阶段，特别是方案阶段，进行系统的预评价，即利用能耗模拟技术作为技术支撑，进行多方案比较分析及方案优化，具体做法为：

（1）针对空调系统的各种方案，通过全年动态负荷计算、能耗计算，以降低能耗、节约运行费用为主要目标，提出系统优化方案（设备选型、系统流程及控制策略等），进行能耗计算时充分考虑实际运行工况的影响，避免理论计算和实际工况脱节。

（2）根据《绿色建筑评价标准》GB/T 50378—2019 预评价的要求，按照《民用建筑绿色性能计算标准》JGJ/T 449—2018 计算方法，对设计系统和参照系统的能耗进行对比分析，为绿色建筑预评价提供技术、数据支撑。

（3）本研究针对绿色建筑技术和建筑节能技术，也是现代信息技术行业应用，现阶段采用 EnergyPlus 软件（以下简称 EP）作为能耗模拟计算的内核，待国家"十三五"课题"建筑全性能仿真平台内核开发"结题可应用后，本软件将实现双平台内核（EP、中国建筑全性能仿真平台内核）。

8.3　研　究　内　容

（1）研究为了动态计算负荷及能耗，如何高效建模，研究分析建模的主要策略及方法，对模型的简化处理原则，如何有效利用建筑 BIM 模型等。

（2）拟从冷热源、冷热水输配系统、风处理和输配系统三大部分进行梳理，将较为繁杂的暖通空调系统形式进行模块组合，以适应实际系统的多样性。

（3）为满足实际工况要求，对空调系统的流程进行分类梳理。

（4）研究梳理各类空调系统的不同控制逻辑，作为能耗模拟的依据，同时研究如何利用能耗数据优化控制逻辑。

（5）给暖通空调建设方（主要设计师）提供一款方便、高效、实用的助手型软件，能够方便建模、计算全年动态负荷、根据系统设置计算全年动态能耗。

（6）研究调整内部热源设置条件时，能耗变化及对系统选型、设备选型的影响，并给出优化建议。

（7）研究如何实现冷热源、风机及水泵的选型功能，要求简便、实用，同时应方便输入冷热源、风机及水泵的部分负荷运行效率曲线。

（8）研究真正实现多方案选型、方案优化设计的方法、策略及实现措施。

（9）研究实现绿色建筑预评价（暖通空调能耗对比分析）的具体方法。

（10）界面友好、优化。

8.4　预　期　成　果

暖通空调系统能耗模拟及方案优化设计软件 DA V1.0（Design Assistant V1.0）。本软件主要应用于：

（1）项目前期（可行性研究、方案设计等）为工程建设业主提供技术支持，避免在技术方向、技术路线方面出现较大偏差。

（2）进行暖通空调系统多方案对比分析，提高暖通空调设计水平。

（3）为系统调试、运维提供技术支持，判断系统运行水平，及时有效地反映调试、运维中的问题，提高调试、运维水平。

（4）为绿色建筑预评价提供技术、数据支撑，即协助绿色建筑设计、顾问完成空调系统能耗的预评价（对设计系统和参照系统的能耗进行对比分析），并根据能耗水平优化系统选型及设计。

（5）上述应用方均为潜在客户，可为软件的商业化及经济性方面提供帮助。

9 创新性污泥、粪污、餐厨垃圾、生活垃圾等废弃物多功能处理器科技示范项目

9 Innovative multi-functional processor technology demonstration project for sludge，sewage，kitchen waste，household waste and other wastes

项目编号：2019-S-138

项目牵头单位：北京二七机车工业有限责任公司

项目负责人：吕福太

项目起止时间：2019 年 4 月 1 日～2020 年 4 月 30 日

9.1 研 究 背 景

安徽省五河县污水处理厂污泥处理示范工程是我公司投资安装、测试并运行的创新性污泥等多种废弃物处理项目。该项目总投资额 3000 万人民币，占地小于 900m²，可处理五河县污水处理厂和相邻市县的市政污泥，干污泥处理规模为 50～100 吨/日。在完成连续 1000h 污泥测试后，拟开展人畜粪便等垃圾处理的测试工作。

该项目已于 2018 年通过了五河县发改委可研和立项备案，并通过了南京环评所的立项环评工作。南京环评所持续跟进，负责我公司排放数据的监测和排放效果的评估工作。

9.2 研 究 目 标

（1）工程项目总造价（不含税）控制在 3000 万元以内，比国内现有技术路线的其他处理方式造价降低一半。

（2）项目实现全自动化，降低人工使用量，每班工作人员控制在 2～3 人。项目运营成本费用（不含税）大幅降低，比现有技术路线的其他处理方式降低运营成本效果明显。

（3）设备高度集成和模块化，占地面积小于 900m²，占地指标控制在现有技

术路线的其他处理方式的 1/4~1/3。

（4）可处理含水率在 80% 以内的污泥。

（5）如在处理干基热值 12000kJ/kG 以上的干污泥时，实现全系统能源利用的自平衡，并有多余电力上网，还可以生产出符合国家标准的饮用水。

（6）烟气污染物、飞灰等排放符合《生活垃圾焚烧污染物控制标准》GB 18485—2014 的要求。

（7）固型剩余物大幅减少，处理市政污泥控制在 20% 以内，处理人类粪便控制在 10% 以内。

9.3 研 究 内 容

（1）建立一套满足 10 万~30 万人口的城市市政污水处理厂污泥处理或人类粪污处理要求的高度集成化的成套设备。

（2）具有处理市政污泥、人畜粪便、餐厨垃圾、生活垃圾、危废垃圾等多功能应用能力。

（3）在处理干基热值大于 12000kJ/kG 以上干污泥的前提下，不需要添加任何辅助燃料，就能够维持本万能处理器自身的运行，并生产出清洁饮用水、足够的电力或高压蒸汽。

（4）污泥经过处理后，彻底无害化，并尽量减量化；尾气排放符合美国华盛顿州（硅谷地区）和中国的排放要求。

（5）大幅降低综合造价和运行费用，保障使用者通过设施运营可以获得合理的商业利益和回报，推动中国环保事业发展和全球卫生健康水平。

9.4 预 期 成 果

（1）建立一套万能处理器设备，并累计运行 1000 小时以上。指标包括：
① 处理干污泥规模大于 50 吨/日；
② 净发电量 100kWh 以上；
③ 最大产水能力＞40 吨/日；
④ 或产热量 50~70GJ/日（不发电状态）；
⑤ 占地面积＜1000m²；
⑥ 焚烧产生的尾气符合国家排放标准；
⑦ 产生的水需达到相应排放标准。

（2）提交一套连续、完整的尾气排放测试数据清单。

（3）研究污泥含水率与本处理器能源利用的数学模型，进一步提高能源利用效率。

10 绿色城市建设与智慧运行
关键技术研究及示范

10 Research and demonstration on key technologies of green city construction and smart operation

项目编号：2019-Z-004
项目牵头单位：上海市建筑科学研究院
项目负责人：蒋利学
项目起止时间：2019 年 10 月 1 日～2021 年 10 月 31 日

10.1 研 究 背 景

随着全国绿色生态城区的建设需求量增长以及智慧城市的快速发展，对新方法、新技术、新工具的需求越来越迫切，本项目在研究形成的城区能源高效利用规划技术、城市既有居住区综合性能提升与绿色更新改造关键技术、城市既有历史街区传统风貌保护与可持续发展关键技术、城市既有工业区转型发展与提升改造关键技术、绿色低碳城区建筑垃圾分级利用及信息化管理技术、智慧城市多源信息融合技术、城市基础设施运维智能检测监测与安全评定技术的基础上，通过示范工程建设，有效带动研究成果推广应用；支撑我国绿色城市建设的可持续发展，并为本领域的相关规划设计院、建设施工单位及运营管理公司等提供技术支撑。成果应用的产业化前景广阔，经济效益、社会效益和环境效益显著。

10.2 研 究 目 标

围绕我国当前绿色城市规划建设、城市绿色更新和城市智慧运行管理中的重大需求，通过对绿色生态城区能源高效利用规划方法、绿色市政建设评价技术体系、建筑与小区海绵城市建设关键技术、城市典型功能区绿色更新关键技术、绿色低碳城区建筑垃圾分级利用及信息化管理技术、面向安全节能的智慧园区多维数据云平台与新型机电控制系统、城市基础设施智慧运维关键技术与管理平台构建等方面的研究，构建涵盖"规划方法—关键技术—信息系统—智慧平台"的绿色城市建设及智慧运行关键技术路线，取得一批包括创新技术、专利软著、标准指南、信息系统和智慧平台的创新成果，开展相关重大示范工程，完成"绿色城市建设与智慧运行技术创新中心"的创建，为我国绿色城市建设及智慧运行提供技术支撑，促进我国城市建设的可持续发展。

10.3 研 究 内 容

（1）绿色生态城区能源高效利用规划技术研究

开展可再生能源利用适宜规划、适宜边界、城区建筑能源需求基准线制定方法的研究。

（2）绿色市政建设评价技术体系研究

分别开展绿色城市轨道交通、隧道及生态道路的评价技术体系的研究。

（3）建筑与小区海绵城市建设关键技术研究

开展海绵城市建设潜力分析评价方法、建筑与小区海绵城市建设监测指标及监测方法的研究。

（4）城市典型功能区绿色更新关键技术研究

开展老旧住区综合性能提升与绿色更新改造技术、历史建筑风貌保护与可持续发展技术、既有工业区转型发展后评估技术的研究。

（5）绿色低碳城区建筑垃圾分级利用及信息化管理技术研究

开展建筑垃圾信息化管理与减量化技术、资源化分级预处理技术、基于建筑垃圾的再生材料开发的研究。

（6）智慧园区多维数据云平台与新型机电控制系统研究

开展建筑群智慧安全多维数据共享云平台架构技术、新型楼宇机电自控系统、超大规模多维数据整合平台构建技术的研究。

（7）城市基础设施智慧运维关键技术与管理平台

开展城市基础设施安全监测新方法、突发事故下交通基础设施快速评估与应急响应技术、基于BIM的地下管线和道路模型的研究。

10.4 预 期 成 果

（1）形成一批关键技术，包括城区能源高效利用规划技术、城市既有居住区综合性能提升与绿色更新改造关键技术、城市既有历史街区传统风貌保护与可持续发展关键技术、城市既有工业区转型发展与提升改造关键技术、低碳智慧城区建筑垃圾分级利用及信息化管理技术、智慧城市多源信息融合技术、城市基础设施运维智能检测监测与安全评定关键技术等。

（2）研编一批标准、指南（征求意见稿），涵盖城市市政、老旧住区、历史建筑、建筑垃圾、智慧运维等领域。

（3）申请或获得一批自主知识产权，涉及城市更新、历史建筑保护、建筑垃圾资源化利用、机电设备智慧运维管理等的专利、软件著作权、专著、论文等。

（4）建设城区智慧运行平台，包括绿色生态园区建设管控平台、园区设备设施智慧运行管控平台、海绵城市智慧监测平台等。

（5）建立绿色城市建设和智慧运行相关数据库，涉及建筑与小区的海绵城市建设、绿色城市轨道交通建设技术产品库等。

（6）完成一批绿色生态城区、绿色城市轨道交通、城市有机更新、城区智慧运营等关键技术示范工程，推动技术应用与示范推广。

（7）培养一批青年技术人才，打造专业技术团队。

（8）完成"绿色城市建设与智慧运行技术创新中心"创新平台建设。

注：2019-×-0××为住房和城乡建设部2019年科学技术计划项目，其中K代表科研开发类项目、S代表科技示范工程类项目、H代表国际科技合作类项目、Z代表重大科技攻关与能力建设项目。

第四篇 | 技术篇

2019年3月，《绿色建筑评价标准》GB/T 50378第三版修订标准发布，标准以百姓为视角，创新性地将新时代绿色建筑的性能凝练为"安全耐久、健康舒适、生活便利、资源节约、环境宜居"五大性能，吸纳最新的健康建筑、海绵城市、建筑工业化等理念，丰富了绿色建筑的内涵，标志着新时代绿色建筑的高质量转型。

本篇针对绿色建筑内涵中的新增理念，收录了与室内空气健康息息相关的$PM_{2.5}$污染控制技术，室内生态壁材技术，与人们视觉舒适以及非视觉健康息息相关的光环境技术，与人们生活交流便利、心理舒适等息息相关的立体园林绿色建筑技术共四篇稿件。从技术原理、技术背景、技术优势以及技术应用四个角度，向读者全方位展示新绿建技术的溯源、原理及应用信息。

Part 4 | Technologies

In March 2019, the third edition of *Assessment Standard for Green Building* GB/T 50378 was released, the standard in the perspective of the people, the performance of the innovation in the new era of green architecture concise for the " security and the durable, healthy and comfortable, convenient life, saving resources, environmental livable" five performance, absorbing the latest health city construction, sponge, building industrial idea, enrich the connotation of green building, marks a new era of green building high quality transformation.

This paper in view of the connotation of green building in the new concept, features and is closely related to indoor air health of $PM_{2.5}$ pollution control technology, the indoor ecological wall technology, is closely related with the people the visual comfort and the vision health light environmental technology, and is closely related to people life convenient communication and psychological comfort of stereoscopic garden green building technology four story. From the four perspectives of technical principle, technical background, technical advantage and technical application, this paper presents the traceability, principle and application information of new technologies for green building to readers.

1　建筑室内 **PM**$_{2.5}$污染控制关键技术

1　Key technologies of indoor PM$_{2.5}$ pollution control

1.1　技　术　简　介

建筑室内 PM$_{2.5}$污染控制技术是针对我国长期缺乏设计依据、室内 PM$_{2.5}$污染浓度水平界定标准缺失、PM$_{2.5}$污染控制效果与节能不协调等问题，从设计源头出发，通过通风空调管道 PM$_{2.5}$沉积与室外 PM$_{2.5}$外窗穿透量计算、室内 PM$_{2.5}$质量浓度预测、室内 PM$_{2.5}$污染控制设计、设备选型与节能运行控制等主动预防和被动控制相结合的方式，有效控制室内 PM$_{2.5}$污染，减少人体室内 PM$_{2.5}$污染暴露，提高人民群众健康水平。

1.2　背　景　技　术

《大气污染防治行动计划》《京津冀大气污染防治强化措施（2016—2017年)》《打赢蓝天保卫战三年行动计划》等实施以来，我国城市大气 PM$_{2.5}$年均浓度总体呈下降趋势，室外空气质量明显改善，但是 PM$_{2.5}$污染仍是"重灾区"。《中国生态环境状况公报》显示，2018 年全国 338 个地级及以上城市的 PM$_{2.5}$年均浓度为 $39\mu g/m^3$、京津冀及周边地区为 $60\mu g/m^3$、北京为 $51\mu g/m^3$，是 WHO指导值的 $4\sim6$ 倍。据报道，PM$_{2.5}$浓度低于 $12\mu g/m^3$ 时，暴露浓度每增加 $10\mu g/m^3$，死亡率增加 13.6%。在人们的传统理念中，当出现污染天气时，常常会通过关闭门窗并留在室内的方式来"躲避"PM$_{2.5}$。然而，除了门窗，室外 PM$_{2.5}$还会通过空调通风系统、围护结构缝隙等途径进入室内，若还存在室内 PM$_{2.5}$污染源且没有采取有效控制措施时，室内 PM$_{2.5}$污染将比室外更严重。现代人超过80%的时间是在室内度过，相比室外 PM$_{2.5}$，室内 PM$_{2.5}$对人体健康影响更直接。我国传统建筑工程设计以结构安全、节能、热舒适为主，室内 PM$_{2.5}$污染控制方面缺乏相关设计依据。因此，开展室内 PM$_{2.5}$污染控制关键技术研究，对降低人体室内 PM$_{2.5}$污染暴露具有重要意义。

1.3 技 术 原 理

1.3.1 理论基础

（1）适用于不同粒径颗粒物沉积的通风空调管道颗粒污染物累计效果定量评判方法

针对建筑室内通风空调管道颗粒污染物沉积，有机结合欧拉模型及拉格朗日随机步行模型，考虑粒子惯性、曳力、Saffman 提升力、重力和湍动扩散等作用对于粒子沉积的作用机理，研究分析了粒子大小、空气流速和无因次松弛时间对模拟沉积速度的影响，以及管道横截面尺寸、湍流发展状态、粒子密度、流体流动方向以及各种外力对粒子沉积速度的影响。提出适用于不同粒径颗粒物沉积的通风空调送/回风管道颗粒污染物沉积过程与累计效果定量化评判方法（图 4-1-1）。

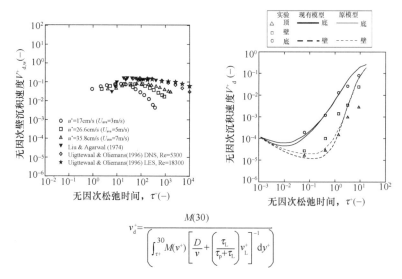

$$v_{d}^{+}=\cfrac{M(30)}{\left[\int_{\tau^{+}}^{30} M(v^{+})\left[\cfrac{D}{v}+\left(\cfrac{\tau_{L}}{\tau_{p}+\tau_{L}}\right)v_{L}^{+}\right]^{-1}\mathrm{d}y^{+}\right]}$$

图 4-1-1　通风空调送/回风管道颗粒污染物沉积模型及评判方程式

（2）建筑室内通风空调管道颗粒伴生微生物污染物累计效果定量评判方法

针对在适宜的温湿度下微生物会附着灰尘停留在空调管道上大量繁殖、产生并释放有害的浮游菌、颗粒物或代谢产物，加剧室内污染的问题，该方法对通风空调管道中的颗粒物伴生菌污染状况进行了大量的实地调研，研究伴生菌的污染现状及危害程度，建立可控气流参数空调管道粒子沉积与微生物污染模型实验台；开展送回风管道病原微生物生态分布的实验研究，考察不同工况下空调参数与颗粒污染伴生微生物生长的关系，提出空调设计参数（风速、温度、湿度）与颗粒污染伴生微生物生长的定量关系，从而建立通风空调管道颗粒伴生微生物污染物沉积累计效果定量评判方法（图 4-1-2）。

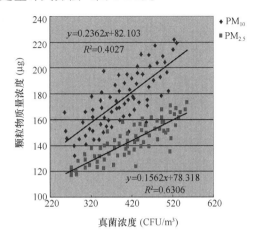

图 4-1-2 通风管道颗粒物与微生物伴生规律

（3）多因素下 PM$_{2.5}$外窗穿透模型

利用人工颗粒物源对多因素下 PM$_{2.5}$外窗穿透规律、穿透系数分布和变化特征进行研究，建立不同气密性外窗下的 PM$_{2.5}$穿透系数模型。基于 PM$_{2.5}$外窗穿透规律和外窗渗风理论，建立室外风速、外窗朝向、房间距离地面的高度、热压、外窗气密性能、PM$_{2.5}$室外浓度等多因素下 PM$_{2.5}$外窗穿透量模型，可用于计算不同气密性外窗、不同室外风速、不同建筑高度和朝向等因素下室外 PM$_{2.5}$穿透进入室内的浓度。

（4）室内 PM$_{2.5}$质量浓度预测模型

对北京城区临街办公建筑室内外 PM$_{2.5}$质量浓度与气象参数进行长期监测，通过大数据分析建模方法，建立耦合室外气象参数、建筑围护结构特性的室内外 PM$_{2.5}$质量浓度预测模型。同时，研究结合北京和广州室内外 PM$_{2.5}$实测数据，选取室外气象参数变化不大的连续时刻，以小时均值的换气次数稳定度为约束条件对室内外平衡方程进行拟合，通过大数据背景下的逻辑回归训练方法求得 PM$_{2.5}$穿透系数和沉降系数。通过控制变量法建立外窗缝隙渗风换气次数和渗透通风作用压力的计算方法，给出外窗 PM$_{2.5}$渗透质量与缝隙渗透通风作用压力、换气次数与外窗缝隙结构特征、室外风速、室外空气相对湿度的多耦合质量浓度预测模型。

1.3.2 设计方法

（1）基于"不保证天数"的室外 PM$_{2.5}$设计浓度取值方法

针对 PM$_{2.5}$室外设计浓度的取值缺乏统一的标准、方法及相关设计指南，造成 PM$_{2.5}$污染控制设备选型不当，导致控制效果不佳，研究提出了基于"不保证天数"的 PM$_{2.5}$室外设计浓度确定方法，并给出了"不保证天数"为 5 天的室外 PM$_{2.5}$日平均质量浓度（详见《建筑室内细颗粒物（PM$_{2.5}$）污染控制技术规程》T/CECS 586—2019）。采用"基于不保证天数"的室外 PM$_{2.5}$设计浓度取值原则，可以避免以年均值、日均值或最大值等其他方法导致室内 PM$_{2.5}$控制效果达不到要求、空气过滤设备选型过大或过小等问题。

（2）以"PM$_{2.5}$负荷"为基础的室内 PM$_{2.5}$污染控制设计计算方法

针对国内外尚未建立起一套系统的室内 PM$_{2.5}$污染控制设计计算方法的问题，以最优控制为导向，基于质量平衡原理，提出了以"建筑室内 PM$_{2.5}$负荷等于空气处理设备的 PM$_{2.5}$去除能力"为基础理论的建筑室内 PM$_{2.5}$污染控制设计计算方法，将建筑 PM$_{2.5}$污染控制计算分成建筑室内 PM$_{2.5}$负荷计算与空气处理设备的处理能力计算两部分。该方法使 PM$_{2.5}$污染控制设计计算方法与室内温度控制设计方法类似，只需在原有空调设计完成的基础上进行，根据已经确定的空调系统形式，计算出空气处理设备的过滤效率，再根据过滤效率进行空气过滤器的配置，方便设计者使用。

（3）空气过滤器组合效率及选型方法

空气过滤器的选型是室内 PM$_{2.5}$污染控制效果的关键。国家标准规定的空气过滤器效率主要为大气尘分组计数效率，而环境空气质量监测以及建筑室内 PM$_{2.5}$控制中使用的却是计重效率，缺乏各级空气过滤器 PM$_{2.5}$计重效率的基础数据。基于大量测试数据，分析得出了特定尘源条件下不同过滤等级空气过滤器的 PM$_{2.5}$计数效率、计重效率及二者之间的换算关系，为用户根据不同室外空气环境质量及实际需要选择过滤器提供借鉴（图 4-1-3）。

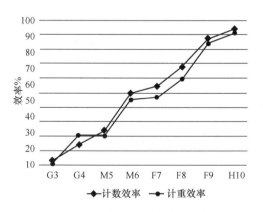

图 4-1-3 过滤器计数与计重浓度的关系

（4）PM$_{2.5}$外窗穿透负荷的计算方法与被动式控制策略

根据多因素下 PM$_{2.5}$外窗穿透量模型和 PM$_{2.5}$外窗穿透系数模型，提出了

PM$_{2.5}$外窗穿透负荷的计算方法，以及合理提高外窗气密性、保证外窗密封条质量、加强墙体预留孔口密封和定期维护等室内 PM$_{2.5}$ 被动控制策略，为建筑室内 PM$_{2.5}$ 控制设计计算提供了方法和依据。

1.3.3　关键技术

（1）通风空调送/回风管道污染过滤技术

针对空调通风管道积尘以及其中存在的大量微生物造成严重污染，管道系统性能降低，对人体健康造成潜在危害的情况，通过研究管道过滤装置滤速与除尘效率之间的关系，分析过滤器阻力所引起的风机能耗的特性。结合通风空调管道内的流速分布特性及边界层效应，发明了与流速梯度相对应的不等滤袋厚度通风空调送/回风管道污染物过滤技术，克服了传统风道除尘器高效必须高阻力的技术缺陷（图 4-1-4）。

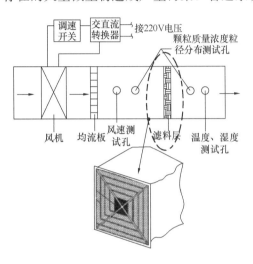

图 4-1-4　通风空调送/回风管道污染过滤技术原理

（2）智能型净化抑菌空气处理机组

一种智能型净化抑菌空气处理机组。该机组主要包括进风段、初中效过滤段、表冷段、出风段与中高效或亚高效空气过滤段，高中效、亚高效或亚高效空气过滤段并联在机组的进风段与表冷段/加热段之间，在机组初中高效过滤段与表冷/加热段之间设有第一模式启闭阀，在高效或亚高空气过滤段与表冷/加热段之间设有第二模式启闭阀，第一模式启闭阀与第二模式启闭阀择一开启。该机组可根据室内外空气 PM$_{2.5}$ 浓度自动切换工作模式，实现节约能源的前提下有效控制室内 PM$_{2.5}$ 浓度，并能够抑制细菌生长（图 4-1-5）。

（3）可去除 PM$_{2.5}$ 的高效节能空气净化装置

针对目前办公、住宅建筑中由于应用较高效率的空气过滤器而导致机组空气阻力增大、空气处理量下降、能耗上升等问题，特别是即使室外空气质量较好，高、中效或亚高效空气过滤器仍处于工作状态造成运行成本和资源浪费，研发的一种可去除 PM$_{2.5}$ 的高效节能空气净化装置（图 4-1-6）。当室外大气 PM$_{2.5}$ 浓度高于室内设计浓度时，PM$_{2.5}$ 污染控制设备的过滤器关闭，PM$_{2.5}$ 污染控制设备的过滤器投入运行；室外大气 PM$_{2.5}$ 浓度低于室内设计浓度时，PM$_{2.5}$ 污染控制设

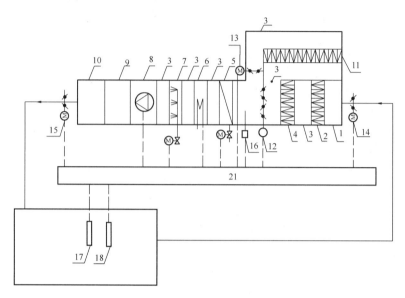

图 4-1-5　智能型净化抑菌空气处理机组控制原理

1—进风段；2—粗效过滤器；3—过渡段；4—中效过滤器；5—表冷/加热器段；6—再热段；7—加湿段；8—风机段；9—均流段；10—出风段；11—高中效（或亚高效）空气过滤段；12—第一模式切换阀；13—第二模式切换阀；14—进风密闭阀；15—出风密闭阀；16—消毒抑菌段；17—室内温湿度传感器；18—室内颗粒物浓度测试仪；19—室外颗粒物浓度测试仪；20—送风温湿度传感器；21—控制器

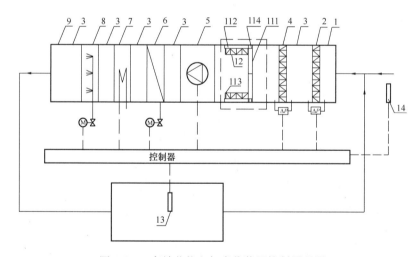

图 4-1-6　高效节能空气净化装置控制原理图

1—进风段；2—初效过滤段；3—过渡段；4—中效过滤段；5—风机段；6—表冷/加热器段；7—再热段；8—加湿段；9—出风段；10—可开闭的 $PM_{2.5}$ 净化功能段；11—架体；12—高中效或亚高效空气过滤器；111—垂直方框架；112—高中效或亚高效空气过滤器承载架；113—高中效或亚高效空气过滤器固定架；114—转动轴；13—室内颗粒物浓度测试仪；14—室外颗粒物浓度测试仪

备的过滤器打开，PM$_{2.5}$污染控制设备过滤器停止运行。

1.3.4 试验平台

（1）建筑外窗颗粒物渗透性能测试台

"建筑外窗颗粒物渗透性能测试台"用于测试室外颗粒物经由建筑外窗渗透进入室内的能力（图4-1-7）。能够对不同规格和不同开启形式的建筑外窗实现不同压差、温度、湿度、颗粒物浓度等物理条件下的建筑外窗颗粒物渗透性能进行测试。该实验平台可以指导室内颗粒物污染控制技术和策略，降低人们在室内环境中的室外颗粒物源的暴露量及其带来的潜在危害。

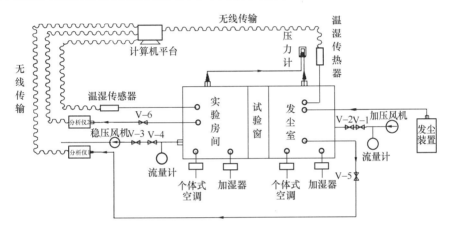

图 4-1-7　建筑外窗颗粒物渗透性能测试台的构成

（2）组合式空调机组过滤器性能试验平台

组合式空调机组过滤器性能试验平台可用于在不同风量和PM$_{2.5}$浓度下，对不同等级过滤器的阻力和过滤效率进行测试，能够同时安装多级过滤器并且方便拆装和更换，实现对不同过滤器组合过滤性能的测试。为了进一步研究不同过滤器组合对PM$_{2.5}$的过滤性能，通过试验提出适用于不同污染条件的过滤器组合建议（图4-1-8）。

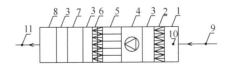

图 4-1-8　组合式空调机组过滤性能试验平台风道系统示意

1—进风段；2—G4 初效过滤段；3—过渡段；4—风机段；5—均流段；
6—F7 中效袋式过滤器；7—亚高效过滤段（静电过滤段）；8—出风段；
9—气溶胶引入点；10—上游采样点，11—下游采样点

1.4 总 结

PM$_{2.5}$ 是影响室内环境质量的重要因素，其污染已成为社会各界关注的热点。研究团队提出了系统的建筑室内 PM$_{2.5}$ 污染控制技术，主编了国内首部室内 PM$_{2.5}$ 污染控制设计标准《建筑室内细颗粒物（PM$_{2.5}$）污染控制技术规程》T/CECS 586—2019 和第一部室内 PM$_{2.5}$ 污染控制专业性指导著作《建筑室内 PM$_{2.5}$ 污染控制》，为以 PM$_{2.5}$ 污染控制为主线的工程项目建设提供了系统解决方案及技术标准依据。

作者：赵乃妮[1] 孟冲[1] 李国柱[1] 陈超[2] 李安桂[3]（1. 中国建筑科学研究院有限公司；2. 北京工业大学；3. 西安建筑科技大学）

2 硅藻生态壁材技术

2 Technology research on diatomite ecological wall material

2.1 技 术 简 介

随着人民群众对美好生活需求的不断提升，提高室内环境质量，降低装修污染被越来越多人所重视。然而传统装修建材大量使用造成的甲醛叠加污染问题，给人们带来了严重的健康隐患。因此，推行绿色、健康装修成为装饰装修行业发展的必然趋势，硅藻生态壁材顺势而生。

硅藻生态壁材是一种有益于居住环境改善的多功能内墙装饰材料。相比传统装饰材料，它具有调节室内湿度、吸附净化有害气体、防霉抗菌、防结露的创新性功能，同时具备较高的可塑性，符合新时代"健康环保、美观时尚"的人居环境理念（表4-2-1）。

硅藻生态壁材环保性能指标 表 4-2-1

序号	项目指标		要求
1	挥发性有机化合物含量		未检出
2	苯、甲苯、乙苯、二甲苯总和		未检出
3	游离甲醛		未检出
4	可溶性重金属	铅 Pb	未检出
5		镉 Cd	未检出
6		铬 Cr	未检出
7		汞 Hg	未检出

注：未检出是指低于仪器检出限。

2.2 背 景 技 术

2.2.1 建筑内墙装饰材料现状

改革开放之前，中国受经济、工业水平所限，住宅装修比较简单，墙面装饰

163

主要是无机胶凝材料，即泥土、白灰等，易掉粉、不易调色、装饰性差。随着工业发展，光滑细腻的"仿瓷"逐渐出现在人们的视野中，但施工工艺繁杂、不耐水、受潮后容易发泡、易发黄等缺点逐渐暴露出来，被之后的乳胶涂料所替代。乳胶材料色彩丰富、耐擦洗和便捷施工这三大优点成为撬动涂装市场的利器，迅速成为墙面装饰的主导产品。然而乳胶材料以及后来出现的壁纸，都不可避免甲醛和 VOC 的问题，装修污染的弊端凸显。

据调查显示，人一生中约有 70%～90% 的时间在室内度过，室内空气质量的好坏直接影响到人们的身心健康和工作生活质量。世界卫生组织发布的《2002年世界卫生报告》中，明确将室内空气污染列为影响人类健康的十大危害之一。中国标准化委员会调查表明，中国每年有 220 万青少年死于因室内污染所引发的呼吸系统疾病。对新建及新装修的幼儿园、写字楼、家庭居室等 180 余户近 3 万 m^2 的建筑进行监测发现，室内空气质量合格率仅为 34.7%。空气污染物主要包括颗粒物、甲醛、苯及苯系物、氨、TVOC 等，其主要来源之一就是不达标的墙面装修材料。如果能从源头上得到控制，选择绿色环保的甚至具有净化室内空气功能的墙面装修材料，就能从源头上改善提升室内空气质量。

2002 年，硅藻生态壁材从日本引进中国，以集装饰性、环保性和功能性于一体的优势逐渐被消费者所认可。中国建筑材料联合会生态环境建材分会一直致力于硅藻生态壁材的创新与推广，可以预见不久的将来，硅藻生态壁材必将成为引领绿色建材的重要力量。

2.2.2　硅藻土资源与特性

硅藻土是一种硅藻遗骸沉积在水底堆积到一定厚度被埋葬下来，在特定的成矿条件下形成的硅质沉积岩，以非晶态的 SiO_2 为主（图 4-2-1）。硅藻土的硅藻瓣具有独特的结构，硅藻壳上面多孔洞，呈有规则的排列（表 4-2-2）。硅藻土质轻、细腻、松散、多孔、吸着力和渗透性强、颗粒细小，大量孔径分布在 3.10～5.66nm 的微孔时，具有良好的调湿能力。硅藻土虽然吸湿效果与沸石、

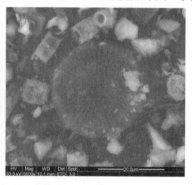

图 4-2-1　硅藻土 SEM 放大图（2000 倍和 5000 倍）

海泡石、凹凸棒土的效果类似，但总体来说，吸、放湿效果在几种矿物材料中综合性能比较好。

我国具有较为丰富的硅藻土矿资源，已探明的优质硅藻土矿达 10 亿吨以上，总量位居世界第二。早先硅藻土主要在助滤剂领域低附加值应用，在建材中的应用实现了其高附加值应用。

硅藻土物理特性   表 4-2-2

物理特性	相关数据
堆密度	$0.34\sim0.65g/mL$
比表面积	$19\sim65m^2/g$
孔体积	$0.45\sim0.98cm^3/g$
主要孔半径大小	$50\sim800nm$
吸水率	通常能吸收自身体积两倍以上的水分，最高可达四倍

2.2.3　无机-有机复合抗菌技术简述

近年来，中国建筑材料科学研究总院提出了无机-有机复合抗菌技术，这是一种利用多孔性材料硅藻土来负载复合无机防霉抗菌组分和有机防霉抗菌组分，使三者一起协同作用来提高防霉抗菌效果的新型防霉抗菌技术。

室内霉菌等微生物污染一直以来都是令人苦恼的问题。霉菌等微生物的存在不仅影响室内装修材料的美观和使用年限，同时给人们的身心健康带来极大的威胁。长期处于霉菌等微生物环境中，易引起鼻黏膜炎、流行性感冒、过敏反应、哮喘、结核等症状，严重者甚至导致死亡。

传统的抗菌技术有紫外线灭菌、气体灭菌和臭氧灭菌等，这些技术手段虽然都能在短期内有效地抑制霉菌等微生物的污染，但都有着各自的缺点，未能从根本上解决室内霉菌等微生物污染的问题。如果能将无机-有机复合抗菌材料应用于室内装饰中，以减少室内霉菌等微生物的潜在污染源，从源头上抑制霉菌等微生物的生长，就能明显改善室内空气质量，营造良好的居住及工作环境。

2.3　技　术　原　理

2.3.1　净化原理

硅藻生态壁材主要以无机胶凝材料（如水泥、石灰、石膏等）为粘结物质，配方组分中含有一定量多孔、大比表面积的硅藻土。表面无机颗粒间存在微细孔道，这些微细孔易于有害气体进入壁材内部。根据行业标准《硅藻泥装饰壁材》JC/T 2177—2013，硅藻生态壁材净化性能≥80％，净化持久性能≥60％，企业产品通过指定的专业检测机构检测净化功能性达到标准，可跟生态环境建材分会申请净化标识，用于市场推广（图 4-2-2）。

主要净化原理包括：

化学吸附　硅藻泥属于无机涂层材料。无机涂层具有多孔性，含有硅藻土的无机涂层孔道更加发达，且表面呈碱性。甲醛为弱酸性，甲醛会扩散进入墙面，被硅藻土及其他矿物活性材料吸附而固化。由于其大比表面积和厚度，化学固化甲醛量较大，这是乳胶涂料和壁纸不具备的能力。

图 4-2-2　净化空气标识

物理吸附　硅藻泥墙面对甲醛会产生物理吸附，即使不会降解但在一定条件下也不会散发出来。物理吸附会为化学氧化降解创造条件，物理吸附利于甲醛自然光化学反应，进而无害化。

环境作用下的降解吸附　硅藻泥墙面的矿物活性提供了污染物甲醛自然降解的温床，利于空气中甲醛的氧化，促进甲醛无害化。碳氢化合物是大气中的重要污染物，会参与光化学反应。醛类，尤其是甲醛，既是一次性污染物，也可由大气中的烃氧化而产生，几乎所有的大气污染化学反应都有甲醛参与。大气中存在氢氧自由基 HO、HO_2 等，都会氧化甲醛，使甲醛产生发生演化，最终变为甲酸。具有矿物活性的无机墙面提供者这种变化的"温床"，并加速吸附钙化。

2.3.2　调湿原理

调节湿度材料主要分为三类：无机调湿材料、有机高分子调湿材料和有机无机复合调湿材料。硅藻生态壁材的调湿机理属于无机调湿材料类，根据行业标准《硅藻泥装饰壁材》JC/T 2177—2013，企业产品通过指定的专业检测机构检测调湿功能性达到标准，可跟生态环境建材分会申请调湿标识，用于市场推广（图 4-2-3）。

硅藻生态材料的调湿能力主要依靠内部较多的孔道与极大的比表面积产生的水分子吸附、脱附作用。材料对水分子的吸附和脱附与材料的表面性质（表面位）、比表面积及孔道结构等相关。孔径和孔道容积影响最大，材料吸附水分子时，在其非孔道表面和孔道内同时进行（图 4-2-4）。

在中低相对湿度范围，多孔矿物材料的吸附主要以单分子层吸附和多分子层吸附为主。水分子主要被吸附在材料孔道表面，形成单层或多层水分子层，水分子与孔道表面之间的作用力为范德华力，水分子和水分子之间的作用力为范德华力和氢键。此时，材料的吸湿量应基本与其比表面积成正比，与孔容积和孔径分布无关，比表面积是其吸附性能的主要决定因素。即，在较低湿度下，材料的吸湿量和材料的比表面积成正比，而放湿能力与表面位的性质相关。

图 4-2-3　调湿标识

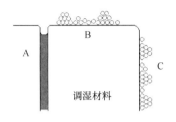

图 4-2-4　材料的表面吸附和大孔
内径表面吸附

在中高相对湿度范围，材料的吸附作用是多分子层吸附，会发生毛细孔凝聚，吸湿量会急剧增加。只有孔道能形成多层吸附，材料孔道中的水分子层逐渐累积，当孔内剩余空间的半径小于毛细孔临界孔径时，开始发生毛细管凝聚吸附（图 4-2-5）。因此，在中高相对湿度下，材料的吸湿量由其孔容积决定。即，高湿度状态下，材料的吸湿量不仅与涂层的比表面积相关，还与微孔直径及体积相关。

在整个吸湿过程中，表面吸附与孔道毛细现象共同存在，共同影响材料的吸湿量。达到吸湿平衡时，材料的吸湿量由多层吸附水分量和毛细凝聚水分量共同组成。材料多分子层吸附和毛细吸附不受表面位影响，在较高湿度条件下放湿能力不受材料表面位的影响。

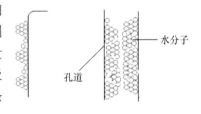

图 4-2-5　材料的毛细管凝聚现象

用毛细理论计算毛细吸附的孔径。在相对湿度为 40%～60% 的临界孔径分布在 3.10～5.66nm。由此可知，调湿材料内部含有大量孔径分布在 3.10～5.66nm 的微孔时，是最佳孔径范围，具有良好的调湿能力。

硅藻泥装饰壁材成型前是粉体颗粒，加水搅拌成浆体施工上墙形成涂层，涂层中颗粒相互胶凝和多孔硅藻土结合在一起形成毛细孔非常发达的呼吸透气涂层，表面积大，孔径复杂，相当一部分孔分布在纳米孔范围内，因而具有很强的湿度调节能力。

2.3.3　抗菌原理

硅藻生态壁材具有优异的调湿性能，当环境湿度高时能吸收环境中多余的水分降低环境湿度，当环境湿度低时能放出孔隙中的水分增加环境湿度。而充足的水分正是霉菌生长繁殖的必备条件，国际能源署（IEA）推荐以材料中的相对湿度80%，作为预防霉菌生长的临界含湿量。硅藻生态壁材通过不断地吸湿放湿，能将环境湿度恒控在40%～62%，从而有效地限制了霉菌的生长。

另外，硅藻生态壁材所用的原料主要都是无机矿物材料，其中水泥、石灰等还是碱性矿物材料，本身不易长霉并具有一定的抑菌作用。其次，利用硅藻土的微介孔特性，采用合适的处理工艺，使其孔道吸附负载有机防霉组分（苯丙咪唑氨基甲酸甲酯和羟基苯甲酸酯类等）和抗菌金属离子（Zn/Ag协同组分），从而提高其防霉耐久性（图4-2-6）。

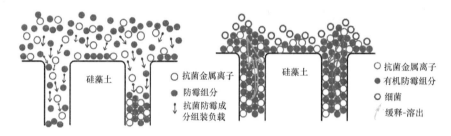

图 4-2-6　无机-有机复合抗菌原理

2.4　技 术 应 用

2.4.1　硅藻生态壁材应用优势

2019年8月实施的新版《绿色建筑评价标准》GB/T 50378—2019（以下简称《标准》）中将绿色建筑总结归纳为安全耐久、健康舒适、生活便利、资源节约、环境宜居五大性能，创新绿色建筑指标，拓展绿色建筑内涵。硅藻生态壁材在其中安全耐久、健康舒适、资源节约三大性能中均有体现。

（1）安全耐久

《标准》第4.2.9条第3款规定**"采用耐久性好、易维护的室内装饰装修材料"**。

硅藻生态壁材是以无机胶凝为粘结材料，在空气中稳定性强、透气性好，类似西藏唐卡等无机材料历久弥新，理论上可以与建筑同寿命，但应用环境也会影响其使用寿命，一般情况下可达20年以上。1991年进行建筑装修的日本川久酒店是世界上第一个应用硅藻生态壁材的项目，至今已有28年历史，硅藻生态壁材墙面依旧稳定。与其他材质饰面比较，硅藻泥对空气湿度具有良好调节平衡作用，不会产生静电吸附空气中灰尘，易于打理，对于手脚印、铅笔字迹等墙体污染，也可用软橡皮或细砂纸等简易工具去除，不留任何痕迹。

（2）健康舒适

①《标准》第5.2.2条规定**"选用的装饰装修材料满足国家现行绿色产品评价标准中对有害物质限量的要求。"**

相较于壁纸、乳胶漆等材料，硅藻生态壁材自身环保性好，多项有害物质限量均达到未检出（低于最低检测值），绿色环保，无毒无害。且硅藻土/二氧化钛纳米复合技术能够有效净化室内空气，降低污染物浓度，符合该条控制室内主要空气污染物浓度的要求。

②《标准》第5.2.9条规定**"具有良好的室内热湿环境。采用自然通风或复合通风的建筑，建筑主要功能房间室内热环境参数在适应性热舒适区域的时间比例，达到30%，得2分；每再增加10%，再得1分，最高得8分"**。

硅藻生态壁材具有良好的调湿性能，能有效调节室内空气湿度至人体较为舒适的范围，符合标准5.1.6条对房间内湿度参数应符合《民用建筑供暖通风与空气调节设计规范》的有关规定这一控制项要求。

（3）资源节约

《标准》第7.2.18条规定**"选用绿色建材。绿色建材应用比例不低于30%，得4分；不低于50%，得8分，不低于70%，得12分"**。

高环保性是硅藻生态壁材主要优点之一，低于检测值的有害物质限量以及生产过程中有毒有害气体大气零排放的环境友好型特性，均符合绿色建材的要求。

2.4.2 工程案例

硅藻生态壁材由于优异的环保性、功能性和装饰性，已广泛应用于全国多项经典工程，涵盖住宅、市政、展馆、教育、酒店等领域。据中国建筑材料联合会生态环境建材分会分析数据，2019年硅藻生态壁材的使用量可突破1亿 m^2。特别在近几年，硅藻生态壁材以势如破竹之势进入各大地产如保利、万科、绿地、恒大、中海等集采平台，完成工程项目上百项。硅藻生态壁材作为绿色环保功能建材，已经在绿色建筑的推广中发挥不可替代的作用。

典型性硅藻生态壁材工程案例节选如下：

案例1 北京化工大学昌平校区（已完工）

项目地点：北京昌平区虎峪村

建筑类型：教育类

施工面积：24 万 m^2

施工工艺：滚涂、平面刮涂

项目简述：昌平校区10个单体项目实现了绿色建筑100%全覆盖，其中第一教学楼为绿建三星标准，第一实验楼、图书馆、体育馆为绿建二星标准，其余单体均满足绿建一星标准

案例 2 北京大兴国际机场倒班宿舍（已完工）

项目地点：北京大兴区

建筑类型：市政类

施工面积：20 万 m²

施工工艺：喷涂

项目简述：通过综合采用各类创新型举措大兴机场是国内首个通过顶层设计、全过程研究实现内部建筑全面深绿的机场。大兴机场全场 100% 为绿色建筑，其中 70% 以上的建筑可达到三星级绿色建筑，二星级及以上不低于 90%，一星级 100% 进行要求

案例 3 北京冬奥会工程（在建）

项目地点：北京

建筑类型：展馆类

施工工艺：平面刮涂

项目简述：截至 2019 年 12 月，北京冬奥村主体机构全部封顶，多个展馆正在有条不紊建设中。北京冬奥村秉承绿色办奥理念，采用绿色环保技术整体解决方案，达到国家绿色建筑最高三星级标准

2.5 总 结

功能涂料研究是国内外涂料行业发展的趋势。硅藻生态壁材技术的创新在于，以硅藻土纳米多孔的特性为基础，实现具有调湿、净化和防霉等功能的硅藻壁材产品在日常生活中应用，打破市场乳胶漆和壁纸的二元格局。当前，大力发展绿色建筑已经成为一种必然的发展趋势，与绿色建筑内涵相悖的高污染低价值建筑材料将逐渐被淘汰。硅藻生态壁材集环保性、功能性和装饰性于一体，重点解决涂料环保性与持续性，为我国涂装产品技术进步和解决室内污染和舒适度问题做出了贡献，在绿色建筑的推广中发挥了不可替代的作用，具有可观前景。

作者：尹建荣 徐正常（洛迪环保科技有限公司）

3 公共建筑物联网光环境技术

3 Innovative application of networked optical environment technology in public buildings

3.1 背 景

当前，我国绿色建筑快速发展，要求和标准逐步提高，从节能发展到绿色、健康、环保，取得了显著成就，截至 2018 年底，全国城镇建设绿色建筑面积累计超过 25 亿 m²，绿色建筑占城镇新建民用建筑比例超过 40%，获得绿色建筑评价标识的项目达到 10139 个。既有建筑绿色建筑达标方面有待提升，据前瞻产业研究院发布的《2013—2017 年中国智能建筑行业市场前景与投资战略规划分析报告》数据显示，我国目前既有建筑面积超过 500 亿 m²，90% 以上是高耗能建筑，城镇节能建筑占既有建筑面积的比例仅为 23.1%。

照明能耗为刚需能耗，建筑照明能耗占建筑总能耗的 30%～50%，该部分节能提升见效快，对提高建筑整体能耗水平意义重大，同时随着人民生活水平的提高，人们对建筑照明又有了更高要求，在满足基本照明需求上，还要求照明智能化、健康、节能、舒适等。传统照明节能仅通过更换光源已经不能满足绿色照明的要求，而智能照明推广受到系统造价、施工难度高、产品性能等方面制约，当前现有智能照明主要集中于中高端新建公共建筑领域，如体育场馆、高档酒店等，建筑智能化照明占比不足 2%，大量存量建筑尤其是普通公共建筑，照明智能化普及亟待解决。

3.2 技 术 介 绍

3.2.1 技术简介

基于 ZPLC（Zero Power Line Communications）物联网光环境系统技术是国内完全自主研发的可替代传统总线系统的去中心化大型无控制线分布式室内智能

照明系统。其核心的 ZPLC 是一项新型电力线通信技术，具有完全自主知识产权，ZPLC 定义照明开关面板或控制模块对 LED 数字化调光调色温灯具光源进行数字通信控制的电力通信技术，控制数据包括亮度、色温、场景、分组等多参数，在功率负荷不超过控制模块的额定功率的前提下，控制模块连接光源的数量不受限制，应用中光源可通过软件定义 25 个虚拟回路组或短地址，控制模块按虚拟回路组进行寻址控制操作。

ZPLC 系统利用现有照明交流供电线路进行信号传输，抗干扰能力强，光源控制一致性好，控制距离可达 1000m。ZPLC 技术研发始于 2009 年并申请获得发明专利，基于 ZPLC 技术系统即 ZPLC 物联网光环境系统于 2013 年开始工程化应用，截至目前系统涉及申请或获得发明专利超过 20 项，该技术产品入选国家机关事务局《公共机构节能节水技术产品参考目录》、国家发改委《国家重点节能低碳技术推广目录》，并荣获第十二届中照照明奖科技创新一等奖。

3.2.2 系统架构

ZPLC 物联网光环境系统是完全基于物联网的无线分布式室内智能照明系统（系统示意图见图 4-3-1），系统网络是一个完全对等的分布式网络，其总线网络

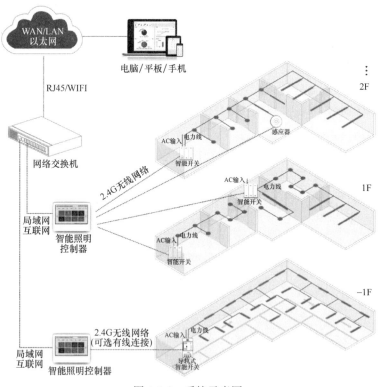

图 4-3-1 系统示意图

拓扑采用子网、设备两层结构。系统网络是以网关组为子网节点，每子网上最多可以连接 256（32×8）个设备，系统网络最多可容纳 64 个子网，系统中可容纳 16384（256×64）个设备。系统采取去中心化架构设计，系统通过标准接口可接入互联网或接入 BA 楼宇自控系统，通过分布式软件处理技术实现照明系统集中控制管理、数据存储、数据输入输出等功能。

3.2.3 技术对比及优势

室内智能照明系统是由舞台灯光控制系统和楼宇自动化系统发展起来的，20 世纪 90 年代，自动化控制技术即集散控制（DCS）占据主导地位，为了实现 DCS 系统与控制设备、传感器、面板通信，出现了现场总线技术，把分散的单个设备变成网络节点，以现场总线为基础构架，构成以总线耦合器为区域中心节点，以中控计算机 PC（DCS 系统）为系统中心的网络与控制系统。应用于智能照明主流总线系统包括 ACN、Art-net、DALI、EIB、C-Bus 和 Dy-net 这几种协议。其中 KNX 具有代表性，KNX 总线网络是一个对等的分布式网络，其总线网络拓扑采用域、干线（区）、支线（线）三层结构。KNX 总线网络是以总线耦合器为区域中心节点，每一支线上最多可以连接 64 个设备，一个干线内最多可容纳 15 条支线，系统可容纳 15 个域，系统中可容纳 14400（15×15×64）个设备。

与总线系统相比，ZPLC 物联网光环境系统是去中心化的（图 4-3-2），即每

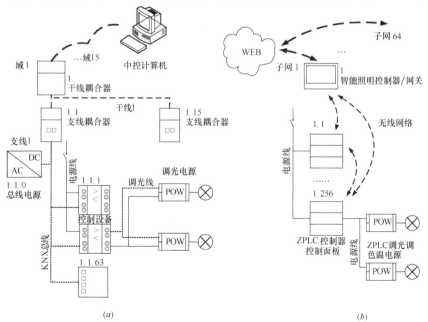

图 4-3-2　KNX 系统与 ZPLC 物联网光环境系统架构对比

（a）KNX 系统；（b）ZPLC 物联网光环境系统

个子网网关为独立嵌入式 Web 服务器，配置有标准网络接口，支持并兼容 html 5 协议标准，具有独立的 Web 交互界面、数据库、BA 数据接口、设备控制接口等。系统软件层设置虚拟控制中心，创建虚拟控制中心账户及权限数据表、共享数据表等，用户可使用 Web 浏览器通过 HTTP 接口登录任意网关，在虚拟控制中心下对整个系统进行集中控制管理。ZPLC 物联网光环境系统基于物联网的无线分布式室内智能照明系统具有以下特点：①无线网络构建约束少，设计简单；②无物理总线系统敷设、安装，降低系统复杂性；③系统设备接入互联网不再依赖中控计算机，系统可靠性不受中心节点影响，分布式接入，最大化支持移动互联网设备终端交互；④系统全数字化光源实现灯光亮度、色温、场景可调，实现建筑整体光环境提升。

3.3 技 术 应 用 特 点

3.3.1 建筑光环境大幅提升

光环境除了对人的视觉因素影响外，还存在对人体的非视觉因素影响，不适的光环境可以扰乱人体的褪黑素分泌以及身体内在昼夜节律，进而对人体健康产生若干负面影响。灯光亮度、色温、场景根据不同的应用模式和需求进行切换，有助于对工作效率及心理情绪发挥积极影响，根据北京工业大学办公建筑光环境使用调研数据结果表明：在不同的场景中使用者对光环境需求有差异，在采用物联网光环境系统建筑中，相比传统照明建筑，体验者在办公室的整体满意度有大幅度的提升，照明总体满意度由传统照明办公室使用者的 39％提升到采用物联网光环境系统办公室使用者的 61％，采用物联网光环境系统对提升建筑光环境有重要现实意义。

3.3.2 良好的节能效果，高经济回报率

全系列光源均为 LED 光源，不仅是 LED 光源本身节能，同时通过智能控制、调光、感应、背景光等先进的二次节能技术可以真正做到"按需照明"，通过管理控制可以在普通 LED 产品的基础上再节能约 20％，相比传统照明综合节能率可达 60％～70％，车库应用节能率更可达 80％以上。

3.3.3 全免控制线系统架构，适用范围广

系统架构简洁，一体化数字光源高性价比，系统无须敷设额外控制线，实施施工成本低，同时专利的软分组技术可以大大减少灯光分回路电缆用量，系统造价相比传统智能照明系统低 50％。ZPLC 物联网光环境系统技术适用于医疗、金

融、办公、车库等领域的公共建筑，尤其适用公共建筑照明智能化及光环境提升改造，为既有建筑的节能改造提供了一种更简易、高效、智能的解决方案。目前在全国 20 多个省及重点城市都有技术应用或示范案例，包括外交部、工信部、中国人民银行重庆营管部、甘肃省财政厅、西安医学中心等。

3.3.4 灵活多样的智能管理模式

提升管理效率和智能化水平，支持灵活多样的管理模式，系统支持远程控制、遥控控制、感应控制、时序控制、能耗监测等管理模式，同时系统保留传统本地控制操作习惯，本地面板及面板化贴墙遥控面板极大地方便用户随时控制灯光；系统具有完善的权限控制管理功能，各个区域用户在权限范围内可以方便地通过电脑、手机、平板等终端轻松控制管理灯光。此外，系统顶层提供开放互联网接口，方便与其他智能系统互联互通。

3.4 应用案例分析

3.4.1 金融建筑应用

项目名称：中国人民银行西宁中心支行

项目时间：2019 年 6 月

项目类型：改造

该项目建筑为中国人民银行西宁中心支行营业综合办公楼。大楼地上 20 层，总建筑面积约 1.8 万 m^2。经过多年的运营使用，大楼各项设备包括照明陈旧老化，能耗高，不仅影响正常办公，还存在安全隐患，同时已经无法满足绿色建筑要求。2019 年该大楼进行翻新改造，照明系统成为改造中的重要环节，该项目照明智能化及光环境改造同时列入"十三五"国家重点研发计划绿色建筑及建筑工业化重点专项科技示范工程（公共建筑光环境提升关键技术研究及示范 2018YFC0705100）。

改造施工不改变照明线路，节约线材及施工成本，以现有照明线路为基础安装数字化 LED 光源，光源亮度可以从 0～100% 调节，色温从 2700K 的暖色到 5700K 的冷白光自由调节，在原来照明开关的位置安装 ZPLC 智能开关，使房间具有灯光亮度、色温调节的功能，针对大楼智能化集中管理需求，安装智能照明控制器，这是整个物联网光环境系统的大脑，为集中管理、远程控制、时序控制、数据监测分析提供智能平台。通过简单的三步，实现整栋大楼照明系统的升级改造，施工工期短，实施方便快捷。改造共置换各类光源灯具 4591 盏，通过光源置换以及时序感应等节能策略实现照明综合节能率超过 61%。

系统应用课题研究成果：基于非视觉效应和健康照明的动态照明技术，在实现健康舒适高效的光环境的同时，通过动态调节一定程度上实现节律照明，减弱光源对人体昼夜节律的扰乱。自改造运营以来，有效降低了项目的能耗水平，使既有建筑显著提升了办公空间的光环境品质，社会及经济效益可观。

3.4.2 办公建筑应用

项目名称：北京某风电设备有限公司实验检测楼

项目时间：2016 年 11 月

项目类型：新建

北京某风电设备有限公司是中国风电设备研发及制造行业的领军企业。项目实施的实验检测楼为高层联体综合性建筑，建筑面积约 4.8 万 m^2，功能区域涵盖办公区、实验室、休闲运动区以及其他辅助性区域，功能复杂，照明范围大。该项目物联网光环境的应用实施，旨在积极响应节能减排号召，打造综合性的智慧能源大厦，树立智慧绿色建筑典范。

采用可调亮度和冷暖色温的 LED 光源以及智能照明管理系统，根据各区域的功能特征，如大厅、办公室、会议室、食堂、运动馆等不同的照明需求，设置不同的灯光使用模式及控制方式，满足多元化的使用需求。不改变设计及使用习惯，光源直接实现亮度、色温、场景、灯组等变化，智能照明管理系统直接实现电量计量、集中控制、远程控制、时序控制等功能，带来前所未有的光环境体验。

3.4.3 医疗建筑应用

项目名称：重庆市某区人民医院

项目时间：2014 年 8 月

项目类型：改造

重庆市某区人民医院项目改造涉及建筑面积超过 5 万 m^2，项目改造前存在光源亮度不足、光源频闪、光源长明等现象。通过对医院主要办公大楼实施智能照明升级改造，采用 ZPLC 物联网光环境系统技术，主要设备调光调色温 LED 灯具、智能开关、系统主机、LED 智能照明控制系统软件。项目实施改造期仅用 2 个月，比传统系统缩短一半施工工期，实施后综合节能率达 67%，平均年节约总能耗达 60.283 万 kWh，项目节能量 192.9tce，项目碳减排量 509.2t CO_2，每年节约电费超过 60 万元，项目投资回收周期不到 3 年。

3.5 总 结

照明作为绿色建筑的重要组成部分，照明物联网化以及光环境品质提升已经成为智能照明发展重要趋势，ZPLC 物联网光环境系统创新的免总线技术可以极大地简化传统总线系统设计施工，降低系统拓扑复杂程度，有助于适应上述智能照明发展趋势和要求。公共建筑 ZPLC 物联网光环境技术的应用实施，尤其在既有建筑照明智能化光环境提升改造方面具有明显优势和创新性，社会经济效益显著，照明智能化的普及发展能够推动绿色建筑的推广实施以及降低能耗，绿色建筑、节能减排不仅是国家战略发展的需要，更是衡量社会发展的重要表现。

作者：沙玉峰（恒亦明（重庆）科技有限公司）

4 立体园林绿色建筑技术

4 Stereoscopic garden green building

4.1 技 术 简 介

  立体园林绿色建筑是应对人们的生活对于园林空间的需求，响应生态文明建设的大政方针指引，顺应绿色建筑高质量转型升级趋势，主要通过将地面绿化、地下停车、传统街巷四合院叠加到空中，集空中园林、空中别墅、空中智能停车、空中院落街巷等优势于一身，从横向发展向纵向空间延伸，绘就出全新的空中之城绿色生态天际线，使城市与绿色园林和谐共融、人与自然和谐共生、邻里之间和谐共处（图4-4-1～图4-4-3）。立体园林绿色建筑是绿色建筑高质量发展的新实践。

图 4-4-1　立体园林绿色建筑未来城市

图 4-4-2　未来立体园林

图 4-4-3　未来立体园林绿色建筑社区

4.2 背 景 技 术

4.2.1 发展背景

建筑是人类赖以生存和发展的必要环境基础，也是人类社会城市文明进步的象征。从原始社会至今，住房经历了从洞穴到茅草房、到砖瓦房再到电梯房的三次升级之后，迎来了世界经济与技术的腾飞。近 40 年来，我国经历了全球最快的城镇化进程。然而在此过程中，源于资源与生态环境的压力日益凸显，城市高密度建设导致了原有的城市街巷格局、绿地公园、公共活动空间不断地遭到挤压和破坏，中华传统的居住文化正在遗失，千城一面、水泥森林现象的问题层出不穷，城市环境及人居品质快速下降。面对新时期人民群众对于美好生活的向往和追求，这些现存问题亟待解决或改善。基于现实的需求，在我国生态文明建设，以及绿色建筑高质量发展要求的共同作用下，"立体园林绿色建筑"的概念应运而生，且与我国生态文明建设以及绿色建筑高质量发展相契合，标志着建筑将进入生态文明时代。

从 2006 年我国第一版绿色建筑评价标准出台，到 2019 年第三版标准实施，我国立体绿化技术在绿色建筑领域的实践中既取得了一定成果，也存在一些问题。国内立体绿化、绿色建筑发展相比国外缓慢，创新理念落后以及技术体系不完善是制约发展重要原因。这导致设计出的建筑带给居住者的体验感较差，消费者接受度不高，不愿为其买单。全球陆续出现的几十个立体绿化建筑，都涉及"采光性、私密性、安全性"三个方面存在缺陷的难题，导致该技术至今无法大面积推广，而立体园林绿色建筑通过独特的空间布局设计，为这一难题提供了良好的解决方案。

4.2.2 发展现状

创新科技离不开政府支持，浙江省人民政府办公厅在 2019 年 11 月 11 日发布了"浙江省人民政府办公厅关于高质量加快推进未来社区试点建设工作的意见"文件，其中明确指出："允许试点项目的公共立体绿化合理计入绿地率，鼓励和扶持建立社区农业等立体绿化综合利用机制，推行绿色建筑。支持试点项目合理确定防灾安全通道，架空空间和公共开敞空间不计入容积率。支持试点项目空中花园阳台的绿化部分不计入住宅建筑面积和容积率……在建筑设计，建设运营方案确定后，可以'带方案'进行土地公开出让"。对立体园林绿色建筑的发展起到了重要的支持与引导作用。主管部委和各地政府相关部门可参考借鉴并出台相应扶持政策，以推动立体园林绿色建筑快速发展，提升人居品质。

目前，立体园林绿色建筑技术由中国多个科研团队研究完成，并已获得国内外 33 项知识产权。现已完成一个试点项目的建设并交付使用，该项目共有 8 栋 32 层建筑，总建筑面积 15 万 m^2，全部 860 户住房开盘即售罄，受到了当地居民的热情喜爱，每天来自全国各地参观的业内人士络绎不绝。

至 2020 年 1 月 10 日，全国已完成方案设计的项目有 268 个，绝大部分项目受现行政策影响，仍在等待审批中。所以，政策支持已成为该创新项能否大面积落地，早日造福民众的关键。

4.3 技 术 原 理

立体园林绿色建筑，从建筑的基础空间模块进行创新，应用独特的平面布局、立面形态、庭院及楼层转换技术，具有楼宇空中相连、家家有花园庭院、层层有街巷院落、低碳绿色节能、邻里相依、居住舒适方便、生活隐私安全等特点，实现了建筑、自然和人文的有机结合。

4.3.1 主要结构

立体园林将适合在我国主要分布的北温带、亚热带和小部分热带气候地区建造，其围护结构的保温隔热性能将达到超三星的建筑节能技术水准，在国内具有导向性意义。

（1）混凝土整体方案

立体园林建筑，其混凝土整体方案造价低，施工技术成熟。混凝土作为围护结构热惰性好，在我国公民建领域大量应用。同时，运用剪力墙也可达到较为灵活的平面布局，使用混凝土整体结构也便于附加外墙外保温系统。

（2）钢结构整体方案

钢结构具有自重轻、强度高的优点，使用钢结构可以减少砂、石、灰的用量，缩短施工周期；在建筑物拆除时，钢材料可以再利用或降解。以钢结构框架作为主体结构，既兼顾了建筑主体材料的回收利用问题，又降低了建筑在全寿命周期的碳排量。同时，钢结构也提供了更加灵活多变的室内使用空间。

（3）装配式方案

为了真正实现绿色建筑的使命，立体园林项目可采用模块建筑体系进行建造。建筑的功能空间将划分成若干个尺寸适宜运输的多面体空间模块，该模块将根据标准化生产流程和严格的质量控制体系，在专业技术人员的指导下由熟练的工人在车间流水生产线上制作完成。制作过程涉及室内精装修、水电管线、设备设施、卫生器具以及家具等部件的安装。模块运输至现场后，只需完成模块的吊装、连接，外墙的装饰以及市政绿化的施工。彻底改变传统建筑物的生产工艺和建造方法。

4.3.2 建筑模式

立体园林绿色建筑的建筑模式主要分为三类，第一类是每户都有一个空中私家花园庭院的"空中花园建筑"；第二类是在每户都有一个空中私家花园庭院的基础上，将相邻的几栋建筑在空中每两层或多层相连并围合成空中共享院落的"空中园林街巷建筑"；第三类是每户都有一个空中私家花园庭院，空中共享院落带有停车功能的"空中停车建筑"。各类建筑均对应相应的技术措施及特征，详见表4-4-1和表4-4-2。

立体园林绿色建筑主要技术　　　　　　　　　表4-4-1

序号	技术名称	技　术　原　理
1	庭院转换技术	使每户都拥有一个两层自然楼高的空中私家花园庭院
2	楼层叠换技术	将楼宇空中相连，形成空中围合共享院落的住宅建筑

立体园林绿色建筑模式　　　　　　　　　　表4-4-2

序号	模式	特　征
1	空中花园建筑	私家花园庭院面积不小于40m²，一般为50m²左右，覆土不小于50cm，空高6m左右，可种植部分小型乔木、灌木及草本植物，庭院花园安装自动滴灌系统，定时操控，可利用模块化种植、个性化定制的方式，满足住户不同需求且便于养护管理
2	空中园林街巷建筑	每户既有空中私家花园庭院，又将传统的街巷院落搬至空中，即每两层楼都有不小于所属房屋面积35%的空中共享院落，居民可在共享院落里休息、娱乐、散步、运动，街坊四邻有了交流互动空间
3	空中停车建筑	不仅有空中私家花园庭院和共享院落，还有空中停车功能。住户可通过载车电梯将车辆直接停靠在自家所在的空中公共平台里

4.3.3 核心技术标准

（1）空中共享院落

带有停车功能的院落，其面积应为所属两层总房屋面积的60%～75%；没有停车功能的院落，其面积应为所属两层总房屋面积的30%～40%，以保证住户的活动空间。空中共享院落为房屋的两个自然层，其房屋应设置在院落周边，但需保证至少有三分之一的周边空间不设置房屋，而是不封闭的敞开空间，以保证院落通风、采光（图4-4-4）。

（2）私家花园庭院

1）私家花园庭院的高度为两个自然层高，以外挑形式设置在每户住房的客

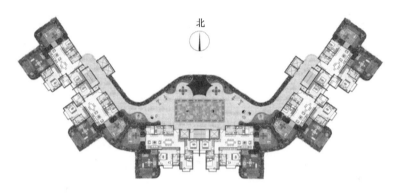

图 4-4-4　空中共享院落平面图

厅外。庭院的面积通常为住宅 $45\sim65m^2$，公寓 $30\sim40m^2$，由两个或三个完整花园庭院相连组成，该相连庭院之间无墙、无柱、不封闭（图 4-4-5）。

图 4-4-5　私家花园庭院

2）私家花园庭院所对应的上一楼层房间的全部外墙，不设置窗户。

3）下一楼层的私家花园庭院与上一楼层的私家花园庭院设置在客厅的不同方位，且不能有任何重叠。

4）在私家花园庭院的任何位置，均不能与邻居的任何房间产生对视。

5）私家花园庭院的结构为下沉板上翻梁，覆土深度不小于 50cm，植树绿化面积不小于该私家花园庭院总面积的 50％。

（3）防火标准

立体园林绿色建筑在达到以上两点的核心技术标准后，将更有利于消防安全、疏散、救援，以及避免在火灾发生时封闭空间的高温和浓烟对人体造成的伤害。立体园林绿色住宅建筑的空中"公共庭院"和"私家花园庭院"还具有良好的采光、足够大的消防避难空间和充分对流的通风条件，且四通八达的空间布置可使高层立体园林绿色住宅建筑在居住形式和居住效果上，产生如同只有一两层高的低层四合院的感受。这将使高层立体园林绿色住宅建筑的消防及防火完全区别于传统的普通高层住宅建筑，与低层建筑一样。但高层"立体园林绿色住宅建筑"还应设置环形消防车道或在建筑公共庭院的一个长边设置消防车道，将其作为消防车登高面。长边的地面，还应布置消防车登高场地以及公共庭院的安全疏散楼梯和安全出口。公共庭院可作为防烟楼梯间或封闭楼梯间的前室，楼梯间可不再设置前室。防烟楼梯间以及直接开向公共庭院的门，应采用乙级防火门或甲级防火门；在楼梯间的首层应设置直接对外的出口，或采用扩大的封闭楼梯间通达室外的公共庭院里。建筑高度大于54m、包括高度大于100m的立体园林绿色住宅建筑、私家花园庭院或公共庭院均可作为安全出口和避难空间，不再另设置避难间或避难层，因每两层住宅均设置有一座几百上千平方米的室外公共庭院，每户住宅均设置有一座不小于40m² 的室外私家花园庭院，以利于消防疏散、防火安全、避难及救援。

（4）绿化景观标准

实现立体园林的最关键元素就是绿色植物，尽可能地因地制宜，多用本地的乡土植物，彰显地方特色。在兼顾美学效果的同时，也必须考虑实物的抗性标准，包括抗风的能力。可采用模块化种植和个性化定制等方式满足住户的不同需求。

4.3.4　对比优势

较之一般建筑，"立体园林绿色建筑"具有更好的经济、社会、生态效益（占地与普通电梯房一样，建设成本也只与其相当），能为社会创造更好的公共利益，以及社会效益和经济效益，并为环境带来更好的生态利益，更加契合容积率奖励机制。因与普通住宅相比，在相同土地规模、相同人口数、相同开发成本的情况下，"立体园林绿色建筑"能带来更优秀的实施效果和更高的经济、社会、生态以及景观实施效益。

相较之前普通的垂直绿化建筑，立体园林绿色建筑彻底地解决了"采光性""私密性""安全性"问题。之前普通的垂直绿化建筑，虽种有绿植，但却有"黑房子"等许多致命缺陷，如还有上层相邻的住户可从阳台或窗户向下、左右相互对望，相邻阳台可轻易翻越或攀爬等，极大地降低了住户的体验感，成了"不宜居住的房子"。

同时，立体园林绿色建筑还创新地打造出"空中共享庭院"，满足人们邻里相望、聚族而居的心里归依，使中华传统邻里居住文化得以传承。

4.4　技　术　应　用

（1）不占地的园林让城市绿起来，增加城市生物多样性

一种在城市内立体造林的新模式。立体园林可以有效解决新能源需求中的部

分问题，丰富城市中的绿化系统。立体园林里的植物类型应该包括草本植物、灌木和乔木，形成不占用地的垂直园林景观。"立体园林"不仅可以引入多种类的植物，也将吸引很多不同种类的生物，增加城市的生态多样性。形成净化空气、维持城市生态平衡的围护结构。

（2）城市农业

满足城市居民菜篮子需求。城市立体园林绿色生态建筑使得每家每户都拥有私家花园庭院和共享院落，私家花园可种植蔬菜满足日常家庭需求。公共院落可建"鱼菜共生生态系统"，即在共享院落建设规模较大的养鱼池，池面种菜水中养鱼，构建菜鱼无土栽培生产模式。这可以在一定程度上解决住户日常生活需求，也对城市菜篮子工程做出贡献。

（3）契合居家社区养老需要

我国人口老龄化是大势所趋，居家社区养老是比较符合中国特色的养老模式，受到绝大多数老年人的欢迎。但传统电梯房让老年人尤其是失能半失能老人只能蜗居家中，缺乏邻里交往，享受不到院坝社区文化，医护不及时的情况时有发生，严重影响了居家养老效果。立体园林绿色建筑，每层均有上千平方米以上的共享活动空间，老人尤其是失能半失能老人可以无障碍地出家游玩交往，便于老人之间互助养老，并可共享智慧医养服务。同时，老人们在花园庭院中可与儿童、年轻人接触交往，时刻感受着他们的青春与朝气，有助于老人们保持身心愉悦和健康，安享幸福、健康、快乐的老年生活，同时还有利于老人与儿童之间的知识与智慧的传递，使儿童更好成长。

（4）使城市中心重拾魅力

在社会步入生态文明后，城市美学也将从机械美学转向生态美学。"立体园林"系统兼具节点和地标的要素特点，将为城市提供半公共半私密的景观化的灰空间，为不同年龄层的人提供办公、商业购物和生态休憩的场所，形成新的城市景观，带动提升区域的整体活力。

（5）削减空气污染，创造四季景色变化的新地标

"立体园林"以问题导向为研究起点，改善现有的城市环境，使建筑回归本质——为人们提供高质量的生活。同时，一年四季植被颜色的变化将创造四季景色变幻的新地标。立体园林中的绿色植被不仅能够吸收二氧化碳，输出氧气，还能阻隔城市中的噪声，吸附粉尘和有害气体，为在建筑中工作和生活的城市居民阻隔空气污染，成为过滤空气的第一道屏障，带来更舒适的工作和生活环境。

（6）实践微循环的新载体，"职住平衡"的新生态系统

"立体园林"及其背后的技术，可以运用在各个领域，例如旧建筑改造、新建绿色建筑、城市厂区更新、城市广场改造等。它不仅仅是多一个生态立面，更是一个帮助重建微循环、促进城市转型的方法。而新城开发立体园林的关键，是

构建集办公、居住、商业、休闲于一体的集约式的城市综合体，是建造基于共生理念的功能混合的大型绿色建筑。开发立体园林能够在促进实现职住平衡的状态下，既保证新城的经济活力，又大大减少对老城的交通压力。

（7）让古典园林拥抱现代城市高楼，延续"田园之乐"的新桃源

"立体园林绿色建筑"建筑一定程度上疏导了城市高密度地区的环境压力，在维持高密度办公和居住状态的同时，增加人与自然的亲密接触。中国古典园林主要是用建筑来围蔽和分隔空间的，这些空间具有大小相间、彼此通联的特点，山水景致的创造与建筑空间环境是内外结合的有机整体。将层次景致皆丰富的立体园林，比德为现代都市的田园之乐和桃源之梦都再恰当不过。

（8）具有生物智慧的现代楼宇

高效、节约和生态的建筑，是智慧生态城市项目的各个主体节点。"立体园林绿色建筑"是一个智慧建筑的标杆，它可将智慧停车、全自动的植物监测系统、灌溉装置、中水回收、地下热泵、屋顶太阳能板、中央集中供暖等技术整合在一起，实现能源和资源的协同，城市服务功能与产业的协同，自然气候与景观的协同。

（9）使家变成家园，使城市变成园林

立体园林建筑，一户私家花园庭院的面积，一般在 $45 \sim 65m^2$，可栽种5m的大树 $3 \sim 5$ 棵，2m左右的小树 $30 \sim 80$ 棵，1m以下的灌木 $100 \sim 200$ 株，以及花草植物若干，即每一栋建筑，可栽种5m的大树960棵，2m的小树6000棵，灌木5万株，花草若干。这些植树绿化面积，将超过整个小区的总占地面积，而一个小区一般会有十几栋或几十栋建筑，就相当于一个几百上千亩的森林公园。根据有关资料显示，一个1000亩的森林公园，每一天最低可释放氧气60吨，吸收二氧化碳76吨，相当于可供6万人的氧气摄入量和吸收6万人的二氧化碳排放量，这就如同将这一片城市都变成了一座大园林和天然氧吧。

4.5 政策支持

科技创新是经济发展的重要驱动力，而创新离不开政策的支持。建议针对"立体园林绿色建筑"涉及的"空中花园绿化面积，空中公共共享庭院（四合院）及与之配套的载人载车电梯、消防楼梯、室外连廊走廊"，给予"不计算容积率面积和建筑面积"的政策支持。

4.6 总结

推进"立体园林—绿色建筑"发展的意义可以归纳为六点：

第一，解决中国城镇化发展难题，践行建设美丽中国战略；

第二，推动绿色建筑发展，提升人居环境品质；

第三，契合国家大健康战略；

第四，契合国家绿色低碳生态城市发展战略；

第五，满足城市居民提高生活品质的愿望，实现"山水城市"桃源梦；

第六，契合国家启动内需、促进新的经济增长的需要，是一项促进国计民生的重要举措。

作者：汪震铭[1]　唐元[2]　李国柱[3]　田灵江[4]　刘冰[5]　潘琳[6]　袁清扬[7]（1. 清华大学建筑设计研究院；2. 中国政策科学研究会；3. 中国建筑科学研究院有限公司；4. 住建部科技与产业化发展中心；5. 中国建筑标准设计研究院；6. 中国城市科学研究会；7. 中国建筑文化研究会）

第五篇 | 交流篇

　　本篇针对绿色建筑发展过程中出现的热点问题、专项技术等，从学组提交的文章报告中分别选取了绿色智慧建筑、立体绿化、绿色医院、建筑设计用能限额、绿色施工技术、超低能耗建筑政策研究6篇文章。从发展背景、发展现状、关键技术、存在问题、对策分析、未来展望等方面对上述热点问题进行阐述，旨在为读者揭示绿色建筑相关技术与发展趋势，推动我国绿色建筑发展。

　　绿色智慧建筑发展已成为建筑行业的主要发展趋势，物联网、大数据、云计算、人工智能、BIM、5G通信等新一代信息化技术加速推动着全球建筑行业的转型升级，为我国绿色智慧建筑的可持续发展以及智慧城市的建设提供参考依据；立体绿化是在室内、室外、屋面、露台、墙体等多空间内进行植物种植，并结合互联网＋智能远程控制系统进行智能化维护管养的一种新型立体绿化方式，是未来绿色建筑的发展重要方向之一；绿色医院作为重要的功能性建筑，人们越来越关注良好的康复环境和心理需求的融合，要求不断提高绿色医院建筑的质量和性能，推动绿色医院建筑向更高质量发展；推动建筑节能设计从"相对节能"走向用能限额形式的"绝对节能"将是未来建筑节能设计领域的重要趋势；依托重大工程积极开展绿色施工技术创新与应用，对同类工程具有重要示范效应；政策激励是推动超低能耗建筑发展的重要手段，对未来超低能耗建筑健康良好的发展具有重要的意义。

本篇内容篇幅所限，不能覆盖各个学组的研究成果，还请读者见谅！今后争取能够为读者提供更多更好的文章。

Part 5 | Communication

With the focuses on the hot topics and special technologies in the development of green buildings, this chapter selected six articles from the submitted research reports in the areas of green intelligent buildings, vertical planting, and green hospital buildings, energy limits for building design, green construction technologies, and ultra-low-energy buildings. Those hot topics have been well illustrated in terms of development background, development status quo, key technologies, existing issues, countermeasures analysis and future outlook, with the aim to reveal the relevant technologies and the development trends of green building to readers and promote the development of green buildings in China.

The development of green intelligent buildings has become the main trend of the construction industry. The new generation of information technologies, such as the Internet of Things, big data, cloud computing, artificial intelligence, BIM, 5G communication, accelerates the transformation and upgrades the global building industry, which provides the references for the sustainable development of the green intelligent buildings and the construction of smart cities in China. Vertical planting is a new planting method by integrating the multi-space plantings of indoors, outdoors, roofs, terraces, walls and etc. , with the internet as well as the intelligent remote control systems for the intelligent maintenances and managements, which is one of the crucial development directions for green buildings in the future. Serving as importantly functional buildings, the building quality and performance of green hospitals have been required to be improved since people have paid more and more attention to the integration of good rehabilitation environment and psychological needs, which has promoted the development of green hospital buildings to higher quality. In the form of energy limits, it will be an important trend in the field of building energy efficient designs in the future to promote such building designs from " relative energy saving" to " absolute energy saving" . Relying on the major projects, actively carrying out the green construction technology innovations and applications has an important demonstration effect on similar projects. Policy incentives are important means to promote the development of ultra-low energy consumption buildings, which present great significances to the healthy development of ultra-low energy consumption buildings in the future.

Due to the length limits of this chapter, the contents cannot cover all the research results of each group. We really appreciate readers' kind understanding and strive to provide more and better articles for readers.

1　绿色智慧建筑的发展现状及新兴技术
1　State-of-the-art and advanced technologies of Green and Smart Buildings

21 世纪以来，绿色低碳、节能环保、可持续发展已成为世界各国主流的发展趋势，在信息科技革命的时代背景下，物联网、大数据、云计算、人工智能、BIM、5G 通信等新一代信息化技术加速推动着全球建筑行业的转型升级，绿色建筑、智能建筑、健康建筑的融合发展已成为建筑行业的主要发展趋势。本文将针对该领域的发展现状及典型应用场景下的新兴技术进行梳理总结，旨在为我国绿色智慧建筑的可持续发展以及智慧城市的建设提供参考依据。

1.1　绿色智慧建筑的发展现状

在绿色发展的理念基础上，伴随着近年信息科技的快速进步，物联网、5G 通讯、BIM、大数据、云计算、人工智能等新兴技术已成为建筑行业快速发展的核心驱动力，绿色建筑的发展逐步向信息化、智能化、智慧化转变，因此"绿色智慧建筑"的理念应运而生。绿色智慧建筑整合了绿色可持续发展及信息化的最新科技，目的是为人们提供绿色、节能、安全、高效以及便利的建筑环境，从而实现城市乃至整个国家的可持续发展。绿色智慧建筑是信息时代的必然产物，作为现代社会的重要基础设施，已受到世界各国的普遍重视，其发展进程逐渐由单体智能建筑向智慧街区、智慧城市转变。在时代浪潮的推动下，我国在政府主导下也相应推出了建设智慧城市的计划，自 2011 年起，智慧城市多次被写入住房和城乡建设部、国家测绘地理信息局、工业和信息化部的相关政策法规，据统计，工业和信息化部制定的与智慧城市相关的规划已达十多个；在城市层面，北京、上海、广州、深圳、青岛、南京、无锡、宁波、台州、武汉等城市纷纷出台了智慧城市的相关制度，并积极落实行动计划和具体方案。绿色智慧建筑作为智慧城市建设的基础载体，将会在绿色可持续发展大背景下扮演愈发重要的作用。

另一方面，建筑环境的质量与人类健康息息相关，近年健康建筑的理念已逐步成为绿色智慧建筑发展的又一热点方向。美国推出的 WELL 健康建筑认证体系已在全世界范围内迅速推广，我国也于 2016 年推出了《健康建筑评价标准》

T/ASC 02—2016，相应标准体系的不断成熟与完善进一步丰富了绿色智慧建筑的概念内涵。2019年底我国出现的新冠肺炎疫情更是对绿色智慧建筑的健康防疫工作敲响了警钟，关于如何借助物联网、云计算、人工智能等新兴技术手段提升建筑的健康性能，特别是如何管控室内空气质量，已成为全社会关注的热点话题。相应地，绿色智慧建筑对健康性能的迫切需求也促使了该领域的快速发展与技术更新，下文将对各类典型应用场景下的绿色智慧建筑新兴技术进行简要介绍。

1.2 典型应用场景下的绿色智慧建筑新兴技术

当前绿色智慧建筑的应用技术主要体现在建筑能源管理、建筑环境管理、设施设备管理、建筑信息扫描等应用场景。下文将针对这几类典型应用场景下的新兴技术进行简要介绍。

1.2.1 建筑能源管理技术

（1）基于人工智能的建筑能耗预测技术

目前，人工智能技术在建筑领域取得了广泛应用，特别是把人工智能算法应用到建筑能耗预测方面。当前，人工神经网络法、支持向量机法、灰色模型法、时间序列法、深度学习法等方法以及基于上述方法的优化算法都是应用较广泛的人工智能预测方法。它的优势在于能够解决变量之间的非线性关系，在预测能耗方面比传统模拟方法和回归方法具有更高的精度，在建筑领域有非常好的应用潜力。

1）人工神经网络（Artificial Neural Network，ANN）是由大量的神经元互相连接而成的网络，主要优点是能够隐式检测输入和输出之间的复杂非线性关系。然而ANN方法训练时，需要样本数据量足够大才能获得满意的预测结果，而当样本数据增加时，收敛速度将会变慢。

2）通过优化支持向量机回归（Support Vector Regression，SVR）算法来构建建筑能耗预测模型，其最优预测结果与核函数的选择有着密切关系，这就增加了不确定性，降低了模型的预测精度。

3）灰色系统理论（Grey Model，GM）是一门研究信息部分清楚、部分不清楚并带有不确定性现象的应用数学学科。灰色系统理论的计算量小，对所需的数据要求低，一般几个数据就可建立灰色模型。然而对具有振荡特性的数据，预测效果并不理想。

4）时间序列法属于数据驱动模型方法。由于建筑系统的强大惯性，建筑能耗在短时间内常常表现为在过去能耗基础上的一种随机起伏。时间序列模型实质是由内加权移动平均法演变而来的一种方法。

5）深度学习属于深层结构算法，通过从浅层到深层的逐层贪婪学习，不断优化网络拓扑结构。然而在样本数据不够多的情况下，训练过程中很难学习到有用的信息。

（2）基于边缘计算的建筑能源管理平台

建筑能源监测管理系统，设置对电、气、热、水的全部建筑的主要用能设施、设备能耗和水耗，进行能耗水耗分项计量，实时、准确、详细地掌握每个用能终端的能源消耗数据及运行状态。找出关键耗能点和异常耗能点，生成"能效控制方案"，从而对设备进行远程控制和管理，并不断结合实际采集数据，对"能效控制方案"进行微调，最终确定"最优能效控制方案"，从整体上降低建筑能耗，保证建筑在节能绿色的状态下运行（图 5-1-1）。

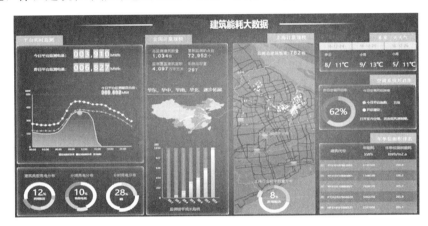

图 5-1-1　建筑能耗大数据监测平台

随着物联网、云计算、人工智能等新技术的兴起，建筑能源管理系统相关技术也在不断地向前发展。随着大型公共建筑物理空间的不断扩大以及所接入各类智能设备数量的日益增大，建筑能源管理系统中以物联网数据中心为核心的信息系统的构建，是解决建筑运行能耗管理问题的关键所在。同时，边缘计算和云计算是一种基于互联网的新型计算模式，它借助网络平台将大型程序拆解成无数多的子程序，再通过庞大的多个服务器组建搜索系统，将各子程序分析结果反馈给用户，可以在很短时间内处理庞大的计算信息，拥有类似超级电脑一样的网络计算能力。建筑能源管理系统的重要性日益体现，其不仅能降低建筑物自身的能耗及管理成本，还能为节能减排工作的开展与生态文明的建设起到引领和助推作用，具有重大的社会经济效益。

1. 2. 2　建筑环境管理技术

（1）室内空气质量管理技术

1）室内空气质量监测系统

室内空气质量监测主要通过室内各类空气监测装置，实现对空气的实时监测，对$PM_{2.5}$、CO_2、PM_{10}、甲醛等污染气体进行告警，并与新风、空调、净化等系统联动工作。监测系统对污染物的读数间隔不长于10min，同时将监测发布系统与建筑室内空气质量调控设备组成自动控制系统，可实现室内环境的智能化调控，在维持建筑室内环境健康舒适的同时减少不必要的能源消耗。

2）新风机组与CO_2监测联动系统

对于设置集中空调系统的公共建筑，新风量并非是随着室内人数的变化而进行调节的。对于室内人员密度较高、门窗启闭次数不多、人员来去流量比较集中的室内空间（例如会议室、报告厅等），CO_2的浓度可能会瞬时较高。CO_2监测技术比较成熟且使用方便，在人员密度较高且随时间变化的区域，设计和安装室内空气质量监测系统，采用CO_2浓度作为控制指标，实时监测CO_2浓度并与新风系统联动，既可以保证室内的新风量需求和室内空气质量，又可以实现建筑节能。

3）地下车库排风与CO监测联动系统

地下车库与地上建筑空间相比，处于封闭或半封闭的状态，自然通风和采光很少，且内部有汽车出入，汽车排放的尾气如果不能及时排出，就会对进入车库的人员身体健康造成危害。汽车排放的主要污染物有CO、碳氢化合物、氮氧化合物等，而其中以CO对人体的危害最大。因此，为了保证车库内的良好空气质量并节约能源，设置CO监测装置且与排风系统联动，当CO浓度超标时可加大排风量运行排风系统，该联动系统可有效保证地下车库内的CO浓度低于危害水平，同时又可以避免排风频率过高而导致的能源浪费。

（2）疫情防控智慧管理技术

截至2020年2月10日，我国新冠肺炎疫情全国已累计确诊病例42708人，累计死亡人数1017人。采用智慧技术对疫情防控阶段的建筑环境进行高效管理，提升建筑的健康防疫性能已成为当前阶段的关键手段。据了解，目前已有的疫情防控智慧管理技术主要体现在实时人流红外体温监测、人工智能人脸识别、智慧网格监控、无人机疫情监控等方面。

实时人流红外体温监测系统可以对特定区域的实时动态人流体温进行快速监测，响应时间在30ms以内，可以有效解决接触式测温费时、费力、效率低的问题。采用人脸智能识别技术，可以在测温的同时实现目标人脸识别，锁定超温目标，从而解决现场无法立刻确认超温目标信息的难题。智慧网格监控系统通过访客管理可以高效筛查来自重点疫情区域的居民，有利于后续社区疫情管理，并且具有疫情通报、防控宣传等功能。此外，无人机在疫情防控中具有喊话、航拍、测温、照明、消毒、监工等功能，在疫情监控过程中可以发挥关键作用。

（3）室内智慧照明监控技术

目前，室内照明系统设计上普遍应用的LED光源，与传统的白炽灯光源相比，LED 光源具有节能环保的优势。此外，智能化照明系统也取代了传统的照明系统。特别是近代以来，智能照明技术系统在商业领域中的应用较为突出，促进了照明控制系统的发展。在 LED 照明控制系统的设计过程中，主要是采用现代化智能互联网、信息通信技术来分析和计划 LED 照明系统的全过程。通过照明系统的系统化设计，并借助现代化智能控制系统，实现由整体到局部的控制理念及可能的延长控制时间和距离。

（4）城市道路与景观照明节能控制技术

城市的文明伴随着照明技术的发展而突飞猛进，基于 LED＋物联网技术所构建的照明物联网则是智慧城市的规模化物联网应用的开端。实现无线路灯控制、回路集中控制与监控功能，以及路灯按照预定的节能策略进行程序自动控制。系统可自动检测并上报每一盏路灯的工作状态信息，结合路灯的地理位置信息，可快速告警并定位异常路灯的地理位置，提高整个灯光系统管理的效率。同时，系统可分析统计每盏路灯、每条街道、每个片区的能耗数据，为城市建设规划提供大数据依据，是打造智慧城市，提升互联网＋市政运营能力的优秀解决方案，对智慧照明系统建设以及快速发展有一定的指导性意义。多功能智慧灯杆集智慧照明、智慧交通、安防监控、环境监测、充电服务等于一体，是多功能杆最重要的种类，也是智慧城市智能感知设备的最佳接入载体（图 5-1-2）。随着智慧城市建设的逐步推进，多功能智慧灯杆将迎来发展的巨大机遇。

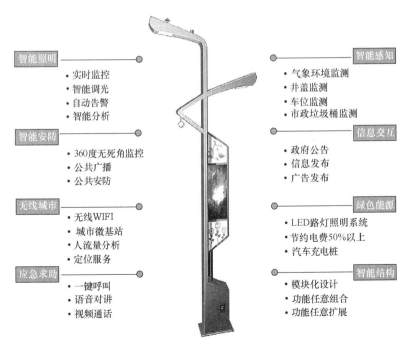

图 5-1-2　城市智慧路灯照明系统

1.2.3 设施设备管理技术

（1）设施设备智慧管理平台

建筑设施设备智慧管理平台，是专门为企业与楼宇运营管理人员服务的一套用于设备设施运维阶段的 SaaS 级管理平台，集成了物联网、云计算、大数据、RFID 等多项信息技术，提供便捷、规范、智能的设备台账与标签管理、运维计划与流程管理、设备运行工况实时监测与预警、设备能效分析与评价及丰富的统计报表服务等实用功能，实现能源和设备数据实时监控和综合分析，优化调节楼宇用能策略，提高设施设备能效，降低设备故障率和安全隐患；同时，也可实现对设备、空间、人员和流程的可视化、精细化和智慧化管理，提升运维管理水平，降低人员和运维管理成本（图 5-1-3）。将平台与 BIM 技术相结合，利用 BIM 技术强大的信息集成和信息接口开放的特性，可以为设施设备管理全生命周期的传递提供解决方案，BIM 提供的可视化、设备快速定位等功能可以为设施设备管理的运维、空间、能源、人员、安全和工作管理等多个模块提供支持，保证数据的集成和共享。

图 5-1-3 建筑设施设备智慧管理平台

（2）智慧工地管理平台

智慧工地是一种崭新的工程现场一体化管理模式，针对目前安全监管和防范手段相对落后，建筑施工企业信息化水平仍较低，信息化尚未深度融入安全生产核心业务的现状，利用信息化手段对建筑施工安全生产进行"智能化"监管，提升政府的监管和服务能力，同时更好地为企业提供服务。

智慧工地管理平台，通过安装在建筑施工作业现场的各类传感装置，构建智能监控和防范体系。能有效弥补传统方法和技术在监管中的缺陷，实现对"人、机、料、法、环"的全方位实时监控，变被动"监督"为主动"监管"；真正提现"安全第一，预防为主，综合治理"的安全生产方针（图 5-1-4）。

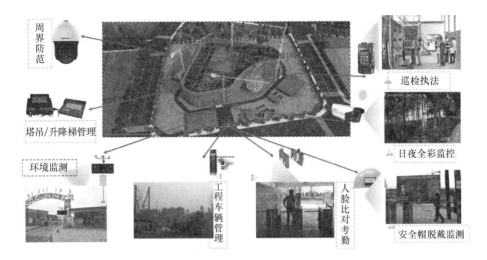

周界防范

巡检执法

塔吊/升降梯管理

日夜全彩监控

环境监测

工程车辆管理

人脸比对考勤

安全帽脱戴监测

图 5-1-4　智慧工地管理平台

此外，将无人机与智慧工地相结合，也是对工地进行数字化管理的热点方向。无人机可将航测数据转化为包含地面地形、高程、坐标等信息，能够实现3D实景建模。利用无人机在不同时段拍摄的影像，可测绘出现场的地形变化，借助智能软件，可以自动计算开挖了多少土方，基坑有没有发生位移变形，辅助商务测算和安全管理。利用无人机搭载的红外热像仪，可以快速探测哪些部位温度异常，精准快速检测混凝土底板、风管以及屋面和幕墙等部位不易被肉眼发现的裂缝和渗漏点，提高施工质量。通过无人机航拍可以实现对现场施工的实况追踪，不仅可以方便项目各方人员快速了解现场的施工进度，也可以积累大量现场第一手资料数据，以供后期使用。

1.2.4　建筑信息扫描技术

基于BIM的3D激光扫描技术主要特点是能在短时间内获取现场可视化与可编辑的精确数据，数据的格式种类多样，可以非常容易地通过常见的BIM类软件进行导入，并根据不同的需求进行数据的应用。三维激光扫描技术很大程度上能够弥补目前BIM技术领域对于现场建造的数据采集的短板。同时又避免了人工数据采集的精确度低和可靠性低的问题。BIM-3D扫描技术可以进行非接触式扫描测量，快速获取建筑尺寸、形体、颜色数据，并生成点云模型，通过点云模型可以制作3D模型，通过BIM软件实现文物的维修、储存、存档和浏览的数字化（图5-1-5）。基于GIS的无人机扫描技术是通过一种先进的无人驾驶自主飞行器，对于地面进行航空影像数据采集，倾斜目标场景种类包括城市、建筑、乡村、公路、河道、矿山、水库、文物、山地等，根据三维地标模型提取地形特征点，断裂线，生成DEM地形模型，地形中误差不超过20cm。

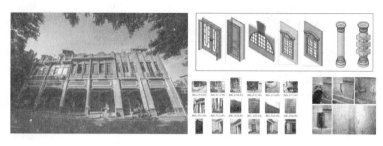

图 5-1-5　历史文物建筑 3D 扫描建模

1.3　存在的问题

（1）安全与隐私问题

随着物联网等新兴技术在绿色智慧建筑领域的深入应用，大量的监测传感器遍布在城市及建筑的各个角落，各类建筑用户的安全与隐私问题是该领域的首要敏感话题。从用户的角度来看，各类智慧应用系统会涉及私人信息，不安全的系统容易引起用户的担心，并且会降低用户使用该系统的主观意愿，有时甚至会导致严重的后果。例如，办公楼内安装的安防监控设备本是用来安防监控的，但同时也记录了办公楼内用户的日常活动，容易引发用户的反感；手机定位系统在用于定位路线的同时也泄露用户的出行隐私信息；建筑能耗监测系统可以根据历史监测数据进行建筑能耗预测，但也同时可以揭示用户的行为规律，从而可能导致严重的隐私泄露风险。因此，如何在保障用户安全及隐私的前提下应用各类绿色智慧建筑技术是亟待研究的关键问题之一，加密算法、用户权限管理等方面的研究需要重视。

（2）数据的获取、处理以及存储问题

基于物联网的各类绿色智慧建筑技术可以有效应用的基础在于各类通过感知层获取的数据，因此数据是信息时代背景下的重要资源。绿色智慧建筑领域的各类物联监测数据相比其他领域的数据要更为复杂多样，例如涉及室内外环境、用户行为特征、建筑围护结构、机电设备系统等多种信息数据，关于如何有效获取这些数据，并进行有效清洗、整理、存储，为后期的数据分析奠定基础条件，同样也是该领域亟待研究的关键问题之一。

（3）楼宇自控系统的标准化问题

各类绿色智慧建筑的应用技术大多需要依赖楼宇自控系统进行数据传输以及反馈控制，但当前主流的各类楼宇自控系统品牌各自独立，而楼宇机电系统种类繁多，若要真正实现智慧化运行操作，需要打通各种系统的通信壁垒，建立统一的智慧建筑设备元器件通信协议，从而有效实现各类物联监测数据的有效传输以及反馈控制，为各类智慧管理平台的有效应用提供便利。因此，关于楼宇自控系统如何实现标准化也同样是亟待解决的关键问题之一。

（4）信息化应用的政策导向问题

作为建筑行业信息化转型发展的关键技术，BIM技术虽然热度很高，但其应用率及集成化程度并不高，尚不能完全替代传统的CAD制图及建筑全生命周期管理的复杂要求。同时，政府在推进BIM技术应用的过程中缺乏有效的政策导向，例如当前国内的建筑施工图审查依然是基于传统的二维图纸，BIM技术在建筑领域应用的深度及广度均有待提高。因此，绿色智慧建筑在我国的普及推广尚有很长的路要走，需要在政策制定上进一步加强探索。

（5）绿色智慧技术的价值问题

当前，我国的绿色智慧建筑普及率仍然较低，行业发展还不充分。虽然政府制定了各类推进智慧城市的相关政策，但由于各类智慧技术系统的成本造价不透明，投资回收期难以测算，建设单位往往对各类智慧系统的应用价值难以判断，导致其对绿色智慧技术的应用积极性不高。例如，当前的大型公共建筑能耗监测系统多由政府投资，用于宏观测算区域节能工作的成效，而在单栋楼宇的节能应用方面尚未发挥出应有的作用。因此，关于如何挖掘绿色智慧技术的应用价值，充分发掘绿色智慧建筑的潜在需求也是亟待研究的关键问题之一。

1.4 总　　结

在信息科技革命的时代背景下，绿色建筑、智慧建筑、健康建筑融合发展已成为当前建筑行业的主流趋势，物联网技术、大数据与云计算技术、BIM与人工智能技术是绿色智慧建筑行业发展的核心驱动力，建筑能源管理技术、建筑环境管理技术、设施设备管理技术、人员定位监控技术等新兴技术已成为当前绿色智慧建筑领域的主要发展方向，且市场潜力巨大。然而，在用户的安全与隐私，数据的获取、处理以及存储，楼宇智能系统的标准化，建筑行业信息化转型的政策导向，绿色智慧技术的价值挖掘等方面亟待进一步研究探索。

作者： 苟少清　胡翀赫　王喜春　于兵（上海延华智能科技（集团）股份有限公司；上海东方延华节能技术服务股份有限公司）

2 国内立体绿化发展现状综述

2 A summary of the current situation of domestic stereoscopic greening development

2.1 引　　言

随着我国社会经济的高速发展，因城市建设所产生的生态环境污染和破坏问题愈加严重，人口密度大、建筑密度大、水污染、空气污染、光污染、噪声污染、城市热岛效应日益加剧等，使得城市环境日渐恶劣，城市生态修复势在必行。新时期生态文明建设已经纳入中国特色社会主义事业总体布局，在"美丽中国""绿色发展"理念的指引下，如何在城市环境中应用有生命的植物材料来柔化、净化、美化硬质建筑物、改善城市人居生态环境已成为一个重要命题。

立体绿化是在不破坏建筑物自身结构和寿命的前提下，实现在室内、室外、屋面、露台、墙体等多空间内进行的植物种植，并结合互联网＋智能远程控制系统进行智能化维护管养的一种新型立体绿化方式，是未来绿色建筑的发展重要方向之一。

2.2 各地立体绿化进展

目前，我国立体绿化行业不断发展，各地区均采取相应的措施支持立体绿化，并取得了一定进展。

2.2.1 北京市立体绿化主要支持措施

根据北京市人民政府《北京市推进空间立体绿化建设工作意见》：屋顶绿化按照实有面积计入区、县绿化覆盖率指标。凡是在屋顶绿化工作中成绩突出的单位或个人都会受到政府的表彰和奖励，并且以此作为评选市级花园式单位和绿化美化先进单位的重要条件，以调动全社会开展屋顶绿化的积极性。全市"十三五"期间将要完成屋顶绿化 100 万 m²。北京市政府在与各区县政府签订的园林绿化责任书上，专门列入完成屋顶绿化、垂直绿化的任务指标。

2.2.2　上海市立体绿化主要支持措施

（1）政府引导，社会联动：政府制定一系列立体绿化条例，充分调动社会参与积极性。

（2）科学推进，质量优先：分类型试点，根据屋顶绿化、垂直绿化、沿口绿化、棚架绿化等不同立体绿化类型的突出特点和技术要求，进行分类试点。分区域示范，首选静安和闵行区先行试点，探索整区域推进的推动机制、组织方法、激励政策等。

（3）宣传到位，市民关注：积极动员，协调各方，形成了政府引导、社会参与、齐抓共管的机制。

2.2.3　重庆市立体绿化主要支持措施

（1）2010年重庆市发布《重庆市屋顶绿化技术规范》，对各类立体绿化的设计、施工、养护等方面提出了具体要求，为重庆市立体绿化推进提供了技术保障。此外，一些区县采取了屋顶绿化建设补贴的方式，支持居民和社会单位进行屋顶绿化建设。

（2）重庆市正在制定《关于加快推进城市立体绿化建设的意见》，对加快推进立体绿化建设的总体要求、实施原则、实施范围及重点、政策措施、保障措施等提出了明确要求。

2.2.4　深圳市立体绿化主要支持措施

（1）2017年，深圳市先后成立了立体绿化专业委员会以及深圳市立体绿化行业协会，两个行业协会均已按照相关的行业规范开展工作，对整个行业的发展的影响力逐步显现。

（2）深圳市财政部门每年从市建筑节能发展资金中安排相应资金用于支持绿色建筑的发展，鼓励在绿色建筑的外立面、结构层、屋面和地下空间进行多层次、多功能的绿化和美化，改善局部气候和生态服务功能，同时对绿色改造成效显著的旧住宅区予以适当补贴。

（3）深圳市出台了多项政府常规性文件以及技术规范或技术引导，持续推动立体绿化工作。

2.2.5　西安市立体绿化主要支持措施

（1）西安市自2005年全面推行城市立体绿化工作。2011年相继出台《西安市屋顶绿化技术规范》《西安市垂直绿化技术规范》等技术规范。

（2）市委市政府自 2012 年为专项推进屋顶绿化和垂直绿化工作，制定"专项工作方案和实施意见"，提出全市任务分解和专项补贴政策。

2.2.6 厦门市立体绿化主要支持措施

（1）目前，厦门编制完成了厦门本岛立体绿化（屋顶绿化专题）专项规划，旨在快速推动立体绿化的发展。

（2）实施立体绿化已经写入厦门园林绿化条例，在法规制度中明确。

（3）立体绿化具体的施工标准和验收标准正在制定，质量监督机构已经将其纳入质量监管体系。

2.2.7 河南省立体绿化主要支持措施

（1）2013 年和 2014 年河南省分别出台《屋顶绿化技术规范》《立体绿化技术规范》两个地方标准。

（2）2016 年 9 月，河南省住建厅印发《关于加强全省城市立体绿化工作的指导意见的通知》，明确了全省开展屋顶与立体绿化工作的方式方法。2018 年 5 月，河南省推进城镇基础设施建设管理工作联席会议办公室印发《关于加快推进全省城市立体绿化建设工作的通知》，明确了未来 5 年河南省立体绿化面积指标。

（3）公益先行带动全民参与。河南省住建厅通过实施全省品牌公益项目，组织和动员社会和居民共同参与。自 2012 年开始的"绿色屋顶蓝色天空"全民立体植树节，在每年的 3 月份实施，至 2018 年已经连续 7 年，累计实施屋顶绿化 10 万 m^2，累计参与公益植绿人数超过 20 万人。2018 年 3 月 10 日在 11 个全省地市同步实施，当天屋顶植绿面积达到 5 万 m^2，打破世界吉尼斯纪录。

（4）加强培训教育并启动立体绿化产业基金。河南省住建厅定期组织开展立体绿化技术与管理培训，并在"第十一届中国·郑州（国际）生态城市与立体绿化大会"上启动了全国首个立体绿化产业基金，以"公益捐赠＋政府投资＋政府补贴＋产业基金"的模式全面推进立体绿化。

2.3 立体绿化行业趋势

立体绿化发展至今，总体来说有两大趋势，一是设计多元化，更多的元素加入到立体绿化设计当中，大大提升其景观效果，更多的功能的实现也为立体绿化的推广起到了重要作用。另一个方向是运维网络化、智能化，处于互联网时代，立体绿化运维管理的智能化已经成为一个大趋势和必然，立体绿化经常被诟病的后期维护费用偏高的问题也将因为智能运维系统的完善得到有效解决。

2.3.1 设计多元化

从规划层面考虑，推广立体绿化的根本原因在于保护生态、修复自然，在实际操作层面，立体绿化业务能得到业主认可目前主要依靠其杰出的景观效果和更加丰富的功能性。

（1）屋顶绿化

屋顶绿化的设计起源于地面景观绿化，景观绿化设计博大精深，从景观设计本身的角度来讲，目前并没有太多的创新，但是屋顶绿化的功能性被不断发掘，比如屋顶农场，为了让学生有更多的课外活动、亲近自然的机会，屋顶农场被越来越多的学校所接受。

在人群聚集的商业综合体，结合了商业运营的屋顶农场可以提供持续的商业回报，因此越来越多的商业综合体屋面被改造成为结合商业街区的屋顶农场（图5-2-1）。

（2）阳台绿化（立体园林建筑）

具有花园功能的大阳台成为很多房地产开发商房屋销售的卖点，"层层有街巷，户户有庭院"，既享都市繁华又览田园美景，立体园林建筑作为生态宜居住房的标杆，满足了人们对美好生活的向往；从供给侧为市场提供了最适合房型。

图 5-2-1　屋顶农场案例

目前立体园林建筑已经在四川、湖南、河南等省落地建设，得到了政府、百姓、行业各方的高度认可，其中成都七一国际广场项目（图5-2-2）作为第一个样板项目刚刚开盘，即被抢购一空，并获得了绿色人居大奖。同样在政府限价情况下，比相邻小区的售价高出近50%，为开发商带来了丰厚的收益。目前浙江、湖南等多个地市已经出台了鼓励立体园林建筑的相关政策，这为立体园林建筑的迅速推广带来了政策支持，作为扎根于地产，立足于生态景观，受益于政策的第四代住房也必将作为立体绿化行业发展的一个标杆在未来若干年引领行业发展！

（3）墙体绿化

墙体绿化已经在我国走了将近十年的道路，也逐渐被人们所熟知，同时由于其设计缺少系统化、理论化的提升，审美疲劳也随之产生，为了改变这一现状，越来越多的墙体绿化项目增加了植物之外的其他元素作为衬托和搭配，比如人造雾、LED、石材、沉木等，同时更加注重墙面设计的凹凸、错落感（图5-2-3）。

图 5-2-2 成都七一国际广场

2.3.2 运维智能化

立体绿化的维护管理能够结合互联网信息集成技术，实时监测生态空间内部及周围环境的温度、湿度、光照强度等参数，根据传感器反馈的数据能够查询立体绿化实时状态（图 5-2-4），并且根据实时状态进行智能灌溉、补光、遮阳等操作；智能控制系统能够根据预先设定的环境参数判断环境情况，超出策略设定范围便可自动报警；系统能够记录所有传感器反馈的环境参数，提供历史数据供使用者参考。

图 5-2-3 植物墙案例

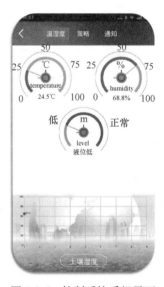

图 5-2-4 控制系统手机界面

2.4　国内立体绿化材料、技术新发展

2.4.1　屋顶绿化防水层材料检测规范化

种植屋面防水层要求必须为耐根穿刺的防水材料，而且必须是通过国内的耐根穿刺植物检测机构检验合格的防水材料。国外的耐根穿刺防水材料相关检测机构建立较早，主要集中在德国、日本和韩国。国内的相关检测机构从 2007 年开始建立。在中国建筑防水协会的大力支持下，国内的种植屋面市场可选择的种植屋面耐根穿刺防水材料很多。截至 2018 年 12 月，通过国内检测的防水产品共计有 231 种，其中包括有 SBS 改性沥青类防水卷材、APP 改性沥青防水卷材、聚乙烯丙纶防水卷材、聚氯乙烯（PVC）防水卷材、聚烯烃热塑性弹性体（TPO）防水卷材、三元乙丙橡胶（EPDM）防水卷材等。

2.4.2　立体绿化塑型基质

普通立体绿化种植基质应是改良土（田园土＋草炭土）或无机基质，塑性基质利用化学粘结或者物理纤维包裹等方法，把基质塑造成所需形状。最初进入我国的立体绿化塑性基质以日本三得利集团的宝福科勒为代表，随着我国对于塑性基质的研究深入，垒土（图 5-2-5）、生态保水砖、耀珂等品牌相继出现，虽然比进口产品仍有差距，但随着产品不断改进，市场占有率逐步提高。

图 5-2-5　塑型基质

由于尚未大规模推广，其成本仍相对偏高，这种基质优劣主要体现在：

（1）伸缩率：即在饱水和干透的一个循环内，如果基质收缩率过大，则对根系具有破坏性，同时也会存在不易再次吸水的问题。

（2）饱水含气率：即饱水后其内部的含气率，这个指标表明了塑性基质是否能保证植物根系的正常呼吸。

（3）无机质含量：由于有机质容易降解，无机质含量高于 60%，是保证塑性基质能够长期使用、发挥功能的基本要求。

2.4.3 墙体绿化新技术

种植盒、种植毯一直是拼装型墙体绿化使用率最高的两种技术，前者美观、易施工，但植物根系拓展性差，后者植物易扎根、灌溉稳定，但施工难度高、不能存水，新的复合型墙体绿化技术将两者（盒＋毯）有机结合起来（福罩，图5-2-6），兼具两者优点，植物后期生长稳定，成本低，逐渐被市场所接纳。

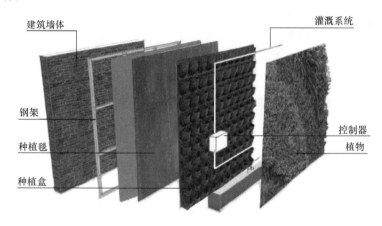

图 5-2-6 复合型墙体绿化构造示意图（福罩）

2.5 问题与展望

随着"生态文明、美丽中国"百年大计的深入贯彻落实，各级政府对立体绿化工作越来越重视，立体绿化在全国各地都在积极推行。各地城市政府积极制定相关激励政策措施和技术标准规范；同时，越来越多的个人和企业积极配合政府推动立体绿化在本地区的发展。但是，立体绿化发展仍然面临着一系列的问题：

（1）认识和重视程度都有待提升

各级领导和政府对立体绿化在有效拓展城市绿色生态空间、改善人居生态环境、节能减排、吸尘降噪等生态功能、社会效益和经济价值都缺乏足够的认识，很多地方宁可在绿地上不断加码做精品、做提升，不断追加投入，却不愿意花人力、财力研究立体绿化的成本效益、技术研究、人才培养、激励政策制定等，立体绿化建设和管护都没有足够的资金保障，技术上创新不足。

（2）发展不平衡、不充分

总体上讲，经济发达地区立体绿化发展更充分，群众基础较深，且技术较为成熟，业主应用立体绿化技术也较为理性，更关注系统的稳定性和后期维护的难易。此外，从建筑种类来说，公共建筑及商业建筑物实施多于居住建筑，新建建筑实施多于既有建筑。

（3）相关体制机制有待进一步完善

不少城市政府出台的公共政策很多，但政策之间缺乏有机联系，公共政策实施效果大打折扣。同时，作为行业主管的园林绿化主管部门与国土规划、建设、财政、发改等部门相比，在话语权上常处于劣势。因此，在立体绿化工作推进过程中有效沟通不足，部门间统筹协调机制未能建立。

（4）专业人才匮乏

虽然北京林业大学等高校适应新时期发展需要，已经设立了立体绿化相关课程，注重立体绿化专业人才的培养。但总体而言，相比美国、欧洲、新加坡等发达国家和地区，我国立体绿化科研和规划设计、施工建设、维护管养等方面的专业人才十分匮乏，尚未形成规模。

（5）成熟市场体系的建立仍有待时日

立体绿化作为园林绿化与绿色建筑交叉的细分市场，市场体量相对较小，而且建设标准、产品标准、投资标准等都在摸索研究之中，短时间内难以形成具有充分竞争的成熟市场。另外，由于国内专利保护意识的普遍缺失，立体绿化相关新产品、新技术创新动力不足，仿冒仿造、低价竞标现象十分普遍，导致工程质量普遍不高，精品少，后期维护难度较大，再加上普遍对后期养护的专业性和资金需求的认知不足，导致大批项目维护不到位，在1～2年内被拆除，成为行业可持续发展的隐患。

中国城科会绿建委立体绿化学组为了规范行业发展，自2019年起在全国范围内开展立体绿化公益培训（图5-2-7，图5-2-8），选择优秀企业配合组织，邀请行业最出色的讲师为立体绿化行业从业人员传道、授业、解惑，获得了行业的广泛好评。

图5-2-7 全国立体绿化公益培训（西安站）合影

在土地不可增长的前提下，在有效整合利用城市有限的空间资源、合理增加

图 5-2-8 全国立体绿化公益培训（杭州站）合影

绿色生态空间，将生硬、高能耗的建（构）筑物变得柔和且赏心悦目，切实减少城市热岛、减少噪声和空气污染，增加城市海绵功效方面，立体绿化大有作为！

作者：中国城科会绿建委立体绿化学组

3 多方"共论"中国绿色医院建筑发展

3 Multi-perspective analysis of green hospital building development in China

3.1 前　言

绿色医院建筑作为绿色医院的重要组成部分,已经成为建筑业和医疗界共同关注的重要内容。尤其在 2020 年新年伊始,突如其来的新冠病毒肺炎疫情在全国爆发,并迅速席卷全世界,医院作为疫情防控的重要"战场"备受瞩目。绿色医院建筑有关医院设备配置、医疗废物处置、室内环境营造等方面的要求,契合疫情防控需求。绿色医院建筑相比常规医院具有对病人和医疗环境更高的保障度已成为不争的事实。目前,不少医院开始重视智能+精细化运行管理,积极主动实施《绿色医院建筑评价标准》中的引导性要求。文中总结了绿色医院建筑设计情况,分析了绿色医院运维管理可持续性发展经验,提出了绿色医院建筑发展未来趋势。

3.2 绿色医院建筑设计情况

从设计师视角阐述绿色医院设计要点,提出绿色医院建筑的"绿色设计观念",论述 BIM 技术在绿色医院建筑设计的应用情况。

3.2.1 设计师视角谈"绿色医院建筑"设计

绿色医院建筑的设计除了要保证医疗流程,还要节约资源(节地、节能、节水、节材)、保护环境和减少污染,为病人和医护工作者提供健康、适用和高效的使用空间,对绿色医院建筑设计者提出了新的挑战。

中国中元国际工程有限公司李辉副总建筑师和筑博设计总建筑师王琦高级工程师就绿色医院建筑设计阐述了自己的思考。提出,由于我国人口老龄化程度持续加深的客观原因,无论从数量上还是质量上对医疗建筑都有了更高的要求。数量上,对新建、扩建和改造的医院建筑数量要求逐年增多。质量上,对医院建筑的自动化、智能化、人性化和人文化体现逐步加深。医院建筑的绿色化建设是医院建筑"保质保量"的可持续化发展的必然之路。在我国发展绿色医院建筑，要从规划理念、设计方法、绿色建筑技术和措施以及运行管理体系等方面出发，结合我国现实国情相应规划设计，形成具有中国特色的绿色医院。

绿色医院建筑效能的内在驱动因素是使用者和使用方式，效能设计要从被动应用到主动促进。以解放军总医院海南分院为例（图 5-3-1），该医院在外观设计上采用"围而不合"的园林式布局理念，营造了舒适的就医环境。在交通布局上，建立无障碍立体交通体系，加快了医疗效率。在设计中考虑节能因素，将建筑外观的遮阳体系融汇在整体设计中。通过合理设计使建筑在冬季上午 9：30 后已接近于垂直照射。充分考虑医院智能化和节约型的要求，在医院设计工程中，将人工照明和空调区域进行精细化划分，大范围应用雨水污水回收应用技术，并做到补水水幕系统自循环，用水、用电及检测系统的远程传输等智能化应用。

(a)　　　　　　　　　(b)　　　　　　　　　(c)

图 5-3-1　解放军总医院海南分院设计
(a) 无障碍立体交通；(b) 整体外观；(c) 架空隔阳挑檐

王琦认为绿色医院的设计要"设定一个灵活的系统积极响应未来的变化"。她提出一个好的设计要从"宏观规划""微观模块""骨架系统""城市化""人性化"和"设计策略"六个角度进行考虑。"宏观规划"方面，要考虑建筑的可分可合，"微观模块"要考虑各个模块间可进行灵活的组合变换，能够及时进行局部隔离，应对突发公共卫生事件，"骨架体系"方面要科学设置垂直及水平交通体系，形成三维立体交通骨架，"城市性"是指降低医院对现有环境的影响。将医疗环境融入城市，设计"非医院的医院"，"人性化"指设计上要处处体现人性化设计，包含功能性、安全性、舒适性、心理因素、医疗效率、运营维护等各个方面，"设计策略"是指针对大型医院项目，设计采用医疗共享中心和专科中心的布局模式。

总之，为达到《绿色医院建筑评价标准》GB/T 51153—2015（以下简称《标准》）的相关要求，设计师要建立"绿色设计"的理念，要着眼于注重提高医院综合质量，而且在细节方面充分突出人文关怀，以满足绿色医院建筑发展要求。

3.2.2 设计师"绿色设计"理念

设计师"绿色设计"理念具体体现在以下三个方面：

（1）设计合理布局。由于医院建筑功能复杂，因此在对于医院设计之前要进行总体规划，力求所设计的绿色医院建筑具有建筑功能的灵活性和建筑形象的完整性。

（2）建立前瞻意识。设计以人为本并遵循长远发展战略，中国的医院建设正经历前所未有的高速发展，部分医院领导者与建设管理者在不具备绿色意识的情况下，设计师应如何超前引导至关重要。

（3）应用绿色技术。绿色医院建筑设计过程中要制定详细的绿色节能方案，尽可能多地应用绿色技术。选用合理的能耗计算软件对绿色医院建筑耗能水平进行模拟计算，确保系统建成后，系统内设备设施可以在较优化模式下运行，并且降低运行的成本支出。其次，对医院建筑各区域用能情况进行分项计量设计，以便精细化管理。经过技术经济分析，因地制宜地应用可再生能源。

3.2.3 设计过程 BIM 应用情况

绿色医院建筑信息繁多，各种信息之间具有紧密的关联性。设计中要尽可能保证数据直观形象。通过建立虚拟的建筑工程三维模型，利用数字化技术，为模型提供完整的、与实际情况一致的建筑工程信息库。BIM 技术的这一特点与绿色医院建筑设计要求非常融合，将 BIM 技术应用于绿色医院建筑设计是解决"信息孤岛"问题的重要手段。

因此，越来越多的设计师意识到设计过程应用 BIM 技术的重要性。目前，已有一些大型医疗设计院尝试将 BIM 技术用于医院建筑设计，取得较好效果。

3.3 绿色医院建筑运维管理情况

3.3.1 管理问题

针对目前我国医院的现场调研发现，医院在运维管理过程中存在与"绿"色相关的管理问题如下：

（1）节能技术措施实施不完善。先进的节能技术和节能设备设计施工后，由于技术人员不具备相应的操作能力和管理制度的不完善，会出现节能技术在具体实施过程不能达到真正的节能效果。

（2）用能信息数据凌乱。对于众多的能耗信息，由于管理上缺乏行之有效的手段，出现数据凌乱、数据不能及时收集和数据不能准确地被分析处理。

（3）能耗监管不到位。目前，在部分医院建筑能耗监管中，由于监管不到位，出现对应的监测能耗与实际能耗出现了较大差异的现象。在医院的运行中，需要医院建筑的各项能耗进行分项监测计量，以便精细化管理。

3.3.2 实例经验

为针对以上问题提出行之有效的方案，我们首先对获得绿色医院建筑标识的实际案例进行分析，吸取其管理经验。

例如，铜川市人民医院管理者深刻意识到绿色医院建筑运营维护的重要性。他们指出在医院运维中要做到定位明确和持续创新。该医院以能管监测为导向，推动运维管理精益发展。具体措施如下：

（1）绿色医院视图管理。一站式视图，把雨水中水再利用的节水数据、医院环境数据、能耗管理数据（包括照明、电梯、医疗设备、冷热源、气）、排风环境数据和新风空调机组管理等都纳入视图管理当中，实现对能耗数据的实时监测。

（2）对主要功能性建筑的空气系统实现全面管理。对新风机组、送排风机组集中监控管理。保障住院部和门诊楼可以根据不同的使用规则，设置不同的控制策略，做到各个功能区的温度及空气流通达到均衡，既要舒适又要节能。设有空气质量检测系统，通风系统与监控系统实现联控，当突发的传染性疫情出现时，能够迅速响应，及时关闭回风系统。

（3）技术节能与管理节能共举。在常规组织架构基础上，搭建后勤、科研、质控、能源和采购五大专业平台。将医院绿色管理作为重点项目开展管理与研究。组织对绿色医院项目从设计、施工、运维到使用全程进行研讨，促进能源项目深化建设与完善。

3.3.3 解决方案

结合案例分析，为解决能耗管理混乱和信息数据凌乱的问题，提出以下管理方案：

（1）规划科学能源管理。为了更好地体现能源管理模式，在现有的管理工作开展绿色医院建筑能源管理模式构建。构建过程应该注重对管理工作的分析，科学规划能源管理，提升建筑能源管理的综合性水平。

（2）完善节能管理技术。节能管理技术的实施对于绿色医院建筑能耗管理是非常重要的环节。在现有的医院建筑节能管理工作规划中，应该注重对节能管理技术分析，只有保障了管理工作中的节能管理技术的水平提升，才能满足其节能化发展的需求。

（3）构建能耗分析平台。在现有的管理工作规划中，将能耗分析平台作为专门的内容进行构建。在医院建设过程中对各供能的部位设采集点，投入使用后对运行状况分析，将对应的分析结果汇总到专门的软件平台中。

3.4 绿色医院建筑发展未来趋势

未来绿色医院建筑将向着"高质量""个性化""透明化"和"韧性化"的方向发展。

3.4.1 "高质量"发展

绿色医院建筑在规划、设计、施工到运维管理等一系列环节中，《标准》提供了具体思路和实操方法。《标准》的执行是一个过程，是保证绿色医院建筑不断提高质量、提高管理水平、提高经济效益和社会效益的过程，也是一个可以使绿色医院建筑事业可持续发展的过程。

绿色医院建筑建成后的性能与质量的控制应该是推动绿色医院建筑向更高质量发展的重要手段。展开绿色医院建筑的高性能系统调试，对实测数据开展评估进行能效对标工作，并将实际情况反馈给设计与施工环节，不断提高绿色医院建筑的质量和性能。

3.4.2 "个性化"发展

在绿色医院建筑发展过程中，不能照搬绿色建筑的常规措施。要理性地依据项目所处地域的地域特色、气候条件、功能需求、绿色医疗及健康的人性化服务等因素进行个性化建设，从新建绿色医院个性化设计、既有医院个性化改造，逐渐延伸到绿色医院运营维护、绿色医疗及健康人性化服务等内容的个性化建设中。将"个性化"发展渗透到医院建筑全生命周期和覆盖到绿色医院可持续运营管理流程体系中。

3.4.3 "透明化"发展

所谓"透明化"是指医院建筑运行过程中"信息透明化""运行透明化"和"管理的透明化"。要做到"透明化"就要对医院建筑展开全方位的监测，包括：医院设备运转情况监测、能耗数据实时监测、办公区域室内环境监测、医疗病房环境监测及手术和特殊房间洁净程度监测等。

这些信息的获得可以保证医院业主管理单位对医院建筑主体在全生命周期内的运行情况不再是"雾里看花"。在绿色医院建筑运行中，可以做到问题出现时"及时发现，及时解决"，解决过程中"有源可溯，有据可查"。

3.4.4 "韧性化" 发展

综合性医院的建设要考虑收纳传染性疾病的需求，来应对类似疫情的重大医疗事件。在规划设计方面，为避免传染病医院、传染科病房等对周围产生影响，城市常年主导风向应作为主要因素进行规划，同时，医院感染科病房建筑的选址尽量远离人群密集活动区域。在医院建筑内部布局设计方面，合理确定各功能区的分布位置，减少人员拥堵或穿梭的次数，避免交叉感染。在绿色医院建筑运维管理方面，从空气质量到医疗废物再到医院污废水等，都将朝着在线监控、智能管理方向发展，在保证健康舒适的室内环境的同时有效降低传染性细菌或病毒的感染概率。

作者：中国绿建委绿色医院建筑学组

4 建筑设计用能限额的发展趋势与展望

4 Development trends and prospects of energy quota for architectural design

4.1 前 言

我国推进建筑节能工作已有三十余年，在"三步节能"的顶层设计下，建筑节能工作取得了跨越式发展。站在新时代的背景下回看我国建筑节能工作的发展历程，努力实现建筑能耗强度的降低一直是建筑节能工作的目标。而在实现建筑能耗强度控制的方式上，设计和运营这两个重要的环节采用了不同的路径。

长期以来，设计环节主要采用"以措施为导向"的节能标准体系，通过实施建筑节能设计标准对节能措施的应用进行约束，当节能措施不符合标准要求时，采用"相对节能"的评价方式进行判定，因此并不是直接约束建筑能耗强度。而在运营环节，近年来全国各地通过制定合理用能指南、建筑能耗标准等形式，逐步推行对建筑运行能耗强度的控制。运行用能限额作为一种直接约束建筑用能强度的方式，是对建筑节能工作最直接的呼应，因此这种理念已逐步被社会接受。

如果设计阶段也能实现用能限额的应用，连同目前运营环节的用能限额工作，将构成建筑用能限额工作从设计到运营的闭环，对于我国建筑节能工作的深入开展和建筑能耗强度的控制具有重要意义。基于上述背景，本文对国内外建筑设计用能限额相关的工作进行总结分析，并对未来建筑设计用能限额工作进行展望，希望能为设计行业在建筑节能领域的发展提供参考。

4.2 现行建筑节能设计"相对节能"评价体系的不足

我国现行的建筑节能设计标准，除北方采暖采用耗热量等强度指标进行约束，大部分地区普遍采用的是以节能措施为导向的"相对节能"评价体系。这种"相对节能"的评价方式在我国建筑节能设计标准从无到有以及推广使用过程中发挥了重要作用，但"相对节能"方式在实际工程使用中仍存在一些弊端，主要体现在如下方面：

（1）无法实现对能耗强度指标的有效控制

在"相对节能"的评价体系下，由于节能基准值会随着设计建筑发生变化，会导致相同类型建筑即使都满足节能设计规范，相互之间的能耗强度有较大的差异变化。图 5-4-1 给出了设计于 2016～2019 年间，位于上海市的 33 个办公建筑案例权衡计算能耗结果。这些数据出自设计单位在施工图设计阶段的建筑节能计算报告书，由上海市统一的民用建筑节能设计软件计算得到。从图 5-4-1 可以看出，尽管同为办公建筑，权衡计算得到的单位面积能耗指标最大相差 77％。

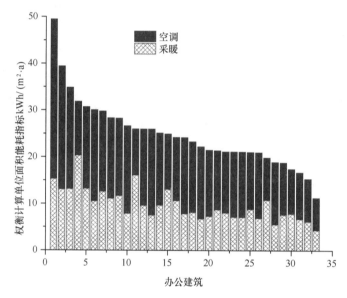

图 5-4-1 上海市办公建筑案例设计权衡计算能耗
（数据来源：设计单位提供的建筑节能计算书）

（2）节能效益难以直观地衡量和对比

"相对节能"只能判定建筑自身是否符合规范要求，通常并不能回答其实际的能耗强度是多少。因此在"相对节能"的标准体系下，无法直观地量化建筑节能工作的效果。尤其在地区间、国际间交流中，无法进行横向的能耗水平比较。

（3）权衡判断存在人为干预的空间

"相对节能"的评价方式下，当建筑的设计节能措施不满足节能设计标准要求时，需要进行能耗的权衡判断，通过节能计算软件设计建筑与参照建筑的能耗进行对比，这种方式存在一定的人为干预空间。为了实现设计建筑的能耗低于参照建筑，设计人员可在一定程度上通过调整模型参数改变参照建筑，而非加强节能措施来达标。

4.3 国内外建筑设计用能限额的发展趋势

4.3.1 国外发展趋势

根据欧洲、美国和日本等发达国家建筑节能相关标准体系的发展情况，当前各国建筑节能标准包括两类：一是以各类技术参数作为指标，指导建筑设计等过程环节。二是以建筑整体能耗为指标，对建筑运行能耗进行约束。

从国际上来看，从"相对节能"走向"用能限额"形式的绝对能耗控制，是发达国家建筑节能的发展趋势之一（表5-4-1）。多个欧盟成员国的建筑节能标准采用规定新建建筑整体能耗限额或排放指标的方式，而不再单独规定不同围护结构部位的热工性能系数；丹麦、德国等国家对低能耗建筑给出了能耗指标的绝对值要求；美国、英国、欧盟和日本等国家向建筑零能耗发展。

部分欧洲国家对建筑整体能耗的指标值要求　　　　　表 5-4-1

国家	丹麦	瑞士	法国	德国	奥地利
能耗标准 kWh/(m² · a)	$\leqslant 50+1100/A$	$\leqslant 42$	$\leqslant 50$	$\leqslant 120$	$40\sim 60$
能耗构成	采暖、制冷、通风和热水	采暖、制冷、通风和热水	采暖、制冷、通风、热水、照明	采暖、制冷、通风和热水、照明、家用电器	采暖

4.3.2 国内发展趋势

近年来，国内从国家标准到地方标准都对建筑设计用能限额进行了一些探索。天津市《公共建筑节能设计标准》DB 29—153—2014 已提出各类建筑的供暖、空调、照明设计能耗值，如表5-4-2所示。

天津市《公共建筑节能设计标准》用能限额指标

［单位：kWh/（m² · a）］　　　　　表 5-4-2

教育建筑	办公建筑	酒店建筑	商业建筑	医疗卫生建筑	其他建筑
$\leqslant 39$	$\leqslant 38$	$\leqslant 51$	$\leqslant 68$	$\leqslant 75$	$\leqslant 62$

2019 年 2 月，住建部全文强制性规范《建筑节能与可再生能源利用通用规范》（征求意见稿）中提出了不同气候区新建居住建筑和新建公共建筑设计平均能耗指标。2019 年颁布实施的国家标准《近零能耗建筑技术标准》GB/T 51350—2019 虽然对公共建筑仍然是提出"相对节能"的指标，但在附录中给出

了各类公共建筑能耗控制的绝对值建议。上海市目前也开始了民用建筑设计用能限额相关的科研和标准制定工作。从控制能耗的角度，推进新建建筑从"相对节能"走向"用能限额"的绝对能耗控制是未来建筑节能设计领域的重要趋势。

4.4 开展建筑设计用能限额工作需要解决的难点

要在建筑设计环节进行绝对用能强度的控制，需要全新的标准体系和技术方案。目前各地制定的建筑合理用能指南或建筑能耗标准，无法直接用在建筑节能设计中，原因主要在于：合理用能指南通常约束的是建筑运行的总能耗，而在设计阶段可控的能耗范围是有限的，对插座等人为因素影响较大的能耗无法进行约束。同时，运行阶段的工况千差万别，而设计阶段要保证评价时的严谨和科学，需要按照类型分别统一标准工况。因此要制定出科学合理的建筑设计用能限额标准，需要解决以下关键难点：

（1）细分不同的建筑功能和类型

不同类型建筑能耗特征差异明显。以上海地区为例，政府每年会公布国家机关办公建筑和大型公共建筑能耗监测及分析报告，将 2015～2018 年报告中上海市不同类型公共建筑的电耗强度整理见图 5-4-2。可以明显看出，不同功能类型的公共建筑之间能耗差异较大。即使是同种功能类型，也存在体量、系统、服务

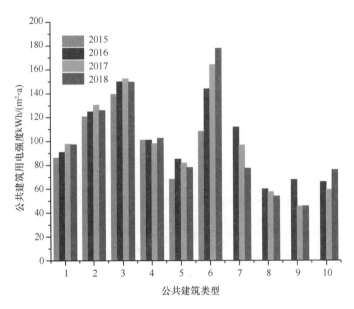

图 5-4-2　上海市不同类型公共建筑用电强度

1—办公建筑；2—宾馆饭店；3—商场；4—综合建筑；5—机关办公；

6—医疗卫生；7—体育建筑；8—教育建筑；9—文化建筑；10—其他

标准上的差异导致能耗有区别，因此制定设计用能限额需要科学地细分不同建筑功能和类型。

（2）充分考虑设计的多样性

从设计师和社会接受角度，不希望建筑千篇一律的雷同，因此设计的多样性是客观需求。同类型公共建筑在不同的设计方案下能耗会呈现差异，不同的体型、平面、朝向、窗墙比等均会对能耗有影响。在制定设计用能限额标准时，需要对同功能建筑设计的多样性予以充分的考虑，相关的研究模型要全面和充分，这样提出的限额基准值才有可能适用于不同的设计方案。

（3）合理确定节能措施强度

在制定设计用能限额基准值时，如何确定与基准相对应的节能措施应用强度，在现行节能标准基础上提高到什么程度，是面临的问题之一。不同节能措施应用强度，必然对应不同的能耗水平。从发展的角度，需要结合社会经济发展水平和节能深入推进的需求，确定与设计用能限额相对应的节能措施强度。

（4）经受实际能耗的考验

设计用能限额基准的制定，虽然要依靠大量的分析计算确定，但也不能脱离实际运行能耗数据。要充分考虑实际建筑运行能耗的水平和特征，要能经受未来建筑实际运行能耗数据的考验，避免出现项目设计用能限额与最终的实际运行能耗差异过大的情况。因此在设计用能限额基准的制定过程中，要从设计计算能耗数据和实际运行能耗数据两个维度进行同步分析，并相互验证，才能保证所提出的设计用能限额基准值的科学合理。

4.5　未来工作展望

结合现行建筑节能设计标准采用"相对节能"评价体系的不足，以及国内外建筑节能设计标准的发展趋势，推动建筑节能设计从"相对节能"走向用能限额形式的"绝对节能"将是大势所趋。从城市层面，未来要推进建筑设计用能限额工作，建议从如下方面着手：

（1）开展建筑设计用能限额的技术研究。立足本地区的气候特征、建筑节能现状与发展需求，聚焦建筑用能限额设计，开展建筑分类、能耗约束范围和指标、用能基准值、设计方法等方面的研究，为标准体系的建立奠定基础。

（2）建立设计用能限额的标准体系。制定居住建筑和公共建筑的合理的设计用能限额基准，因地制宜地编制形成居住建筑和公共建筑用能限额设计标准，科学指导建筑节能工作的进一步推进。

（3）开发配套的软件工具。基于现阶段建筑节能设计计算软件的功能和限制，根据建筑设计用能限额的需求，积极开展建筑节能设计计算软件的探索、修正、完善工作，为民用建筑性能化节能设计提供工具保障。

（4）做好配套的建设管理机制。研究制定与本地区民用建筑用能限额设计体系相适应的管理措施，以可测量、可验证的能耗约束为目标，形成从设计、施工到运行的全过程建筑节能闭环管理体系。

作者：张桦　瞿燕　李海峰　张小波（华东建筑设计研究院有限公司）

5 2019 年工程绿色施工创新技术应用

5 Application of green construction innovative technologies in 2019

5.1 引 言

2019 年，在大力开展生态文明建设的精神指导下，建筑行业紧紧依托重大工程，积极开展绿色施工技术创新与应用。一年来，首都新机场航站楼（大兴国际机场）、深圳国际会展（一期）、2022 年冬奥会场馆及奥运村、中国西部国际博览城、昆明西山万达广场等国内重大工程，在资源节约、减少排放、环境保护等方面取得了显著的社会、环境与经济效益；在大体量复杂钢结构深化优化设计与安装技术、山地建设环境保护、城市核心区隔声降噪、建筑废弃物的资源化利用、临时设施投入科学化减量化、建筑工业化与装配式建造等方面开拓创新，取得新的成果。这些创新技术的研究与应用，不仅解决了施工难题，同时显著地影响工程的节能、减排、降耗和环境保护效果，并对同类工程具有示范效应。

本文选取 2019 年度国内部分绿色施工创新技术进行总结介绍。

5.2 冬奥村建设与山地环境保护技术

北京住总承建的 2022 年延庆冬奥村及山地新闻中心按照"山林场馆，生态冬奥"的设计与建设理念，整体建筑风格体现中国北方山村模式——"村落"依山形地势分布（图 5-5-1）。建设施工中，最大限度地保护既有山地风貌。

施工前对场区内植被土资源进行剥离、收集保护，减少植被土资源在建设施工过程中的流失浪费，并利用剥离的植被土开展而区内的景观重建与生态环境修复等工作。在减少生态环境修复难度的同时，显著降低外来土方使用量，从而减少或避免生物入侵的发生，同时对植被土中的种子库资源也有很大的保护。在奥运村施工范围内，采取现场砌筑石台保护及近地移植保护措施来对原生树木进行保护。因工程东侧紧邻松山，施工阶段设置泄洪沟将雨水进行有组织导流，且本

图 5-5-1 项目规划范围示意图

在场区周边设置钢丝网围挡，防止动物进入施工现场而遭到伤害，同时在场区东侧树林中放置安心鸟笼，供鸟类动物居住。

本工程边坡支护采用抗滑桩的支护方式，抗滑桩作为各个组团的边坡永久防护，既满足山地复杂环境下对建筑安全防护的要求，又能够节省空间，同时减少对周边土地的开挖及破坏，节约土地资源。现场所有临时施工道路均位于正式道路位置，并预留正式道路施工厚度，在施工阶段作为场区施工临时通道，在正式道路施工时可作为正式道路基层。工作人员办公区、生活区均在山下集中设置，山上工程建设场地内只设置少量必需的办公用房。办公用房均采用模块房组拼，卫生间采用可移动式模块化卫生间。

5.3 基于信息化的复杂钢结构深化和建造技术

BIM 技术作为多维模型信息集成技术，可实现建筑设计、施工、使用全过程数据和信息共享，为建筑性能优化和科学管理提供有效工具，因此，将信息化与绿色化深度融合，以 BIM 等信息化工具助力绿色建筑质量提升成为重要而有效的技术手段。

北京城建承建的北京新机场航站楼核心区标段工程建筑面积约 60 万 m^2（图 5-5-2），航站楼核心区屋面钢结构面积约 18 万 m^2（图 5-5-3），内部仅有 8 根 C 形柱和 12 个支撑筒及 6 根独立柱支撑，中间 6 根 C 形柱形成 180m 直径的大跨空间。C 形柱结构整体呈外倾趋势，悬挑长度达 23m。按照常规方法每组 C 形柱约使用 50 吨临时支撑架钢结构，造价高且占用场地范围大。本工程采用了免支撑施工技术，即利用结构自平衡原理进行安装。构件分段划分时考虑整体结构重

图 5-5-2　航站区效果图

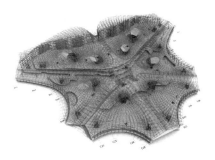

图 5-5-3　核心区屋面钢结构模型

心位置，通过三维模型仿真模拟安装顺序确定安装过程结构重心位置，合理调整安装顺序达到免支撑安装的要求，降低倾斜构件的安装难度，减少临时支撑使用量，提高安装效率，节约施工成本（图 5-5-4）。

图 5-5-4　C 形柱现场施工图

航站楼核心区工程屋盖下超大空间大吊顶为复杂自由曲面，共有超过 12 万块尺寸不同吊顶板、2 万多个吊顶单元，大吊顶距楼板平均高度 32m，最低处 23m，最高处 48m。针对该工况设计了一种防转动免焊接的吊顶与屋盖钢结构连接节点，实现大吊顶单元模块逆向安装，成功体现"如意祥云"设计理念。通过在网架内搭设逆向安装操作平台，保证工人在网架内即可完成测量、螺栓固定、调平工作。吊顶单元模块在工厂内组装完成，现场安装仅需提升至吊顶安装高度后，吊杆与单元模块的框架连接。此安装技术节约操作架 2.7 万吨，缩短工期 2 个月。

中建承建的深圳国际会展中心占地面积约 148 万 m²（图 5-5-5）。项目深化设计体量巨大，跨区域深化设计协调工作复杂，用钢量高达 27 万吨，构件加工

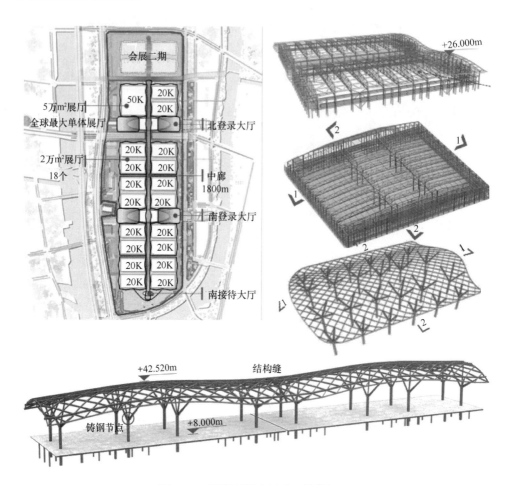

图 5-5-5　深圳国际会展中心结构概况

制造工期需经计算合理安排。本工程采用全球首条建筑钢结构智能制造生产线，实现全自动化生产、信息化管理、CPS融合的柔性智能制造系统，极大地提高项目构件制造生产效率。

　　该工程采用两种胎架、三种桁架安装的支撑方式进行展厅倒三角桁架的安装。并针对不同的胎架形式和支撑方式，进行施工模拟计算分析。根据下部混凝土结构情况，结合单层网壳结构的特点将整个屋盖钢罩棚分为两个提升区域，分区域液压整体同步提升。采用 MIDAS/Gen 程序进行有限元模拟，对整个关键施工顺序进行计算分析后，各关键施工步骤下结构的最大竖向位移及最大杆件应力结果满足要求。同时采用基于 BIM 技术的特大型多方协作智慧建造管理平台，优质高效地推进建设目标。

　　中建二局承建的中国西部国际博览城（一期）项目，地上各展厅屋面采用管桁架＋网架结构，入口门厅、D区多功能厅屋面及周边屋面檐口采用网架结构。

二层展厅采用钢框架结构，框架梁采用钢桁架。地下室采用钢筋混凝土框架结构＋型钢结构。针对超大展馆钢结构网架屋面，本项目进行了整体安装、分块吊装和高空散拼对比分析，优化现有施工技术，通过仿真模拟受力分析提出更加合理的大跨度大面积双层网架仿真模拟分析和整体同步提升施工技术。

通过仿真模拟分析优化吊点设计，采集施工过程监测数据与理论数据相对比，建立了施工实际应力应变与理论模拟数据之间的相关关系，解决网架就位倾覆、变形等问题。

北京城建承建的永定河特大桥主桥设计为高低拱形钢塔、横梁连接分离钢箱斜拉刚构组合体系桥（图 5-5-6）。主桥全长 639m，分五跨布置，主跨 280m，最宽处 54.9m。索塔采用全钢结构，高塔高 124.93m，矮塔高 76.49m。斜拉索采用竖琴式渐变距离布置，高塔设 ϕ20cm 拉索 68 根，矮塔设 ϕ16cm 拉索 44 根。全桥用钢量约 45000 吨。由于本桥高、矮塔属于倾斜钢塔（高塔倾斜角度：南侧 61°，北侧 71°；矮塔倾斜角度：北侧 58°，南侧 74°），需要考虑索塔线型控制及环口焊接平台，且设计要求索塔轴心偏差$\leqslant\frac{1}{4000}H$（H 为索塔总高度），高程偏差$\leqslant2\times N$mm（N 为节段数），因此项目部针对该工况采用支架法辅助安装索塔的施工工艺，索塔按照设计线型安装焊接逐步施工，考虑支架支撑，逐步施工索塔和支架的各个节段不作调整，计算出高塔各施工阶段位移变化情况，通过正装倒拆法计算出每个节段的预变形值并将预变形值加到设计值中，达到"抵消"索塔因重力荷载的位移。施工阶段采用 BIM 技术优化索塔支架和施工场地。节约成本达 6000 万元。

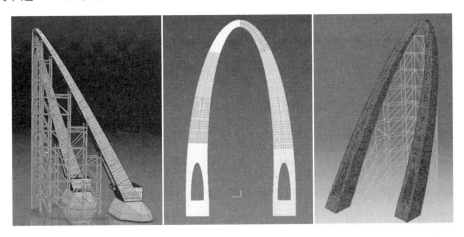

图 5-5-6　永定河特大桥三维模型

5.4　施工场地雨水收集再利用技术

因水资源分布不均，在施工过程中加强用水管理，采取技术可行、经济合理，符合环保要求的节约措施，减少或避免施工中水的浪费，高效合理利用水资源，提高水的重复利用率，开源和节流并重。

中建五局承建的神农大剧院项目在结构封顶以前，利用主升降舞台台仓结构天然仓体（30m×24m×13.5m）收集雨水，在台仓底板集水坑设水泵，将台仓内的水及雨水收集后集中沉淀处理，再引至施工区利用，用于现场路面保洁、地面抑尘、绿化浇灌、车辆冲洗、厕所冲洗、高处喷雾降尘、砌块浇水、抹灰面、模板湿润、混凝土养护，达到了节约用水的效果。

神农大剧院工程截至结构封闭断水共计用水 74759.3 吨，其中非传统用水占25.6%，计 19138.38 吨，株洲市政用水价格为 3.0 元/吨，则节约费用为19138.38×3.0＝57415.14 元。

北京城建承建的北京大兴新机场航站楼核心区工程在施工高峰期共投入8000 人/日，由于工程建设地处原农田和村落范围内，无市政管网，污水无法排放。根据本工程建设特点，现场建立污水处理中心，采用"格栅＋调节＋A/O＋MBR＋消毒"工艺，并使用 A/O 和 MBR 单元一体化设备技术，对生活办公区污废水进行就地处理。经第三方实验室检测，处理后的水质达到规范要求的冲厕、绿化的对应水质指标。污水经处理后 100% 回收利用于绿化场地、抑制扬尘、冲厕，环境效益明显。与普通的抽排运输处理方式相比，节约费用约 628 万元。因该工程核心区临设面积大，分散布置。传统冷暖供应能耗较高，为解决这一问题，最终选择空气源热泵系统。针对建筑工人分时段工作情况，通过分时段运行无线管控技术进行节约能源管控，设置与工人作息时间相吻合的空调冷暖供应，利用 APP 随时随地启停主机和调节供应时间，节约能源。工人生活区末端盘管采取集中控制原则，避免空转造成能源损耗。经测算，气源热泵全年总投资比"分体空调＋锅炉"系统节省 1475 万元。

5.5　建筑垃圾减量化绿色施工技术

建筑施工涉及面广且持续时间长，整个过程消耗大，施工中应尽量就地取材，合理堆放材料，最大限度降低材料损耗，开发废料的用途，实现废料的再利用，优选节能环保、性能优越的材料降低消耗。

北京城建承建的中央歌剧院剧场绿色建筑目标为一星绿色建筑。施工过程中本项目积极将固体废弃物回收再利用，将遗撒和剔凿的混凝土收集进行临时路面硬化，采用工具式模板和钢筋桁架板提高模板周转使用率，利用废弃钢筋加工制成顶模棍，利用既有建筑和道路，采用定型化和标准化临时设施，实现废物利用，节约成本，保护环境。

中建二局承建的昆明西山万达广场位于云南省昆明市西山区，所处地区无天然砂资源，周边其他地区资源逐渐匮乏，该项目在施工过程中使用机制砂取代天然砂配制混凝土。通过试配确定最佳砂率和全机制砂的最佳细度模数，再通过降低石子粒径和控制硅粉、粉煤灰双掺比例和用量来改善混凝土的和易性，提高混凝土可泵性。根据理论泵送压力和混凝土黏度系数间的函数关系，在保证混凝土强度等级的前提条件下，通过降低混凝土黏度系数（从 9.3×10^{-6} bar h/m 降低到 4.3×10^{-6} bar h/m）来提高混凝土可泵性。根据不同的泵送高度梯级调整优化混凝土配合比，有效控制混凝土经时损失，确保了混凝土 6h 后工作性能基本无损失，保证了混凝土超高泵送的工作性能，实现高性能全机制砂混凝土 315m 的超高层泵送。此技术不仅减少对天然砂资源的使用，同时保证了高性能混凝土和易性，降低了混凝土坍落度损失，提高可泵性，缩短了近三分之一的泵送时间，节约工期 20 天，达到节约材料、节约总用工量、提高生产效率的效果，产生经济效益约为 271.72 万元。

北京住总承建的 2022 年冬奥村及山地新闻中心，根据就近取材的原则选择材料，节省因运距而增加的材料损耗及材料运输费用，且部分墙体、K 形柱、框架梁采用清水混凝土设计，在土建设计时考虑装修设计，一次设计到位，无须进行二次装修。坡屋面设计施工时，事先预埋预留坡屋面固定件，避免在屋面面层施工时对屋面结构板打孔，减少材料消耗。同时，装饰装修采用免吊顶灯免装饰面层的做法，后期的管线维修不破坏面层设计。

5.6 城市地铁工程施工防噪减尘施工技术

建筑业推行可持续发展战略，环境保护已成为绿色施工管理目标，施工中应采取有效措施控制扬尘污染、噪声污染、光污染、水污染、有害气体污染、固体废弃物以及地下设施、文物和资源保护等，使工程施工对环境造成的影响最小化。

北京住总集团承建的北京地铁 12 号线三元桥站，车站总长 240.75m，标准段宽 23.5m，车站底板埋深约 26.15m，为 M12、M10、机场线三线换乘车站，紧邻"国宾道"机场高速，且周边为集中商务办公区域。为改善地铁车站明挖施工对周边环境的扬尘及噪声污染，采用防尘隔离棚进行全封闭施工（图 5-5-7）。防尘隔离棚建筑面积 13894.43m²，建筑高 18.235m（檐口），总高 21.85m，结构形式为单层张弦轻型门式钢屋架轻型房屋钢结构，整体跨度为 44.1～46.8m，

图 5-5-7 防尘隔离棚实景图

结构 5m 以上首次采用轻质高强膜结构外封，5m 以下采用玻璃丝绵复合夹层板，内部配置自动降尘、过滤系统。

根据现场风向确定棚内的空气循环，在棚内南、北两侧布置两排窗户，在棚内南侧安装主动排风系统。在通风管道每隔 5m 设置三道过滤网，孔径分别为 $100\mu m$，$50\mu m$ 及 $10\mu m$，保证外排空气中 $10\mu m$ 以上粒径的颗粒物得到有效拦截。

通过监测结果，1 天内棚内 PM_{10} 浓度从 1.167 降至 1.1，降尘率为 5.7%，3 天后可达 61.2%；棚外外排空气基本处于稳定状态。使用罩棚后棚内高峰施工的最高噪声值 61dB，棚外此时仅为 52dB，噪声削减率达到 14%。

5.7 总 结

2019 年，在中国城科会绿色建筑与节能专业委员会的大力支持和指导下，建筑施工企业认真落实习近平总书记"要突出科技、智慧、绿色、节俭特色，注重运用先进手段，严格落实节能环保要求"和李克强总理"促进资源节约和循环利用，推广绿色建筑"的总体要求，积极推进绿色施工技术应用与创新，全国施工企业完成了数百项绿色科技示范工程，一批可推广、可借鉴的绿色施工创新技术，在国家重点工程上得到应用，取得了显著的社会效益和经济效益；此外，一些大型建筑企业在推行施工现场固体废弃物综合处置、建筑废弃物循环利用、建筑垃圾资源化利用等工作方面取得了显著成绩；绿色施工已经逐步形成政府、行业、企业多方联动，产、学、研有机结合的发展局面。

作者：绿色施工学组

6 超低能耗建筑既有政策研究与推广建议
6 Study on current policy and promotion suggestions on ultra-low energy buildings

6.1 超低能耗建筑发展概况

不断降低建筑能耗、提升建筑能效和利用可再生能源、推动建筑迈向超低能耗、近零能耗和零能耗始终是建筑节能领域的中长期发展目标，受到各界广泛关注和深入研究。截至 2019 年 10 月，我国在建及建成超低能耗建筑项目超过 700 万 m^2，其中大部分项目分布在北京市、河北省、河南省和山东省，这四个省市累计在建及建成超低能耗建筑示范项目 164 个，总面积 567.02 万 m^2。其中，北京超低能耗建筑示范项目共计 32 个，示范总面积 66 万 m^2；河北省建设超低能耗建筑 67 个，建筑面积 316.62 万 m^2，其中竣工 22 个项目共计 55.52 万 m^2，在建 45 个项目共计 261.1 万 m^2；河南省郑州市目前超低能耗建筑示范项目 12 个，总面积约为 78.4 万 m^2；山东省省级示范工程 6 批 53 个，总建筑面积达 106 万 m^2。

6.2 低能耗建筑既有政策研究

6.2.1 既有政策文件

目前共有 7 个省及自治区和 13 个城市出台了 28 项政策文件，见图 5-6-1。2015 年江苏省海门市人民政府出台《市政府关于加快推进建筑产业现代化的实施意见》，首次明确规定超低能耗建筑项目 2017 年完成比例 5％、2020 年完成比例 10％的工作目标。2016 年，北京市出台"推动超低能耗建筑发展行动计划"，提出三年内建设 30 万 m^2 示范建筑目标；青岛市发布"十三五"建筑节能与绿色建筑发展规划，明确 2020 年超低能耗建筑 100 万 m^2 发展目标。2017 年北京市、河北省石家庄市、宁夏回族自治区和新疆乌鲁木齐市紧随其后，出台 7 项政策；2018 年，河北省（石家庄、衡水、保定、承德）、河南省（郑州、焦作）、湖北

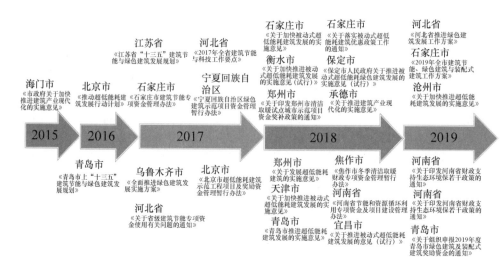

图 5-6-1　2015～2019 年各省市地区超低能耗建筑政策发布图

省（宜昌市）和天津市分别出台了关于超低能耗建筑项目共 12 项政策；2019年，河北省、河南省、青岛市出台 6 项政策，进一步加快产业发展。

从发布年份来看，2015～2018 年超低能耗建筑项目的政策文件数量呈现逐年上升趋势：2017～2018 两年间发布数量显著增多，总共累计发布了 22 项；2019 年截至 9 月就已累计出台了 28 项，政策规定 2020 年全国范围内超低能耗总建筑面积目标达 1000 万 m^2。累年具体出台政策数量如图 5-6-2 所示。

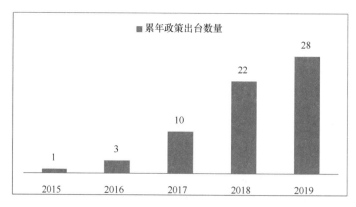

图 5-6-2　累年政策出台数量

从分布地区来看，河北、河南和山东省及各市政策数量最多，分别为 11 项、6 项和 3 项（图 5-6-3），占政策总数量的 78%，政策主要分布在寒冷地区。

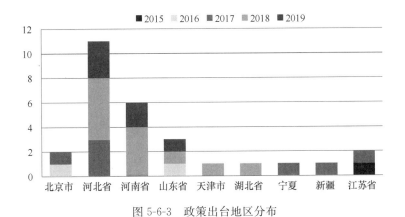

图 5-6-3　政策出台地区分布

6.2.2　政策类型与有效性研究

各地政策中针对超低能耗建筑项目的激励内容主要分为图 5-6-4 中的 15 类内容，分别从经济补助、科技支撑、配套设施、金融贷款、房地产扶持和税收优惠等角度出发，激发开发商和消费者对超低能耗建筑项目的兴趣和参与热情。所有激励方法中，规划目标占比最大，其次是资金奖补和容积率奖励，其余各方法推行数量如图 5-6-4 所示。

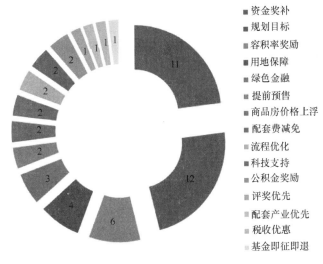

图 5-6-4　各类激励方法推行省市及自治区数量

对于上述 15 类主要鼓励措施，按照其激励模式和鼓励力度可分为流程支持、间接经济效益和直接资金奖励，如表 5-6-1 所示，分别分析其有效性。

激励政策类型表　　　　　　　　　　　　　　　　　　　　　表 5-6-1

政策类别	奖励内容
流程支持	规划目标、用地保障、科技支持、流程优化、配套产业优先、评奖优先
间接经济效益	容积率奖励、提前预售、商品房价格上浮、公积金奖励、税收优惠、绿色金融
直接资金奖励	资金奖补、配套费用减免、基金即征即退

（1）流程支持类型政策：主要是针对超低能耗建筑项目在规划、立项、施工、运营、后期评估、预售等流程方面的工作进行激励。通过规划目标支持和确保优先开发用地以及科技支持解决技术难题，保证项目质量，一定程度上促进整体进度，激励力度较弱。

（2）间接经济效益政策：对项目给予一定的后期经济效益。容积率奖励能够提高建筑规模；提前预售配合商品房价格上浮能够使项目资金尽快回笼，同时增加开发商利润；公积金奖励、绿色金融、税收优惠更是从消费者的角度出发，对购买超低能耗住房给予一定社会福利和贷款优惠保障，激励力度较强。

（3）直接资金奖励：主要是对超低能耗项目工作进行直接经济激励。资金补贴能够最有效地提高项目关注度，提高开发商积极性；配套费用减免和基金即征即退政策能够使配套设施尽快安装，促进项目的完善，政策激励力度最强。

6.3　超低能耗建筑政策推广建议

6.3.1　已有政策地区建议

对于超低能耗建筑中长期发展而言，简化政策要求，减少执行摩擦，加强对既有示范项目的第三方设计评价、运行评价和后评估，推动从单体示范走向区域示范、从超低能耗迈向零能耗，加强消费者用户侧的绿色金融支持，都是未来的潜在政策发展方向，对已有超低能耗建筑政策地区下一步建议：

（1）简化政策要求，减少执行摩擦，推动鼓励条款快速落地。目前政策在实际操作中存在着多部门参与，不易落实的情况，建议采用简单易行的办法，对外保温增加部分或整个保温层明确不计入容积率，便于政策落实。

（2）加强对既有示范项目的第三方设计评价、运行评价和后评估。设计评价应在施工图设计文件审查通过后进行；施工评价重点是评价建筑采取的施工管理与技术措施及有效性，应在建筑竣工验收前进行；通过运行评估对设计目标和施工效果进行复核，运行评估以一年为一个周期，关注总结执行中出现的问题，及时进一步出台政策细则或升级版政策。

（3）研究出台超低能耗建筑规模化推广鼓励政策。超低能耗建筑社区或区域在建筑布置形式、区域能源系统形式、项目管理、高性能部品集体采购、施工解决方案和组织管理等都会和单体建筑有不同，建议通过规模化推广鼓励政策支持引导其发展。同时，出台大面积应用政策或适当降低限售、限价，激发大型开发商的积极性，对规模化推广起到重要作用。

（4）研究出台政府投资项目和部分地区强制性推广政策。地方政府示范项目可以先从政府投资类项目入手，更容易保证项目质量与行业健康发展。对于特定地区、特殊新区，在试点示范效果明显时，建议研究出台强制性推广的政策和配套标准，积极引领超低能耗发展。

（5）研究出台近零能耗、零能耗建筑鼓励政策。近零能耗建筑是超低能耗建筑发展的更高层次，目前与其相关的支持政策覆盖清洁供暖、地源/空气源热泵、太阳能光热/光电等单一政策，未来应整合集成。

（6）加强用户侧绿色金融激励举措。商业贷款利息的优惠比例可以较普通建筑有所优惠，能够推动超低能耗建筑发展。同时，用户保险制度也能够极大地打消消费者对交房后的实施效果疑虑，对鼓励用户侧购买有重要作用。

6.3.2 未出台政策地区建议

对于目前还未出台针对超低能耗建筑项目政策的地区而言，选择出台合适的激励政策能够促进未来超低能耗建筑项目的良好发展。需考虑各地实际发展需求和能力，给出相应的政策建议。图 5-6-5 中按照地方政府资金是否充沛和意愿是否强烈划分四个区间，各地可结合自身情况酌情参考建议。

（1）资金充沛且意愿强烈：同时给予直接经济效益政策、间接经济效益和流程支持三种类型政策，引起开发商兴趣的同时进一步激励消费者及用户，并使其获得长远经济支持；从多角度使超低能耗建筑项目在立项、实施和预售，以及消

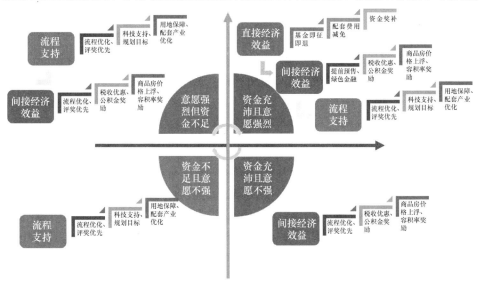

图 5-6-5　各地区激励政策推行建议图

费者的公积金奖励和贷款等过程中得到更大经济利益,从而促进超低能耗建筑项目进一步顺利推行。

(2)资金不足但意愿强烈:主要推行间接经济政策,一定程度上保证开发商和消费者的长远经济利益;同时给予完善的流程支持政策,确保超低能耗建筑项目在实施的过程中各环节都能够顺利进行。

(3)资金充沛但意愿不强:推行一定的间接经济效益政策,给予开发商和消费者长远经济利益保障,一定程度上激发其项目参与兴趣,通过试点示范,逐步提升地方政府推动意愿,使政府鼓励资金逐步覆盖到超低能耗建筑领域。

(4)资金不足且意愿不强:推行流程支持政策,在力所能及范围内逐渐推进超低能耗建筑项目顺利实施。

6.4 结 论 与 展 望

目前我国对超低能耗建筑的发展给予极大支持,7 个省及自治区,共 13 个城市纷纷出台关于超低能耗建筑项目未来目标规划和奖励措施的政策共 28 项。通过对各地政策内容的分类和研究,得出以下结论:

(1)2015~2019 年超低能耗建筑项目的政策文件数量呈现逐年上升趋势:2017~2018 两年间发布数量显著增多,2019 年截至 5 月 20 日累计出台 28 项,政策规定 2020 年全国范围内总建筑面积目标达 1000 万 m^2。河北、河南和山东省及各市政策数量最多,既有政策主要分布在寒冷地区。

(2)针对超低能耗建筑项目的激励政策主要涵盖明确发展目标、资金奖励补贴、容积率奖励、用地保障等 15 项内容,按照其激励模式和鼓励力度可分为流程支持类、间接经济效益类和直接经济效益类三类。

(3)对已有政策地区给出未来政策推广路线和执行建议:简化政策要求,减少执行摩擦,推动鼓励条款快速落地,加强对既有示范项目的第三方设计评价、运行评价和后评估,研究出台超低能耗建筑规模化推广鼓励政策,研究出台部分地区强制性推广政策,研究出台近零能耗、零能耗建筑鼓励政策,加强用户侧绿色金融激励举措。

(4)按照各地政府部门财政情况和对超低能耗建筑的推广意愿,提出不同基础的城市未来超低能耗建筑政策制定和推行建议。①资金充沛且意愿强烈:同时给予三种类型政策;②资金不足但意愿强烈:间接经济效益政策为主,流程支持政策为辅;③资金充沛但意愿不强:一定的间接经济效益政策;④资金不足且意愿不强:流程支持政策。

作者: 张时聪 傅伊珺 吕燕捷 徐伟(中国建筑科学研究院有限公司)

第六篇 | 地方篇

2019年，促进绿色建筑发展的地方法规建设取得新进展。辽宁、河北、山东、内蒙古等地方政府颁布施行了有关绿色建筑的地方法规（绿色建筑发展条例）；安徽、湖南、广东、上海等地的绿色建筑条例或管理办法已起草完成，正在修改完善、履行审批程序，将于2020年颁布实施。地方法规的出台进一步推动了住房和城乡建设领域的绿色发展。

各地积极贯彻执行国家标准《绿色建筑评价标准》GB/T 50378—2019。随着《标准》的发布执行，各省市住房和城乡建设厅（委员会）相继印发了关于贯彻执行绿色建筑评价新国标的通知。结合各地具体情况，有的地方明确自新国标执行之日起，新的建筑工程项目就要按照新国标设计建造；有的地方明确了3～6个月的过渡时段，力求标准的执行平稳过渡，自2020年起执行新国标。为了保障新国标能够顺利施行，重庆、广东、湖南等很多省市及香港特区都举办了新国标宣贯培训活动。

黑龙江、重庆、广东、湖南等地启动了绿色建筑评价地方标准的修订工作，按照国家标准《绿色建筑评价标准》GB/T 50378—2019，并结合当地的具体情况，对现行的绿色建筑评价地方标准进行修订，以适应高质量发展绿色建筑的需要。

中国绿色建筑与节能（香港）委员会积极推动国家标准《绿色建筑评价标准（香港版）》在特区的贯彻实施，2019年组织完成了5项三星级绿色建筑项目的标识评审；完成了《绿色建筑评价标准》GB/T 50378—2019香港版文本的起草工作，计划于2020年上半年进行试评，同时征集绿色建筑领域专家的意见，完善标准，发布执行；多次组织技术研讨会与大湾区的专家进行对比学习、技术研讨，在提升香港绿色建筑的同时，增进与大湾区的交流合作。

绿色建筑全过程质量管理得到进一步加强。为了进一步规范绿色建筑设计，提升绿色建筑质量，2019 年又有黑龙江、湖南、重庆等省市住房和城乡建设厅（委员会）组织编制并发布了《绿色建筑工程施工图审查要点》和《绿色建筑工程设计要点》等规范性文件；湖南、河北、江西等地住房和城乡建设厅发布了地方标准《绿色建筑工程验收标准》。

绿色建筑标识评价工作广泛拓展。根据《住房城乡建设部办公厅关于绿色建筑评价标识管理有关工作的通知》的精神，各省市结合地方情况，采取了不同的绿色建筑评价标识工作的运营管理模式。部分省区的地级市建设行政管理部门根据省级住房城乡建设部门的有关规定，积极开展了一星级绿色建筑标识的评价与公告。目前，绿色建筑评价标识工作基本由授权的专门评审机构承担，评审结果由评审机构或政府行政主管部门公示公告。

绿色建筑规模化发展有了新进展。实现绿色建筑规模化发展的主要途径：一是实施绿色生态城区示范项目，示范项目内建筑全部必须执行绿色建筑标准，并规定了高星级绿色建筑的比例；二是新建建筑必须全部或不少于一定比例执行绿色建筑标准。例如：重庆市 2019 年全市执行绿色建筑强制性标准项目共计 715 个，建筑面积 4836.45 万 m^2；截至 2019 年底，全市执行绿色建筑强制性标准项目共计 3608 个，建筑面积 19272.86 万 m^2；授予绿色生态住宅（绿色建筑）小区 94 个，建筑面积 1322 万 m^2。

加强绿色建筑评价标识的监管。广东省住房和城乡建设厅委托广东省建筑科学研究院集团股份有限公司开展了绿色建筑评价标识项目评估，按照各地完成绿色建筑评价标识项目 10% 的比例和评价机构全覆盖的原则确定评估项目清单，对其随机抽取的绿色建筑评价标识项目进行了评估，并要求各地级以上市住房城乡建设主管部门高度重视，组织当地评审机构和评审专家，认真对照下发的评估报告和问题清单进行分析研究、逐项整改。

以上内容来源于黑龙江、湖南、广东、重庆和香港等地绿色建筑团体提供的绿色建筑发展总体情况简介和省市住房城乡建设主管部门网站信息。

本篇选录了上海、江苏、湖北、深圳、大连、北京 6 省市的绿色建筑发展总体情况简介，希望通过本篇内容，使读者概括性了解地方的绿色建筑发展状况和所开展的工作，对推动地方绿色建筑的发展有所启迪和借鉴。

Part 6 | Experiences

In 2019, new progress was made in the formulation of local regulations to promote the development of green buildings. Local governments in Liaoning, Hebei, Shandong provinces and Inner Mongolia autonomous region have promulgated and implemented local regulations on green buildings. Regulations or administrative measures on green buildings in Anhui, Hunan, Guangdong provinces and Shanghai have been drafted and are being revised and approval procedures. They will be promulgated and implemented in 2020. The introduction of local regulations has further promoted the green development in the housing and urban and rural construction.

All localities have actively implemented the new national standard " Assessment Standard for Green Buildings (GB/T 50378—2019) ". With the release and implementation of the standard, the housing and urban-rural development departments (committees) of various provinces and cities have issued notices on the implementation of the new national standard for green building evaluation. In combination with the specific situation in different places, some places have made it clear that new construction projects should be designed and constructed in accordance with the new national standard since the implementation date specified in the standard. In some places, a transition period of 3-6 months has been defined to ensure a smooth transition of the standard's implementation, and its implementation will start from the year of 2020. In order to ensure the standard being carried out smoothly, Chongqing city, Guangdong, Hunan and many other provinces and cities as well as the Hong Kong SAR have held publicity and implementation training activities on the new national standard.

Heilongjiang, Guangdong, Hunan provinces, Chongqing City and other places have started the revision of local green building evaluation standards in accordance with the national standard " Assessment Standard for Green Buildings" (GB/T 50378—2019), to meet the needs of high-quality green building development.

The China Green Building and Energy Conservation (Hong Kong) Council has actively promoted the implementation of the national standard of " Assessment Standard for Green Buildings" in the HKSAR. In 2019, it organized and completed the review and certification of five three-star green building projects, finished the draft of the Hong Kong version of " Assessment Standard for Green Buildings " (GB/T 50378—2019) . And it is going to conduct a trial evaluation of several projects in the first half of 2020, and at the same time, solicit opinions from experts in the field of green building, improve the standard and effective as of it. The China Green Building and Energy Conservation (Hong Kong) Council have also organized several technical seminars to conduct comparative studies and technical exchanges with experts from the Greater Bay Area, so as to enhance exchanges and cooperation with the GBA while improving green buildings in Hong Kong.

The whole-process quality management of green buildings has been further strengthened. In order to further standardize the design of green buildings and improve the quality, in 2019, the housing and urban-rural development departments (committees) of Heilongjiang, Hunan, Chongqing and other provinces and cities compiled and issued such normative documents as "Key points for the review of construction drawings of green building projects" and "Key points for the design of green building projects", so on. The housing and urban-rural development departments in Hunan, Hebei and Jiangxi provinces have issued the local standards for the acceptance of green building projects.

The work of green building labeling certification has been widely expanded. According to the spirit of the ministry of housing and urban-rural development's document on the management of green buildings labeling certification, various provinces and cities have adopted different operation and management modes of the labeling certification in combination with local conditions. In accordance with the relevant regulations of the provincial housing and urban-rural construction departments, the construction bureaus of prefecture-level city in some provinces and autonomous regions have actively carried out the evaluation and announcement of one-star green building labeling. At present, the labeling certification work of green buildings is basically undertaken by the authorized special agencies, and the evaluation results are published and announced by the agencies or the competent administrative departments of the local government.

New progress has been made in the large-scale development of green buildings. The main approaches to realize the large-scale development of green buildings are as follows: first, the implementation of a demonstration project of green eco-urban districts. All the buildings in the demonstration project must comply with the green building standard and stipulate the proportion of high-star green buildings. Second, new buildings must be fully or not less than a certain percentage of the implementation of the green building standard. For example, in 2019, Chongqing City implemented a total of 715 mandatory green building standard projects, with a construction area of more than 48 million square meters. By the end of 2019, the city had implemented a total of 3608 mandatory green building standard projects, with a construction area of more than 190 million square meters. A total of 94 green ecological residential (green building) communities were granted, with a construction area of 13. 22 million square meters.

Strengthen the supervision of green building labeling certification. Being entrusted by Housing and construction department of Guangdong province, Guangdong province construction science research institute group co. , LTD. had carried out an evaluation of the green building assessment projects. They determined an evaluation list according to the principle of around 10% the green building labeling projects by the random selection and a complete coverage of rating agencies and completed the evaluation with a report. The housing and construction department of Guangdong province required that the housing and urban-rural construction bureaus of cities above the competent levels should attach great importance to it, organize local evaluation agencies and experts to analyze and study carefully the issued evaluation report and the problems listed, and make rectification one by one.

The above information is provided by green building organizations from Heilongjiang, Hunan and Guangdong provinces, Chongqing City and Hong Kong SAR, as well as on some official websites of local government and housing and urban-rural development authorities.

This part contains articles which give a brief introduction of green building development in Shanghai, Jiangsu, Hubei, Shenzhen, Dalian, as well as Beijing, hoping to give readers a general understanding of the local green building development status and the works carried out, so as to provide inspiration and reference for promoting the local green building development.

1 上海市绿色建筑发展总体情况简介

1 Overview of green building development in Shanghai

1.1 绿色建筑总体情况

2019 年，上海市获得绿色建筑评价标识项目共 138 项。其中：设计标识项目 127 项，总建筑面积 1256.98 万 m²；运行标识项目 11 项，总建筑面积 104.20 万 m²。公共建筑项目 95 项，总建筑面积 874.91 万 m²；住宅建筑项目 36 项，总建筑面积 395.97 万 m²。二星级以上的绿色建筑项目共 117 个，总建筑面积 1187.59 万 m²。二星级以上绿色建筑项目的数量和面积占比均超过 84.7%。

截至 2019 年 12 月底，上海市累计通过绿色建筑评价标识认证的项目达 725 项，总建筑面积 6521.30 万 m²。其中：设计标识项目 685 项，总建筑面积 6220.50 万 m²；运行标识项目 40 项，总建筑面积 300.80 万 m²。公共建筑项目 477 项，总建筑面积 4019.54 万 m²；居住建筑项目 233 项，总建筑面积 2382.55 万 m²；混合建筑项目 3 项，总建筑面积达 49.4 万 m²；工业建筑项目 12 项，总建筑面积达 69.81 万 m²。

为了积极推进绿色生态城区建设工作，上海市主管部门主动对接指导各区、特定地区管委会开展绿色生态城区试点实践工作。截至 12 月，上海市已创建或梳理储备的绿色生态城区共计 28 个，总用地规模约为 86km²。其中，虹桥商务区核心区获得全国首个"绿色生态城区实施运管三星级标识认证"，桃浦智创城、宝山新顾城、浦东前滩已成为上海市首批获得"上海绿色生态城区试点"称号的绿色生态城区，为其他区域创建绿色生态城区提供了借鉴。此外，上海市各区均已启动绿色生态专业规划编制工作，崇明东平小镇、松江新城国际生态商务区专业规划已编制完成。2019 年，住建部在专题报道中推广介绍了上海推进绿色生态城区的做法和成效，对上海模式予以高度肯定。

1.2　绿色建筑政策法规情况

1.2.1　发布《崇明岛绿色建筑管理办法》

助力崇明世界级生态岛建设，上海市住房与城乡建设管理委员会与崇明区政府联合发布了《崇明区绿色建筑管理办法》（以下简称《办法》）。该办法是上海市首个区级绿色建筑管理办法，突出了崇明区绿色发展的高站位、高起点、高标准，对绿色建筑、全装修住宅、绿色生态城区等专项工作提出了更高目标要求。《办法》的发布，意味着崇明区将实施更高的标准、更广的范围、更严的管理。其中更高标准是指办法中的许多标准都高于市级标准，以此顺应生态岛建设需求，更好更快地推进当地绿色建筑的发展。考虑到建设世界级生态岛的目标，《办法》对标了世界先进的各项标准，并提高了崇明地区绿色建筑的相关指标；绿色化的范围更广，除了针对绿色建筑的各项要求，《办法》还涵盖了装配式建筑、可再生能源、全装修、绿色生态城区等其他"涉绿"领域，《办法》不只是狭义地阐述绿色建筑这项工作，而是将近年来上海市对绿色建筑全生命周期的各个相关领域所形成的一些规定和体系，都纳入该《办法》中；如何更加严格管理，将更高要求落到实处？《办法》为此专门明确，建筑物所有权人（使用权人）应当负责绿色建筑的运行和维护，保证绿色建筑技术设备正常运行；物业服务合同中应当载明符合绿色建筑特点的物业管理内容及违约责任，同时物业服务企业应按照物业服务合同约定，履行绿色建筑运行维护义务。

上海市住房与城乡建设管理委员会还整合发布了《崇明世界级生态岛绿色生态城区规划建设导则》，以绿色生态城区建设统筹海绵城市、综合管廊、绿色基础设施等建设要求，为崇明生态岛建设提供"一揽子"绿色生态实施策略。

1.2.2　编制《上海市绿色建筑管理办法》

为了完善建筑领域绿色发展管理制度，将相关政策制度长效化，上海市积极推进绿色建筑地方立法建设工作，本年度内，推进《上海市绿色建筑管理办法》编制完善工作，开展了相关法律部门衔接工作，完成了几轮的修改与立法论证工作。

1.2.3　完善绿色生态城区建设相关文件

上海市 2018 年发布了《关于推进本市绿色生态城区建设的指导意见》（沪府办规〔2018〕24 号），2019 年加强该指导意见的宣贯工作，并进一步完善了相关配套政策制度与技术文件，发布了《上海市绿色生态城区试点和示范项目申报指

南（2019 年)》《上海绿色生态城区评价技术细则 2019》等文件，进一步明确了
绿色生态城区申报流程和绿色生态专业规划的编制要求。

1.2.4　绿色建筑扶持政策升级

2019 年上海市对《上海市建筑节能和绿色建筑示范项目专项扶持办法》（沪
建建材〔2016〕432 号）进行修订，针对当前的发展形势与趋势，对建筑节能与
绿色建筑的相关专项工作的财政补贴扶持政策有所调整，优化扶持政策，进一步
提升本市对绿色建筑发展扶持政策的适用性。新修订的扶持政策近期将颁布实
施，后续还将进一步调整配套的政策文件，包括申报指南等操作性细则。

1.3　绿色建筑标准和科研情况

1.3.1　绿色建筑相关标准

上海市在现有的绿色建筑标准体系框架下，加快修订绿色建筑相关评价、设
计、审图等地方标准和规范，做好与绿色建筑新国标衔接，保障新旧体系下本市
绿色建筑推进工作平稳过渡。

（1）地方标准的编制工作

2019 年 7 月，上海市启动《绿色建筑评价标准》的修编工作，主要参照国
家标准《绿色建筑评价标准》GB/T 50378—2019 最新的绿色建筑理念内涵及评
价指标体系要求，与 2012 版地方标准相比较，在指标体系及评价方法等方面均
发生较大的变化。在编制过程中，编制组总结了近年来上海市绿色建筑实践经验
和地域特征，经深入调查研究和反复讨论，形成了送审稿，计划 2020 年发布实
施。随着地方评价标准的修订，还同步启动了《住宅建筑绿色设计标准》《公共
建筑绿色设计标准》以及相关审图要点、审图深度规定等修订工作。

上海市持续推进了《绿色通用厂房（库）评价标准》《既有建筑绿色改造技
术标准》《绿色建材评价通用标准（第二册装饰装修材料)》等地方标准规范的编
制工作。

（2）团体标准的推进工作

根据国家和上海市住房和城乡建设管理委员会关于发展工程建设团体标准的
要求，上海市绿色建筑协会重点推动团体标准的编制工作，发布了《健康建筑评
价标准》《非固化橡胶沥青防水涂料应用技术规程》《沥青混凝土绿色生产及管理
技术规程》《光伏发电与预制外墙一体化技术规程》4 项团体标准。各领域多类
型的团体标准编制发布工作有序推进，积极促进了标准市场化发展。

1.3.2　绿色建筑科研

围绕绿色建筑后评估、绿色建筑运营优化、绿色建筑设计新方法、既有建筑节能提升、绿色能源等研发方向，依托上海市建科院、华建集团、同济大学等各高等院校等科研主体，承担了多项国家科技部及自然科学基金、市科委、市住房城乡建筑管理委的科技研发项目，覆盖多个绿色建筑相关技术领域。

（1）承担的国家级科研项目

据不完全统计，2019 年本市各相关单位牵头负责"十三五"国家重点研发计划及支撑计划项目 6 项，分别为："基于全过程的大数据绿色建筑管理技术研究与示范""建筑围护材料性能提升关键技术研究与应用""建筑室内空气质量控制的基础理论和关键技术研究""基于 BIM 的绿色建筑运营优化关键技术研发""多重灾害下密集高层建筑群绿色能源开发及安全解决方案""城市新区规划设计优化技术"；并承担项目中多项课题的研发任务，如"绿色建筑性能后评估技术标准体系研究""绿色建筑运行能耗预测与用能诊断关键技术""南方地区城镇居住建筑绿色设计新方法与技术协同优化""既有居住建筑宜居改造及功能提升关键技术""近零能耗建筑性能检测及评价技术""围护结构与功能材料一体化体系集成技术研究与应用""基于绿色施工全过程工艺技术创新研究与示范""经济发达地区富含建筑文脉要素的绿色建筑评价指标体系""乡村住宅装配式快速建造体系与被动式节能集成研究""被动式关键技术研究及产品研发""密集高层建筑群城市环境下的光风环境分析及绿色能源利用""既有建筑绿色化改革综合检测评定技术与推广机制研究""城市新区规划设计优化技术"等。

此外，同济大学等高校的科研团队承担了"建筑集群节能减排导向的高密度城区城市设计图谱方法研究""近零能耗高层住宅关键参数量化设计研究——以上海地区为例"2 项国家自然科学基金课题研究。

（2）市级科研项目

2019 年，上海开展的市级科研项目主要包括：由上海市科学技术委员会组织开展的"上海市建筑节能与绿色建筑技术创新服务平台""绿色建筑能源和环境基准线研究""高效建筑围护结构节能精准设计与体系研发""近零碳为导向的超低能耗建筑关键技术研究""港口基础设施绿色发展技术""建筑环控系统智能感知与数字孪生平台研究与开发"等。

由上海市住房和城乡建设管理委员会组织开展的"上海地区低能耗建筑节能关键指标研究""办公建筑能耗限额指标研究""上海市既有居住建筑节能改造技术目录""老旧小区住房修缮技术节能减排量化研究""外墙外保温系统空鼓、渗漏检测与修缮技术研究""产业园区绿色物业运营管理研究""编制有热水需求公共建筑应用可再生能源的适宜条件""编制民用建筑外墙和屋面保温技术选用系列"等。

上海市住房和城乡建设管理委员会委托上海市绿色建筑协会编制了《上海绿色建筑发展报告（2018)》《2019 上海市建筑信息模型技术应用与发展报告》，开展了"BIM 项目认证方法研究""BIM 技术应用情况调查分析""上海市建筑信息模型技术应用推广工作信息简报"等研究工作。

（3）其他相关课题研究

为做好 2019 年新版国家标准《绿色建筑评价标准》的衔接工作，上海市绿色建筑协会开展了"绿色建筑评价标准更新相关衔接工作研究"课题研究，对评价专家分类、《绿色建筑评价标识实施细则》和申报指南修订、评价条文和相关表单编制进行了深入研讨，形成了《新旧国标差异性分析报告》，确保顺利完成新老国标的过渡工作。

为助推绿色生态城区建设，由上海市绿色建筑协会牵头，联合相关单位在总结近两年上海市绿色城区开发建设实践经验的基础上，编撰完成了《从规划设计到建设管理——绿色城区开发设计指南》。该书总结了一套应对绿色生态城区和其他复杂综合区域的开发设计方法，在为项目提供策略导向和方法指南的同时，也为区域的可持续建设提供了新思路。另外，上海市绿色建筑协会还组织编制并发布了《绿色建筑运营管理手册》，力求从规划设计到运维管理，引导绿色理念在建筑全生命周期落实，指导绿色建筑运维管理行为，促进绿色建筑运行实效落地。

1.4　绿色建筑相关技术推广、专业培训及科普教育活动

1.4.1　举办 2019 上海绿色建筑国际论坛

2019 年 6 月 25 日，由上海市绿色建筑协会主办的"2019 上海绿色建筑国际论坛"，围绕"绿色上海与未来建筑"的主题，邀请上海市静安区委常委、副区长周海鹰；弗吉尼亚理工大学教授约翰．利特尔（John Little）；上海百联集团股份有限公司副总经理唐扬；扎哈·哈迪德建筑师事务所建筑师菲利普．奥斯特马尔（Philipp Ostermaier）和上海市建筑科学研究院副院长杨建荣等专家，从城市发展规划、生态环境治理、绿色建筑发展路径、市场发展的挑战和机遇等内容，畅谈对当下的思考和对未来的展望。论坛为会员单位提供了建筑业前沿信息和经验借鉴，在业内和社会上产生了较大的影响。

1.4.2　举办 2019 上海国际城市与建筑博览会

2019 年 11 月 21～23 日，由联合国人居署、上海市住房和城乡建设管理委员

会联合主办，上海世界城市日事务协调中心协办，上海市绿色建筑协会承办的 2019"城博会"在国家会展中心（上海）盛大召开。上海市人大、上海市人民政府、上海市政协、联合国人居署中国办公室、市住建委和相关委办局等领导出席了开幕式。2019"城博会"展出面积近 8 万 m²，围绕"创新城市美好家园"的主题，重点反映上海近年来城市规划、建设、管理水平，特别是在贯彻国家绿色发展理念中取得的突出成果，共设置一个主题馆和智慧城市建设展示馆、生态环保建设展示馆、建设安全与施工技术展示馆、城市生命线展示馆、绿色建筑建材展示馆、城市规划与建筑设计展示馆、城市建设与更新展示馆、城市综合交通建设与停车设备展示馆及建筑工业化与城市基础设施建设展示馆，共 10 个展馆。累计参观人数近 8 万人次。

1.4.3　举办"长三角一体化基础设施融合与应用发展论坛"

为积极响应国家关于推进长三角一体化发展的重要战略要求，促进长三角区域协同创新发展，进一步加强上海和长三角区域各省市的合作交流，11 月 21 日，由上海市住房和城乡建设管理委员会主办、上海世界城市日事务协调中心协办、上海市绿色建筑协会承办的"2019 上海国际城市与建筑博览会"主论坛——"长三角一体化基础设施融合与应用发展论坛"在沪召开。探讨长三角一体化基础设施建设中的成果、经验，发展过程中的亮点和创新之处以及未来发展方向，实现共商共建共治共享共赢，共同服务好国家战略。水利部太湖流域管理局戴甦副局长，上海市通信管理局谢雨琦副局长，浙江舟山群岛新区总规划师周建军教授，华东建筑集团股份有限公司党委副书记、副总建筑师沈立东围绕论坛主题作了主题发言。

供稿单位：上海市绿色建筑协会

2 江苏省绿色建筑发展总体情况简介

2 Overview of green building development in Jiangsu

2.1 绿色建筑总体发展情况

截至 2019 年 11 月，江苏省绿色建筑评价标识项目累计 3946 项，共计建筑面积 4.08 亿 m^2。其中，2019 年度新增绿色建筑评价标识项目 1178 项，新增绿色建筑面积 1.2 亿 m^2。与 2018 年相比，2019 年江苏省各城市绿色建筑评价标识项目数量、绿色建筑面积均有较高增幅，其中 2019 年增长幅度排名前三的分别是南通、淮安、徐州，2019 年标识项目数量、绿色建筑面积最多的是苏州市（图 6-2-1）。

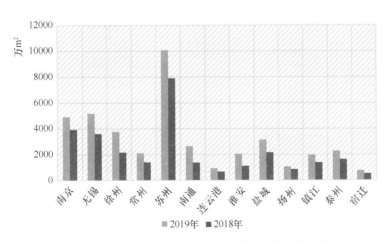

图 6-2-1　2018 年、2019 年各城市累计绿色建筑面积

2.2 发展绿色建筑的政策法规情况

2019 年江苏省发布绿色建筑科技相关文件见表 6-2-1。

2019 年江苏省发布绿色建筑科技相关文件　　　　表 6-2-1

序号	名称	发文号	内容简介	备注
1	省住房城乡建设厅关于启用江苏省建筑设计信息平台的通知	苏建科〔2019〕6 号	江苏省住房和城乡建设厅组织研发了"江苏省建筑设计信息平台",并开展启用公开	为进一步提升江苏省建筑设计水平,激励设计人员多创精品,加强行业交流与宣传
2	关于 2019 年度省级建筑节能专项引导资金项目的公示		对 2019 年度省级建筑节能专项引导资金项目共 10 项进行公示	以财政补贴方式,引导和推动江苏省高品质绿色建筑发展
3	省住房城乡建设厅关于公布第二批全过程工程咨询试点企业的通知	苏建设计〔2019〕230 号	公布了第二批全过程工程咨询试点企业名单,并对试点企业、各级主管部门提出了要求	全过程咨询是推动绿色建筑高质量发展的试点方法之一
4	省住房城乡建设厅省财政厅关于组织申报 2019 年度第二批省级建筑节能专项引导资金奖补项目的通知	苏建科〔2019〕72 号	省住房城乡建设厅会同省财政厅组织开展 2019 年度第二批省级建筑节能专项引导资金奖补项目申报工作	以财政补贴方式,引导和推动江苏省高品质绿色建筑发展
5	关于 2019 年度第二批省级建筑节能专项引导资金奖补项目的公示		根据专家审查结果,公示 2019 年度第二批省级建筑节能专项引导资金奖补项目共 17 项	
6	省住房城乡建设厅关于征求《江苏省超低能耗居住建筑技术导则(征求意见稿)》意见的函		《江苏省超低能耗居住建筑技术导则(征求意见稿)》发布	推进江苏省超低能耗居住建筑发展
7	省住房和城乡建设厅关于贯彻执行《绿色建筑评价标准》(GB/T 50378—2019)的通知		为有序推进江苏省绿色建筑发展,对于 2019 年 8 月 1 日前已签订国有土地有偿使用出让合同或国有土地划拨决定书,且在规划设计要点中明确绿色建筑星级要求的工程项目,可继续按照旧国标进行绿色建筑评价。对于 2019 年 8 月 1 日之后签订国有土地有偿使用出让合同或国有土地划拨决定书的工程项目,可按照新国标等标准进行绿色建筑评价	

续表

序号	名称	发文号	内容简介	备注
8	关于组织申报2019年度省级建筑产业现代化示范园区、示范基地、示范工程项目的通知	苏建函科〔2019〕406号	组织开展2019年度省级建筑产业现代化示范园区、示范基地、示范工程项目申报工作	推进装配式建筑发展
9	省住房城乡建设厅关于组织申报2019年度"江苏省绿色建筑创新项目"的通知	苏建函科〔2019〕484号	省住房城乡建设厅组织2019年度"江苏省绿色建筑创新项目"申报	促进绿色建筑高质量发展
10	省住房城乡建设厅关于组织申报2019年度省建设系统科技项目的通知	苏建函科〔2019〕489号	省住房城乡建设厅组织2019年度省建设系统科技项目申报	推动全省住房城乡建设科技创新,支撑城乡建设高质量发展
11	省住房城乡建设厅关于推荐绿色建筑工作突出贡献集体和个人的通知	苏建函科〔2019〕558号	省住房城乡建设厅组织绿色建筑工作突出贡献集体和个人的推荐	完善绿色建筑工作鼓励激励机制,推进绿色建筑高质量发展
12	省住房城乡建设厅关于组织申报2020年度江苏省节能减排(建筑节能)专项资金奖补项目的通知	苏建科〔2019〕400号	省住房城乡建设厅组织2020年度江苏省节能减排(建筑节能)专项资金奖补项目申报	推进绿色建筑高质量发展,发挥省级专项资金引导作用
13	关于2019年度建筑产业现代化示范评审结果的公示		2019年度省级建筑产业现代化示范园区、示范基地、示范项目评审结果公示	

2.3 绿色建筑标准和科研情况

2.3.1 新编标准立项

新编标准立项   表 6-2-2

序号	标准名称	主编单位	项目负责人
1	绿色建筑评价标准	江苏省建筑科学研究院有限公司	刘永刚
2	既有住宅适老性改造技术标准	南京长江都市建筑设计股份有限公司	董文俊

序号	标准名称	主编单位	项目负责人
3	大跨木结构设计标准	南京工业大学、南京工业大学建筑设计研究院	陆伟东、程小武
4	城市生态园林绿化工程技术规程	南京市绿化园林局、南京工业大学	路奎
5	装配整体式叠合剪力墙结构技术规程	启迪设计集团股份有限公司、江苏省住房和城乡建设厅科技发展中心	赵宏康、孙雪梅

2.3.2 标准修订

标准修订   表 6-2-3

序号	编号	名称	原主编单位
1	DGJ 32/TJ 169—2014	江苏省城市居住区和单位绿化标准	江苏省住房和城乡建设厅原风景园林处
2	DGJ 32/J 173—2014	江苏省绿色建筑设计标准	江苏省住房和城乡建设厅科技发展中心
3	DGJ 32/J 19—2015	绿色建筑工程施工质量验收规范	江苏省住房和城乡建设厅科技发展中心、江苏省建设工程质量监督总站

2.3.3 完成鉴定的部分科研项目

完成鉴定的部分科研项目   表 6-2-4

序号	项目名称	项目简介
1	江苏省绿色建筑性能设计分析云服务平台	该平台包括绿色建筑咨询、模拟计算、标识申报、材料选用、宣传贯标等一系列服务，可为设计、咨询、施工图审查等单位提供便捷、高效和专业服务
2	江苏省工程建设标准化改革管理机制研究	课题研究成果充分展示了江苏对工程建设标准化工作的思考和谋划，将对进一步提升江苏工程建设标准化水平、扩大工程建设标准影响力、促进江苏城乡建设高质量发展具有重要指导意义（图 6-2-2）

图 6-2-2　《江苏省工程建设标准化改革管理机制研究》课题鉴定会

2.3.4　申报 2020 年度江苏省节能减排（建筑节能）专项资金奖补项目（科技支撑项目）

申报 2020 年度江苏省节能减排（建筑节能）专项
资金奖补项目（科技支撑项目）　　　　　　　　　　表 6-2-5

序号	项目名称	研究内容	验收指标
1	江苏省"十四五"绿色建筑发展规划研究	在系统总结我省"十三五"绿色建筑发展的基础上，按照新时代高质量发展要求，有效衔接上位规划，系统谋划"十四五"期间绿色建筑发展的总体思路、目标任务和保障措施，引领江苏绿色建筑高质量发展	提交《江苏省"十四五"绿色建筑发展规划》（送审稿）
2	江苏省绿色建筑评价研究与标准编制	借鉴国际绿色建筑评价先进经验，吸收国家标准《绿色建筑评价标准》的丰富内涵，总结江苏绿色建筑发展实践，建立体现江苏特色的绿色建筑评价体系，为绿色建筑高质量发展提供有力支撑	提交地方标准《江苏省绿色建筑评价标准》（送审稿），试评价的居住建筑和公共建筑分别不少于 5 项
3	绿色建筑设计质量控制要点研究	以绿色建筑设计相关标准为依据，针对绿色设计文件编制深度和技术审查两个关键点开展系统研究，规范建筑设计方案和建筑施工图阶段的绿色设计质量控制要求	提交《江苏省民用建筑设计方案绿色设计文件编制深度规定和技术审查要点》《江苏省民用建筑施工图绿色设计文件编制深度规定和技术审查要点》（送审稿）

251

续表

序号	项目名称	研究内容	验收指标
4	绿色城区综合效益评估与发展研究	总结全省绿色生态城区建设成效，综合分析其经济效益、社会效益和绿色效益。通过建立绿色城区综合效益评价方法和技术体系，对已建成绿色城区实施综合效益评估，指导更高质量绿色城区创建	编制出版《江苏省绿色城区综合发展报告》
5	智慧建筑关键技术研究与示范	以绿色建筑为载体，在建筑结构、系统、服务和管理中深度融合人工智能、大数据、物联网等技术，营造高效、舒适、便利的人性化建筑环境，不断增强人民群众获得感、幸福感、安全感	提交《江苏省智慧建筑技术指南》（送审稿），建成示范项目不少于2个
6	江苏省超低能耗建筑关键技术研究与示范	遵循"被动优先、主动优化"的原则，对适合江苏省气候特征、建筑用能特点和百姓需求的超低能耗建筑技术体系、指标和措施开展研究分析，形成适合我省实际的超低能耗建筑技术路线	提交地方标准《江苏省超低能耗建筑技术标准》（送审稿），建成示范项目不少于2个
7	绿色建筑后评估技术体系研究与评估应用	围绕绿色建筑人居环境、资源利用、运营效果等方向，制定绿色建筑后评估的程序、方法和工具，构建使用者满意度评估、绿色行为评估和效益评估的综合后评估体系	提交地方标准《江苏省绿色建筑后评估标准》（送审稿），完成20栋以上典型建筑的评估分析
8	公共机构建筑能耗定额制定与推进机制研究	通过调查分析我省机关、学校、医院等不同类型公共机构能源资源使用状况，开展机关办公类、教育类、卫生医疗类、场馆类等公共机构能耗定额研究，开展基于节能目标管理、能源费用预算管理的公共机构能耗定额推进机制研究	提交4～5部不同类型的公共机构建筑能耗定额标准（建议稿），完成公共机构能耗定额机制应用试点示范不少于2个
9	装配式建筑正向设计研究与示范	针对目前装配式建筑设计过程中存在的问题，研究正向设计技术措施，促进设计能力和水平提升；结合江苏省推广应用"三板"规定，梳理已建、在建保障性住房标准化设计案例，针对标准化功能模块、标准化空间、标准化构件进行优化研究，提出满足多样性、灵活性和场地适用性的住宅标准化设计技术	提交《江苏省装配式建筑正向设计导则和技术应用指南》，提交以保障性住宅为主体的户型标准化图集（送审稿），建设示范项目2项以上，且总建筑面积不少于10万 m²

序号	项目名称	研究内容	验收指标
10	装配式建筑全生命周期质量追溯体系研究与示范	梳理策划设计、建造等各阶段影响工程质量的关键节点，研究建立以信息化手段为基础，适用于设计、建造、运维等建筑全寿命周期的质量追溯体系	提交《江苏省装配式建筑质量追溯管理标准》（送审稿），完成示范项目不少于 10 个
11	绿色生态组合结构体系研究与示范	针对木-混凝土或钢-混凝土组合结构体系高效连接和装配化安装技术，研究组合结构体系、关键构件及连接节点的受力机理、设计理论与方法，研发轻质环保且集装饰、节能和防护一体化的楼盖和墙体预制构件	提交地方标准（送审稿）不少于 1 部；完成多层、中高层示范项目不少于 2 个，建筑面积不少于 2000m²
12	装配式钢结构住宅技术体系优化及示范	以现有钢结构住宅体系为基础，结合江苏钢结构行业特点，以多层和高层钢结构住宅建筑为对象，研究技术先进可行、便于制造安装、体系成熟度高、综合经济指标合理的技术体系	研发 1 套多层和 1 套高层装配式钢结构住宅技术体系，提交相应的技术导则或标准（送审稿），完成示范项目不少于 2 个

2.4 绿色建筑相关技术推广、专业培训及科普教育活动

（1）召开第十二届江苏省绿色建筑发展大会

第十二届江苏省绿色建筑发展大会于 2019 年 11 月 26 日在南京召开，本届大会以"发展高品质绿色建筑推动美丽宜居城市建设"为主题，通过学术报告、技术研讨等互动形式，聚焦绿色建筑、装配式建筑、未来建筑等 11 个议题。来自全省各级建设主管部门相关负责人、相关行业学会和协会负责人、省内外专家学者和有关企事业代表等近 1000 人参加会议，开展研讨和经验交流（图 6-2-3～图 6-2-6）。

图 6-2-3 2019 绿色建筑高质量发展科技创新报告会

图 6-2-4　宜居街区及绿色化改造分论坛

图 6-2-5　装配式建筑与数字建造分论坛

图 6-2-6　与会者观看设计方案

（2）2019 年相关奖项申报、评审、公示

2019 年相关奖项申报、评审、公示　　　　　　　　表 6-2-6

序号	名称	结果
1	江苏省绿色建筑创新项目	评选出一等奖 3 个、二等奖 6 个、三等奖 6 个，表扬奖 3 个
2	江苏省绿色建筑工作突出贡献集体和个人	评选出 6 个突出贡献集体、11 名突出贡献个人

执笔：刘永刚　季柳金　刘晓静（江苏省绿色建筑委员会）

3 湖北省绿色建筑发展总体情况简介

3 Overview of green building development in Hubei

3.1 绿色建筑总体发展情况

2019 年，湖北省通过绿色建筑评价标识认证的项目共计 136 项，其中公共建筑 45 项，一星项目 6 项，二星项目 33 项，三星项目 6 项；居住建筑 91 项，一星项目 49 项，二星项目 37 项，三星项目 5 项。

3.2 发展绿色建筑的政策法规情况

（1）印发了《关于下达 2019 年度省建设科技计划项目和建筑节能示范工程的通知》（厅字〔2019〕672 号）。对湖北省各地区各单位申报的 60 个湖北省建设科技计划项目和 12 个湖北省建筑节能示范工程进行公示。

（2）印发了《2019 年绿色生态城区和绿色建筑省级示范创建项目公示》（公示〔2019〕18 号）。对湖北省各地区申报的 1 个绿色生态城区示范创建项目、11 个绿色建筑集中示范创建项目、2 个高星级绿色建筑示范创建项目进行公示。

（3）印发了《湖北省建筑节能推广、限制和禁止使用技术和产品目录（2019 年版）公示》（公示〔2019〕17 号）。对湖北省节能环保、品质优良的建筑节能技术和产品和限值禁止使用的技术产品进行公示。

（4）印发了《关于对湖北省地方标准〈公共建筑能耗监测系统技术规程〉（征求意见稿）征求意见的函》。该标准规定了公共建筑能耗监测系统设计、施工、调试、检测、验收和运行维护的统一技术要求，适用于所有新建、改扩建、既有公共建筑的能耗监测系统的建设、运行管理与维护。

（5）印发了《关于印发 2019 年建筑节能与勘察设计综合检查实施方案的通知》。对 2019 年的建筑节能与勘察设计综合检查的检查方式、检查范围及项目、检查时间、检查片区及技术指导组安排、检查工作程序等相关问题进行安排部署。

（6）印发了《关于对湖北省地方标准〈建筑与市政工程绿色施工管理与评价〉（征求意见稿）征求意见的函》。该标准用于指导湖北省建筑与市政工程的绿色施工管理和绿色施工评价。

(7) 印发了《关于组织 2019 年绿色生态城区和绿色建筑省级示范项目申报及验收工作的通知》(鄂建文〔2019〕31 号)。文件要求按照《关于申报 2016 年绿色生态城区和绿色建筑省级示范项目的通知》(鄂建文〔2016〕28 号)文件的要求对示范项目进行申报,同时对已竣工的示范创建项目按照《关于组织绿色生态城区和绿色建筑省级示范项目验收的通知》(鄂建函〔2018〕834 号)文件要求进行验收。

(8) 印发了《关于 2019 年度省级建筑节能以奖代补资金竞争性分配计划的公示》(公示〔2019〕8 号)。根据《关于印发〈湖北省"十三五"建筑节能与绿色建筑发展目标任务分解方案〉和〈湖北省"十三五"建筑节能与绿色建筑发展年度工作目标责任考核管理办法〉的通知》(鄂建墙〔2016〕3 号)及《湖北省建筑节能以奖代补资金管理办法》的要求,完成了全省 2018 年度建筑节能工作的目标责任考核,对 2018 年度省级建筑节能以奖代补资金使用进行了绩效评价,并按"贡献大、得益多""完成好、奖补多"的原则,依据《湖北省建筑节能以奖代补资金管理办法》相关规定计算出各奖励对象相应的分配金额。

(9) 印发了《关于 2018 年度全省建筑节能与绿色建筑发展目标任务完成情况及考核结果的通报》(鄂建墙〔2019〕3 号)。文件公布了 2018 年度主要目标完成情况、各地年度工作目标责任考核情况以及存在的问题和要求。

(10) 印发了《关于印发〈2019 年建筑节能与绿色建筑发展工作意见〉的通知》(鄂建墙〔2019〕1 号)。《通知》要求全面提升建筑能效水平、大力推进绿色建筑发展、扩大可再生能源建筑规模化应用、推进既有建筑节能改造、加强公共建筑节能工作、着力发展绿色建材产业、强化建筑节能目标责任考核与市场监管、开展建筑节能宣传培训。

(11) 印发了《关于公布绿色生态城区和绿色建筑省级示范项目通知》。根据《省人民政府办公厅关于印发湖北省绿色建筑行动实施方案的通知》(鄂政办发〔2013〕59 号)、《关于组织申报 2018 年绿色生态城区和绿色建筑省级示范项目的通知》(鄂建文〔2018〕32 号)、《关于组织绿色生态城区和绿色建筑省级示范项目验收的通知》(鄂建函〔2018〕834 号),对 6 个已完成验收工作的集中示范创建项目进行公示。

(12) 印发了《关于印发〈2019 年城乡建设与发展以奖代补资金项目申报指南〉的通知》(鄂建办〔2019〕4 号)。为充分发挥以奖代补资金的引导和杠杆作用,提高财政预算资金的使用绩效,促进全省城乡建设事业高质量发展,对省乡村振兴、精准扶贫、城市绿色发展市政基础建设等项目进行奖励。

3.3 绿色建筑标准和科研情况

2019 年，湖北省在绿色建筑方面开展了大量的研究，目前正在进行的科研课题如表 6-3-1 所示。

湖北省 2019 年绿色建筑相关科研情况 表 6-3-1

序号	项目名称	备注
1	《低能耗居住建筑节能设计标准》修编	
2	《绿色建筑设计与工程验收标准》修编	
3	《湖北省被动式超低能耗绿色居住建筑设计标准》编制	
4	基于太阳能建筑节能薄膜优化设计及工艺研究	
5	纳米材料改性垃圾焚烧底灰生产节能复合墙板的研究	
6	内掺 CCCW 的碳纤维增强混凝土新型建筑材料电力学性能研究	
7	绿色新型路面快速修补材料的制备和性能可控性研究	
8	被动房及新风系统的高效热回收	
9	磷石膏基防火隔热砂浆及其在钢管束组合剪力墙中的应用研究	
10	磷石膏基墙板及其在钢结构装配式建筑中的应用研究	
11	污水处理厂污泥脱除水直接达标排放技术研究	
12	建筑废弃物再生骨料利用研究	
13	垂直绿化应用于夏热冬冷地区既有建筑围护结构改造研究	
14	装配整体式混凝土超高层建筑结构抗震性能研究	
15	新型装配式建筑框架和预应力技术体系研发及工程应用研究	
16	湖北省装配式建筑发展现状及对策研究	
17	装配式建筑实施过程研究	
18	钢结构住宅外围护墙体保温隔热研究	
19	中心城区大型公共建筑绿色施工技术研究及应用	
20	装配式预制构件生产与质量控制技术研究	
21	装配式钢结构住宅舒适度优化研究	
22	既有建筑玻璃幕墙智能检测技术开发	
23	海绵城市 BIM 技术应用与水量、水质数值模拟评价研究	
24	基于"BIM＋物联网"构建智慧消防管理体系研究	
25	BIM 技术在智慧社区平台搭建中的应用	
26	面向海绵城市建设的废旧混凝土资源化应用技术研究	

3.4 绿色建筑相关技术推广、专业培训及科普教育活动

（1）2019年4月，湖北省绿色建筑与节能专业委员会组织多名成员参加"第十五届国际绿色建筑与建筑节能大会暨新技术与产品博览会"。

（2）2019年5月，湖北省绿色建筑与节能专业委员会组织人员参加"湖南省建筑领域高质量绿色发展论坛"，学习湖南省的绿色建筑发展经验和技术。

（3）2019年7月底，湖北省绿色建筑与节能专业委员会和湖北省建筑节能协会共同举办《绿色建筑评价标准》GB/T 50378—2019宣贯培训班，邀请国家标准主编专家和湖北省资深专家从安全耐久、健康舒适、生活便利、资源节约、环境宜居等各个方面对2019版绿色建筑评价标准进行全面的讲解和分析。培训对象以湖北省地市州建筑节能主管部门、省建筑设计院相关技术人员、各施工图审查机构审图工程师、省绿建标识专家委员会专家、各建筑工程监理/施工/咨询/检测单位技术人员、各相关科研单位等为主。

（4）2019年7月，湖北省住房和城乡建设厅、湖北省建筑节能协会、湖北省绿色建筑与节能专业委员会相关人员参加住房和城乡建设部在山东青岛召开的全国建筑节能与绿色建筑发展工作座谈会。

（5）2019年9月，湖北省绿色建筑与节能专业委员会组织多名成员参加"第九届夏热冬冷地区绿色建筑联盟大会"，大会围绕"提升绿色建筑性能，助推建筑业高质量发展"主题，对绿色建筑领域技术进行交流和讨论。

（6）2019年11月，湖北省住房和城乡建设厅在襄阳市组织召开"鄂西北区域建设工程安全文明标准化暨绿色施工现场观摩会"，进一步推动建筑施工安全标准化工作，加强建筑工程安全管理，推动绿色施工行为，提高监管效能。

（7）2019年11月，湖北省住房和城乡建设厅、湖北省建筑节能协会、湖北省绿色建筑与节能专业委员会相关人员参加住建部在江苏苏州举办的"中加装配式建筑与现代木结构建筑技术研讨会"，学习木结构与装配式建筑。

执笔：罗剑 丁云（湖北省土木建筑学会绿色建筑与节能专业委员会）

4 深圳市绿色建筑总体发展情况简介

4 Overview of green building development in Shenzhen

4.1 绿色建筑总体情况

截至 2019 年第三季度,深圳全市绿色建筑标识项目 1106 项、总建筑面积超过 1 亿 m^2(表 6-4-1~表 6-4-3)。其中,13 个项目获全国绿色建筑创新奖(一等奖 6 个,占全国一等奖总数的 18%)。

深圳市绿色建筑评价标识项目累计数量(截至 2019 年 9 月)　　　表 6-4-1

获得绿色建筑评价标识的建筑项目总数(个)		1106		获得绿色建筑评价标识的建筑项目总建筑面积(万 m^2)			10299.22	
其中:国家绿色建筑评价标识(个/万 m^2)				其中:深圳市绿色建筑评价标识(个/万 m^2)				
获得绿色建筑评价标识的建筑项目数量/面积	一星级项目数量/面积	二星级项目数量/面积	三星级项目数量/面积	获得绿色建筑评价标识的建筑项目数量/面积	铜级项目数量/面积	银级项目数量/面积	金级项目数量/面积	铂金级项目数量/面积
668	404	204	60	863	639	108	105	11
6287.12	3305.57	2313.15	668.4	7848.87	5729.83	792.98	1249.08	76.98

深圳市 2019 年 1~9 月绿色建筑评价标识项目累计数量　　　表 6-4-2

获得绿色建筑评价标识的建筑项目总数(个)		76		获得绿色建筑评价标识的建筑项目总建筑面积(万 m^2)			961.97	
其中:国家绿色建筑评价标识(个/万 m^2)				其中:深圳市绿色建筑评价标识(个/万 m^2)				
获得绿色建筑评价标识的建筑项目数量/面积	一星级项目数量/面积	二星级项目数量/面积	三星级项目数量/面积	获得绿色建筑评价标识的建筑项目数量/面积	铜级项目数量/面积	银级项目数量/面积	金级项目数量/面积	铂金级项目数量/面积
59	15	37	7	28	9	4	13	2
778.16	91.96	580.66	105.54	315.22	71.7	60.9	161.63	20.99

深圳市 2019 年 1～9 月各类绿色建筑评价标识项目累计数量 表 6-4-3

项目分类	项目（个）	面积（万 m²）	
设计标识	71	895.6	＊绿色建筑评
运行标识	5	66.7	价标识项目数量
公共建筑	62	819.57	总计：76 个
居住建筑	13	127.41	＊ 绿色建筑
工业建筑	1	14.96	总面积：961.97 万 m²

4.2 发展绿色建筑的政策法规情况

4.2.1 深圳市绿色建筑量质齐升三年行动实施方案（2018～2020 年）

为加强生态文明建设，加快推动绿色建筑量质齐升，加速促进建筑产业转型升级，深圳市根据有关要求并结合实际情况，制定了《深圳市绿色建筑量质齐升三年行动实施方案（2018～2020 年)》。计划全市新增绿色建筑面积三年累计达到 3500 万 m²，到 2020 年底全市新增绿色建筑面积累计超过 10000 万 m²；全市国家二星级或深圳银级及以上绿色建筑项目达到 180 个以上；创建出一批国家二星级或深圳银级及以上运行标识绿色建筑示范项目；完成既有建筑节能改造面积240 万 m²（表 6-4-4)。2018 年，实现新建政府投资和国有资金投资的大型公共建筑、标志性建筑项目，全面按照国家二星级或深圳银级及以上绿色建筑标准进行设计和建设。2019 年底前，实现新建大型公共建筑、建筑面积大于 10 万 m²的居住小区，全面按照国家二星级或深圳银级及以上绿色建筑标准进行设计和建设。继续在前海、深圳北站商务中心等重要功能区和重点区域，开展高星级绿色建筑规模化示范。

深圳市绿色建筑"三年行动"方案期间主要完成指标 表 6-4-4

序号	时间（年）	行动目标				备注
		新增绿色建筑面积（万 m²）	国家二星级或深圳银级及以上绿色建筑项目个数（个）	新建建筑绿色建筑达标率	既有建筑节能改造面积（万 m²）	
1	2018	1100	60		50	
2	2019	1200	60	100%	90	
3	2020	1200	60		100	
累计		3500	180	100%	240	

4.2.2 深圳市住房和建设局关于执行《绿色建筑评价标准》GB/T 50378—2019 有关事项的通知（深建科工〔2019〕26 号）

2019 年 8 月 1 日以后办理建设工程规划许可证的新建民用建筑项目，拟申报国家绿色建筑评价标识的，应当按照"新国标"进行申报，评价机构应当按照"新国标"要求受理。鼓励其他项目申报国标时按照"新国标"申报。为确保新建项目符合新国标要求，项目单位应当从规划、设计、施工到运行，做好全生命周期的质量管控，应自行开展或委托具有相应技术能力的专业机构进行预评价。

4.2.3 公共建筑分项能耗数据传入深圳市建筑能耗数据中心

深圳市住房和建设局于 2019 年 8 月 30 日发布了关于明确公共建筑分项能耗数据传入深圳市建筑能耗数据中心有关事项的通知，要求自 2019 年 10 月 1 日起，按《深圳市绿色建筑促进办法》《深圳市公共建筑节能设计规范》等规定应设置用电分项计量装置的公共建筑，将所采集的分项能耗数据传输至"深圳市建筑能耗数据中心"；新、改、扩建公共建筑均应按照《深圳市公共建筑节能设计规范》要求同步设计、安装用电分项计量装置，并将分项能耗数据传输至数据中心。

4.2.4 深圳市绿色住宅使用者监督机制试点

为探索建立绿色住宅工程质量使用者监督机制，发挥深圳先行示范区作用，先行先试，根据《住房和城乡建设部办公厅关于开展建立绿色住宅使用者监督机制试点工作的通知》（以下简称《通知》）确定的试点目标，深圳市积极筹备、认真组织试点工作，市住房建设局制定了《深圳市绿色住宅使用者监督机制试点工作方案》（以下简称《方案》），9 月 23 日正式印发《方案》至各试点单位。确定了"深湾汇云中心一期工程""汇裕名都花园二期工程"等 10 个项目作为本次绿色住宅使用者监督机制试点项目，为国家推动建立绿色住宅使用者监督机制积累宝贵经验。

4.3 绿色建筑标准和科研情况

深圳市 2019 年 1～9 月共完成 5 个绿色建筑相关标准的编制，正在编制的标准 22 项。截至 2019 年 9 月，共编制相关标准 113 个（新纳入 17 个计价定额相关标准规范），正在编制的标准 44 个，2018 年发文废止 46 个。

4.3.1 关于发布 2019 年深圳市工程建设标准制订修订计划项目的通知

深圳市住建局在各单位自愿申报的基础上，经组织有关专家遴选、审核、公示，确定 2019 年深圳市工程建设标准制订、修订计划项目（共 43 项），于 2019 年 7 月 4 日发布名单。

4.3.2 《深圳市"十三五"工程建设领域科技重点计划（攻关）项目》

为落实创新驱动发展战略，增强工程建设行业科技创新能力，促进科技进步、成果转化和推广应用，推动高质量发展，结合城市建设发展需要，深圳市住房和建设局于 2019 年组织开展了深圳市"十三五"工程建设领域科技重点计划（攻关）项目的征集工作。经申报单位申请、资料审核、专家评审、网上公示等程序，最终确定深圳市"十三五"工程建设领域科技重点计划（攻关）项目 144 项。

4.3.3 年度部分已发布的或在编在研的标准规范/科研项目

《深圳市绿色校园设计标准》；《深圳市绿色校园评价标准》；《深圳市绿色建筑设计标准》；《深圳市既有建筑绿色改造评价标准》；《深圳市既有公共建筑绿色改造技术规程》；《深圳市绿色建筑工程质量验收标准》；《深圳市建筑节能工程施工验收规范》；《绿色建筑运行测评技术规范》；《深圳市公共住房装配式钢结构住宅技术标准》；《公共建筑集中空调自控系统技术规程》；《深圳市建设项目节水设计指引》；《深圳市建设项目海绵设施验收工作要点及技术指引》；《建设工程建筑废弃物排放限额标准》SJG 62—2019；《建设工程建筑废弃物减排与综合利用技术标准》SJG 63—2019；《深圳市大型公共建筑能耗监测情况报告（2018 年度）》；《〈深圳市建筑废弃物治理专项规划（2018—2035 年）〉的环境影响报告书》；《深圳市叠合式预制拼装混凝土综合管廊图集（征求意见稿）》；《施工废弃物和装修废弃物分类无害化处置研究》；《深圳市公共建筑节能改造节能量核定导则》；《深圳市公共建筑节能改造设计与实施方案审查细则》；《深圳市建筑节能与绿色建筑发展路径研究课题项目》……

4.3.4 先进省市绿色建筑与建筑节能发展经验调研

2019 年 8 月，深圳市绿色建筑协会受深圳市住房和建设局委托，开展先进省市绿色建筑与建筑节能发展经验调研工作。本次调研工作通过搜集整理北京、上海、江苏、浙江、厦门等国内先进省市绿色建筑发展经验的有关材料和数据，从体制机制、政策标准、质量管控、创新技术、绿色金融等方面进行深入调查，分析当地绿色建筑发展水平和优秀工作经验，并与深圳市绿色建筑发展现状进行对比分析，总结出一条适宜深圳绿色建筑快速、高质量发展的有效路径，最终形成《先进省市绿色建筑与建筑节能发展经验调研报告》。

4.4 绿色建筑相关技术推广、专业培训及科普教育活动

4.4.1 第十五届国际绿色建筑与建筑节能大会暨新技术与产品博览会（简称绿博会）

2019 年 4 月 3～4 日，为期两天的"第十五届国际绿色建筑与建筑节能大会暨新技术与产品博览会"在深圳会展中心举行，深圳首次以"东道主"的身份承办这一盛事。深圳市委副书记，市人民政府市长、党组书记陈如桂；中国工程院院士，2018 年度国家最高科学技术奖获得者钱七虎；国务院参事，住房和城乡建设部原副部长，中国城市科学研究会理事长仇保兴等领导、专家出席了活动。

深圳市住房和建设局、深圳市绿色建筑协会、深圳玖伊绿色运营管理有限公司等机构作为本届大会主要承办单位，协调多方资源和业界精英，群力群策，大胆突破，勇于创新，策划出有别于前十四届绿博会的创新活动。具体如下：

（1）展览形成深圳方阵，打出"绿色湾区，深圳行动"的响亮口号；

（2）主办"绿色湾区，健康人居——绿色建筑产业发展论坛"，联合粤港澳大湾区 9＋2 城市，发起成立"粤港澳绿色建筑产业联盟"，举行筹备工作启动仪式并联合发布《绿色发展·深圳倡议》；

（3）开设港澳分会场；

（4）举办"绿色湾区青年力量——深港澳青年建设者之夜"联谊活动；

（5）编制并发布《深圳市绿色建筑与建筑节能发展报告》《深圳市绿色建筑与建筑节能成果汇编》；

（6）签署深圳绿色建筑标准与英国 BREEAM 标准互认协议、深港澳人才联合培养协议等；

（7）组织"两地四线"绿色建筑项目考察；

（8）引进绿色金融，助推绿博会研究成果落地。

4.4.2 第二十一届中国国际高新技术成果交易会（简称高交会）建筑科技创新展

2019 年 11 月 13～17 日，在第二十一届高交会建筑科技创新展上，"建筑科技创新展"由深圳市住房和建设局指导，市建设科技促进中心、市绿色建筑协会

承办，集中展示了深圳市近年来工程建设领域绿色建筑、建筑工业化和智能化等方面积累的实践经验以及在产品技术研发和科技应用创新方面取得的丰硕成果。展示内容涵盖绿建规划设计、绿色建材、绿色施工、装配式建筑技术、绿色家居、海绵城市建设、可再生资源利用、既有建筑改造等先进技术和产品，汇聚了绿色建设领域 40 多家单位和企业参展，继续推出特色板块——绿色之家，并组织丰富精彩的展区活动，包括"绿色建筑产品与技术路演""跑起来·盖个章·领礼品""创意大比拼——畅想未来之家"等。展会期间还举办了"深圳市'十三五'工程建设科技重点项目发布会暨高质量发展论坛"。

4.4.3 第十八届中国国际住宅产业暨建筑工业化产品与设备博览会（简称住博会）

2019 年 11 月 7～9 日，作为第 15 次参展的深圳展团在第十八届住博会（中国国际展览中心新馆）精彩亮相，深圳市人民政府副秘书长徐松明出席开幕见面会并讲话。深圳集政府部门、行业协会、行业企业之力带来不少装配式建筑发展看点，为住博会添彩，同期深圳展团还观摩了北京东奥村人才公租房项目，圆满完成了一次展示与交流之旅。

4.4.4 2019 香港建造创新博览会（简称创博会）

2019 年 12 月 17～20 日，"建造创新博览会"在香港会展中心隆重开幕。香港特别行政区行政长官林郑月娥、住房和城乡建设部副部长易军致开幕辞，香港建造业议会主席陈家驹致欢迎辞。在广东省住房和城乡建设厅的发动下，深圳市住房和建设局、深圳市建设科技促进中心组织中建科工集团、深圳万科、建筑设计研究总院、市政设计院、华艺设计、华阳国际、筑博设计、斯维尔等企业参展，展示绿色建造、科技创新等方面的实践成果；深圳市绿色建筑协会等行业协会分别组织数十人的代表团赴港参会、观展。

4.4.5 《绿色建筑评价标准》GB/T 50378—2019 宣贯培训

2019 年 7 月 12～13 日，由深圳市住房和建设局指导，中国建筑科学研究院有限公司、深圳市建设科技促进中心及市绿色建筑协会联合主办的《绿色建筑评价标准》GB/T 50378—2019 宣贯培训在深圳市科学馆举办，主编专家王清勤、叶青等领衔授课。参加培训的除了深圳本地建设管理和工程技术人员，还有来自广西、福建、北京、浙江、江西、安徽、湖南、海南、广东广州、佛山、珠海等地以及香港地区的行业同仁，数百人的会场座无虚席。7 月 18～19 日，深圳市住房和建设局再次指导举办新国标宣贯培训，以期进一步扩大全市专业技术人员受训范围和宣贯培训影响力。

4.4.6 签署深圳绿色建筑标准与英国 BREEAM 标准互认协议

2019 年 4 月 4 日，深圳市住房和建设局与英国建筑科学研究院、深圳诺丁汉可持续发展研究院签署深圳绿色建筑标准与英国 BREEAM 标准互认协议。此次签订绿色建筑评价标准对标框架协议，是落实住建部要求，开展国际化对标试点工作的具体举措。借助双方对标研究，进一步促进城市可持续发展和绿色建筑的国际融合交流，提升深圳绿色建筑标准的国际化水平，将深标推向国际，并助推深圳进一步提升绿色建筑相关技术创新研发水平。

4.4.7 签署深港澳绿色建筑人才培养战略合作协议

2019 年 4 月 4 日，深圳市绿色建筑协会、中国绿色建筑与节能（香港）委员会、中国绿色建筑与节能（澳门）协会等深港澳三地绿建行业组织共同签署人才联合培养协议。协议本着以行业人才资源共享为载体，搭建三地人才联合培养合作平台，探索战略合作新模式，以"优势互补、资源共享、互惠双赢、共同发展"为原则，合作三方建立长期、紧密的合作交流关系。

4.4.8 深圳市绿色建筑协会与德国可持续建筑委员会签署战略合作协议书

2019 年 12 月 5 日，深圳市绿色建筑协会与德国可持续建筑委员会签署战略合作协议书。双方基于友好信任、互补及双方战略发展考虑，通过双方紧密合作，形成双赢、可持续发展的战略合作伙伴关系，进而实现建筑科技和环境等领域合作，实现扩张策略并获得市场份额，为双方创造更大的商业价值和社会价值。

4.4.9 可持续建筑环境深圳地区会议

2019 年 12 月 5～6 日，由深圳市住房和建设局、深圳市发展和改革委员会指导，深圳市绿色建筑协会、深圳市建设科技促进中心主办，中建科工集团有限公司、深圳市建筑科学研究院股份有限公司、深圳大学承办的"2019 年可持续建筑环境深圳地区会议（SBE19 Shenzhen）"在深圳大学成功举办。大会包括主论坛、分论坛、联谊酒会、闭幕式及绿色建筑项目考察等内容，共设 5 个会场、1 个主论坛、15 场分论坛、20 多个主题，70 余位国内外嘉宾进行演讲，收录会议论文近百篇，两天的会议及活动有近千人次参加。

4.4.10 倡导绿色建筑，提高人居品质——2019 节能宣传月

2019 年 6 月 11 日，由广东省住房和城乡建设厅主办的"倡导绿色建筑、提高人居品质——广东省 2019 年建筑领域节能宣传月"启动仪式在佛山举行。深

圳市住房和建设局高尔剑副局长率市住建系统、行业机构、企事业单位等代表参加活动。6月14日，由龙华区住房和建设局主办、深圳市绿色建筑协会承办的龙华区节能宣传周活动走进学校和社区，向市民、学生宣贯绿色建筑和绿色生活理念。

4.4.11　第五届全国青年学生绿色建筑夏令营

2019年8月17日，由中国城市科学研究会绿色建筑与节能专业委员会主办、深圳市绿色建筑协会承办的"第五届全国青年学生绿色建筑夏令营"圆满落下帷幕。为期一周，20名从全国绿建知识竞赛中脱颖而出的优秀青年学生欢聚深圳，零距离聆听绿建名师分享，体验"绿色先锋"城市的建筑魅力，经历了一场全方位的绿色生态之旅。活动覆盖广东3个城市参观14个项目，有岭南特色的古建筑园林、深圳最优秀的绿色建筑示范项目、风格各异的博物馆和展厅、3次绿色建筑课堂、8位绿建行业资深专家亲临授课等，活动中还穿插了微信宣传、视频制作等创意竞赛，日程安排饱满，内容丰富多彩，营员们收获颇丰。

执笔： 王向昱[1]　谢容容[1]　唐振忠[2]　张成绪[2]（1. 深圳市绿色建筑协会；2. 深圳市建设科技促进中心）

5 大连市绿色建筑发展总体情况简介

5 Overview of green building development in Dalian

5.1 发展绿色建筑政策法规情况

5.1.1 《关于贯彻执行〈辽宁省绿色建筑条例〉的实施意见》

为全面推进辽宁省绿色建筑发展，促进资源节约利用，改善人居环境，辽宁省于 2018 年 11 月 28 日颁布了《辽宁省绿色建筑条例》，并于 2019 年 2 月 1 日起实施。大连市人民政府办公室于 2019 年 10 月 9 日印发了《关于贯彻执行〈辽宁省绿色建筑条例〉的实施意见》，部署《条例》具体落实的方案。

5.1.2 《关于加强绿色建筑工程竣工验收的意见》公开征求意见

为进一步贯彻落实省政府《辽宁省绿色建筑条例》、省住房和城乡建设厅《辽宁省绿色建筑施工图审查和竣工验收管理暂行办法》，提高全市绿色建筑工程技术水平，大连市住房和城乡建设局于 2019 年 9 月 18 日印发《关于对〈关于加强绿色建筑工程竣工验收的意见（征求意见稿）〉公开征求意见的通知》。

5.1.3 《大连市装配式建筑 2018—2025 年发展专项规划》公开征求意见

大连市住房和城乡建设局于 2019 年 12 月 20 日印发《关于〈大连市装配式建筑 2018—2025 年发展专项规划〉公开征求意见的通知》。

5.2 绿色建筑标准及科研情况

5.2.1 《大连市建筑工程绿色施工评价导则》颁布实施

大连市绿色建筑行业协会主编的《大连市建筑工程绿色施工评价导则》通过大连市住房和城乡建设局审查，于 2019 年 10 月 1 日正式实施。

5.2.2 编制《绿色室内空气品质评价和施工规范》

为了规范和推动大连市室内环境治理行业市场安全、规范、健康、有序发展，为百姓提供美好居住生活环境，大连市绿色建筑行业协会绿色环境净化与治理专业委员会总结实践经验，在广泛征求意见的基础上，编制了团体标准《绿色室内空气品质评价和施工规范》。

5.3 绿色建筑相关技术推广、专业培训及科普教育活动

5.3.1 绿色科普教育公益活动

（1）开展全国节能宣传周活动

在大连市节能减排工作领导小组及市住房和城乡建设局指导下，大连市绿色建筑行业协会围绕"绿色发展、节能先行""低碳行动、保卫蓝天"这两大主题，从 2019 年 6 月 18 日起组织开展了节能宣传周和低碳日系列活动。在大连市沙河口区中小学生科技中心、西岗区中小学综合素质教育中心、沙河口区白山路街道等 10 余个院校、社区、企业，通过公益课堂、专家讲座、讨论交流、参观体验等形式，广泛宣传建筑节能和绿色建筑政策法规、技术产品及相关生活常识，普及和提升社会公众绿色生产生活意识。

（2）参加全国绿色建筑知识竞赛

2019 年 6 月，组织大连市绿色校园基地的学生参加由中国城市科学研究会绿色建筑与节能委员会举办的 2019 年全国青年学生绿色建筑知识竞赛。共有 7 所学校 136 人参赛，其中有 39 名学生获得优良成绩。

（3）举办第 50 届世界地球日暨第四届大连市绿色建筑公益活动

大连市绿色建筑行业协会以"打造绿色健康建筑、共建美丽智慧大连"为主题，举办第 50 届世界地球日暨第四届大连市绿色建筑公益周活动。大连市副市长骆东升以及民政局、住建局等相关政府部门、国内外行业专家、各商协会、企业、院校嘉宾、志愿者及媒体代表近 2000 人参加开幕式活动。同时在大连民族大学、外国语大学、交通大学、海洋大学、沙河口区中小学科技中心等设置 6 个分会场，直接受益人群超过万人，在社会上引起强烈反响。

在绿建公益周活动期间，协会同时组织了首届大连市绿色建筑行业十大先锋企业、十大先锋人物评选活动和"海尔杯"绿色地球创意绘画公益大赛颁奖活动。

（4）广泛开展绿色校园公益课堂活动

大连市绿色建筑行业协会积极开展绿色校园公益课堂活动，先后到大连工业大学、西岗区中小学综合素质教育中心、中山区中心小学等 20 余家院校、教育中心进行绿色校园和垃圾分类知识宣讲，强化绿色发展教育，培养学生树立永续价值观和绿色生活理念，并向学生们赠送绿色校园书籍 651 套。截至 2019 年，

共有 46 所院校加入绿色校园示范基地，380 多名专家志愿者、3000 多名校园志愿者活跃在绿色校园教育实践活动中。

（5）荣获"母亲河奖"绿色贡献奖

大连市绿色建筑行业协会自成立以来，对绿色公益活动常抓不懈，取得了很好的社会效益。连续举办四届大连市绿色建筑公益周活动，来自政府机关、国内外绿建专家、院校志愿者及媒体代表累计 2 万人参加，受益群众超过 30 万人，极大地提升了公民保护绿水青山意识。围绕保护河流、雨水收集、中水利用、绿色校园与未来等主题，通过学习、交流、讨论、实践、提问等形式深入校园开展了 200 余场次绿色校园公益课堂，向学校赠送绿色校园书籍 4 千余套，直接受益学生超过 5 万人，在影响学生的同时潜移默化地影响其家人，使绿色珍惜水源理念广泛传播。2019 年 12 月，经共青团中央和全国保护母亲河行动领导小组评选，作为辽宁省众多参评单位中唯一获奖单位，荣获"母亲河奖"绿色贡献奖。

5.3.2 宣传推广与培训研讨活动

（1）组织职业技能竞赛、装配式项目现场观摩、定期发布装配式构件市场参考价

2019 年 10 月，在辽宁省住房和城乡建设厅、沈阳市城乡建设局指导和支持下，由地方协会和机构联合举办"碧桂园杯"第二届全国装配式建筑职业技能竞赛预赛暨辽宁省"亚泰杯"装配式建筑职业技能竞赛。本届竞赛分生产环节模具组装、装配环节构件安装和预制构件套筒灌浆三项比赛，各代表队表现出良好的技工道德风尚和较高的竞技水平。

大连市绿色建筑行业协会装配式建筑专业委员会组织会员企业到碧桂园御州府渤海郡项目、万科翡翠都会项目、招商公园 1872E 项目和亚泰（大连）预制建筑制品有限公司等进行装配式项目构件安装现场观摩学习；为帮助装配式建筑上下游企业构建良好合作环境，有价可循、有据可依，根据大连市装配式企业生产成本及运输成本等综合因素，每月发布《大连市装配式建筑构件市场参考价》。

（2）持续开展绿建沙龙活动

大连市绿色建筑行业协会先后组织 20 余次绿建沙龙活动，围绕财税、法律、企业管理、企业贯标、BIM、绿色建筑、绿色建材、绿色校园、公益系列讲座、绿建软件实操、装配式项目构件安装观摩等专题，邀请中国建筑科学研究院北京构力科技有限公司、北京亿赛通科技发展有限责任公司、北京北纬华元软件科技有限公司、广联达数字施工业务研究院、慧朴企业管理咨询（上海）有限公司、圣戈班石膏建材（上海）有限公司技术经理柳建峰、辽宁锦儒律师事务所、大连瑞华会计师事务所、大连创雨管理咨询有限公司、辽宁省青柠檬公益事业发展中心等行业专家为会员单位的技术人员进行免费培训。

（3）组织装配式建筑培训

为深入贯彻落实《辽宁省人民政府办公厅关于大力发展装配式建筑实施意见》（辽政办发〔2017〕93号）、《大连市人民政府办公厅关于进一步推进装配式建筑发展的实施意见》（大政办发〔2018〕72号）、《关于加强我市装配式建筑设计及施工图审查管理的通知》（大住建发〔2019〕84号）等文件精神，全力推进大连市装配式建筑发展，大连市绿色建筑行业协会受大连市住房和城乡建设局委托，于2019年6月举办"装配式建筑设计及施工图审查机构培训"，邀请北京预制建筑工程研究院院长、北京榆构有限公司总工程师蒋勤俭为参加培训人员讲解装配式建筑设计的相关问题，提升各单位设计及施工图审查人员对装配式建筑的理解与掌握能力。

执笔：徐红（大连市绿色建筑行业协会）

6 北京市绿色建筑发展总体情况简介

6 Overview of green building development in Beijing

6.1 绿色建筑总体情况

2019 年北京市通过绿色建筑标识认证的项目 105 项，建筑面积共计 1191.59 万 m²。其中运行标识 8 项，建筑面积 151.46 万 m²；设计标识 97 项、建筑面积为 1040.13 万 m²；二星级项目 52 项，建筑面积 608.28 万 m²；三星级项目 53 项，建筑面积 583.31 万 m²。三星级项目数量占比达到 50.48%，三星级建筑面积占比达到 48.95%。

截至 2019 年 12 月，北京市通过绿色建筑标识认证的项目共 409 项，建筑面积达 4717.58 万 m²。其中运行标识 52 项，建筑面积 726.15 万 m²；设计标识 357 项，建筑面积 3991.43 万 m²。一、二、三星级标识项目数量分别为 36 项、200 项和 173 项。二星级及以上项目占比达到 91%，二星级及以上建筑面积占比达到 93%。全市共对 25 个绿色建筑运行标识项目进行奖励，奖励资金 5859.85 万元，奖励面积 410.61 万 m²。

2019 年，继续推动政府投资公益性项目和大型公共建筑等全面执行绿色建筑高星级标准，2022 冬奥会永久性场馆中的新建建筑以及中关村科学城、怀柔科学城、北京大兴国际机场等新建重大项目全面执行绿色建筑三星级标准；北京丽泽金融商务区和北京城市副中心城市绿心 2 个项目获得"北京市绿色生态示范区"称号，北京银行保险产业园获得"北京市绿色生态试点区"称号（图 6-6-1～图 6-6-3）。

图 6-6-1 北京城市副中心城市绿心

图 6-6-2 丽泽金融商务区

图 6-6-3　北京银行保险产业园

6.2　发展绿色建筑的政策法规情况

（1）北京市住房和城乡建设委员会、北京市规划和自然资源委员会印发《北京经济技术开发区绿色工业建筑集中示范区创建方案》（京建法〔2019〕26 号）

《北京经济技术开发区绿色工业建筑集中示范区创建方案》包括创建总体要求、创建周期与范围、创建目标与指标体系、创建实施主体、创建重点工作和保障措施六大部分。创建周期为 2019～2025 年。创建范围为开发区尚未开发区建设的区域，以及在创建期内开展既有工业建筑改扩建的区域。创建重点工作包括：推动绿色工业建筑规模化发展、全面实现工业建筑绿色运营、探索开展工业建筑绿色化改造、深入推进可再生能源资源应用、大力发展装配式工业建筑、推进"互联网＋"技术在工业建筑节能领域应用、推动区域绿色发展、推广绿色施工、加强新技术探索应用、加强绿色产业培育。

（2）北京经济技术开发区制定《北京经济技术开发区绿色建筑中长期发展专项规划（2019—2035 年）》

根据不同类型民用建筑建设、运营和功能特点，该《专项规划》明确了不同阶段绿色建筑星级标准和运营管理要求，推动新建建筑从全面执行一星级标准逐步向执行二、三星级标准过渡，从"重设计建造"向"建造与运营并重"过渡；提出在绿色建筑规模化发展的基础上，创新规划设计模式与理念，以构建新时代绿色建筑供给体系为目标，推动绿色建筑发展不断提档升级，加强对适用、便捷、健康、人文、舒适等方面要求的关注，推动室内环境质量优化控制、适老设施、智能信息管理、建筑大数据等方面关键技术的研究与应用。建设可引领未来发展方向的高性能绿色建筑示范项目，满足人民对建筑空间的各类美好需求。

（3）北京经济技术开发区管理委员会关于印发《北京经济技术开发区 2019 年度绿色发展资金支持政策》（京技管〔2019〕46 号）

本政策是北京市首项涉及绿色工业建筑的支持政策，也是经济技术开发区首次将绿色建筑项目纳入区域绿色发展资金支持政策中。根据政策规定，该奖励资金分为绿色建筑、公共建筑节能绿色化改造、创新示范类项目三个方面，凡是经济技术开发区行政管辖范围内的项目，项目的建设单位均可进行申请。单个项目最高可获得 500 万元奖励资金。

（4）《北京经济技术开发区全面推动绿色建筑发展的实施意见》

该《实施意见》提出建立绿色建筑全过程管理机制，完善招商、土地出让、立项、规划、设计、施工、验收和运营管理等环节的管理措施，确保绿色建筑建设质量和运营水平。

（5）北京经济技术开发区管委会发布《北京经济技术开发区绿色工业建筑设计指引》

《指引》主要根据因地制宜的原则，定位于为开发区绿色工业建筑（包括新建、扩建、改建、拆迁、恢复的建设工业建筑和既有工业建筑的各行业工厂或工业建筑群中的主要生产厂房、各类辅助生产建筑）设计与建设工作提供技术指导，主要针对电子、汽车、装备制造和生物医药四大主导产业。

（6）北京市住房和城乡建设委员会、北京市城市管理委员会、北京市水务局和北京市统计局联合印发《关于印发〈北京市贯彻民用建筑能源资源消耗统计报表制度实施办法〉的通知》

该《通知》中明确规定了北京市民用建筑能源资源消耗统计工作的适用对象、职责分工、工作程序及其他相关要求，2019 年 2 月 19 日发布之日起执行。

（7）北京市住房和城乡建设委员会印发《2019 年北京市建筑节能与建筑材料管理工作要点》（京建发〔2019〕262 号）

在加强体制机制建设工作中，包括推进《北京市民用建筑绿色发展条例》立法、制定《北京市超低能耗建筑项目管理办法》、修订《北京市绿色建筑评价标识管理办法》、制定发布装配式建筑、高星级绿色建筑运行标识项目财政激励政策、延续公共建筑节能绿色化改造资金奖励政策、修订《北京市公共建筑电耗限额管理暂行办法》等具体工作实施；加强宣传培训工作中，对相关法规政策、标准、产品、应用技术及重大项目等展开重点宣传，营造行业关注、社会关心的良好氛围；完善北京市绿色建筑信息网络平台建设，加大信息公开力度。

6.3 绿色建筑标准、规范情况

(1) 北京市《绿色建筑工程验收规范》DB 11/T 1315 修订编制

《绿色建筑工程验收规范》DB 11/T 1315—2015（以下简称《规范》）自 2016 年 4 月 1 日起实行，纳入 2018 年北京市地方标准制修订项目计划。目前《规范》已通过专家审查会。本次对原《规范》修订的主要内容包括：更新了验收指标体系、修改了绿色建筑工程验收术语、调整了绿色建筑工程验收时间节点、增强了与工程质量验收的衔接性、完善了验收方法和验收内容、精简了绿色建筑工程验收记录表。

(2) 京津冀协同标准《绿色建筑评价标准》启动编制

2019 年 7 月 24 日，北京市住房城乡建设委会同天津市住房城乡建设委、河北省住房城乡建设厅召开京津冀区域协同标准《绿色建筑评价标准》工作研讨会。会上成立了京津冀协同标准《绿色建筑评价标准》联合编制工作组，建立完善协调联动工作新机制，以新版国标为基础，构建符合新时代要求的京津冀区域化绿色建筑评价技术体系，实现理念协同、技术协同、管理协同，带动京津冀绿色建筑产业共同发展。

(3) 北京市地方标准《超低能耗居住建筑设计标准》DB 11/T 1665—2019 发布

《超低能耗居住建筑设计标准》DB 11/T 1665—2019 规定了超低能耗居住建筑的室内环境参数、技术指标以及热桥处理、新风热回收等专项设计要求，创新性提出碳排放强度指标要求，首次提出建筑总耗能要求，严于欧盟标准，供暖、供冷、照明能耗要求均严于国家标准《近零能耗建筑技术标准》GB/T 51350—2019。该标准将于 2020 年 4 月 1 日起实施。

6.4 绿色建筑科研情况

(1) 开展《北京市绿色建筑高质量发展技术评价体系调研》课题研究

重点研究新时期、新形势下建设绿色建筑高质量发展的指标体系、政策体系、标准体系的有效途径，探索绿色建筑政策、产业和机制创新，形成绿色建筑高质量发展的技术框架和绿色建筑市场化发展的有效途径和管理方式，为政府"简政放权、放管结合、优化服务"形势下进一步促进绿色建筑高质量发展、形成北京模式、北京经验提供技术支撑。

(2) GEF 五期子项目《北京市绿色建筑与建筑节能 2030 发展路线图及政策支持机制研究》项目结题

课题基于系统动力学、互联网大数据调研等系列方法,从发展对象、发展目标、重点工作、机制创新、支撑技术及不可控因素多个层面对北京市中长期绿色建筑发展路线图进行了深入研究,覆盖城镇与农村、新建与既有、公建与住宅等多个维度,研究提出了 2020～2035 年北京市绿色建筑与建筑节能发展目标、路径及指标值,并给出了加快完成民用建筑绿色发展条例、逐步提升节能标准、建立建筑能效标识、推广关键支撑技术及制定多样化激励政策等 10 余项重点工作建议。

(3) GEF 五期子项目《北京市绿色建筑金融保险机制和政策研究》项目结题

本课题探索了通过绿色金融和保险手段支持绿色建筑发展的新路径。结合北京市绿色建筑发展现状提出了绿色建筑保险产品和金融产品定制方案,并进行了绿色建筑保险项目试点。本课题研究提出了金融、保险、财政和规划等方面的 9 项政策建议。

(4) GEF 五期子项目《北京市绿色建筑工程验收体系研究》项目结题验收

该项目提出了科学合理的绿色建筑验收指标体系、验收内容和方法,对《绿色建筑工程验收规范》DB 11/T 1315—2015 进行了修订,并对 3 个绿色建筑工程项目进行了试验收;同时,基于前期调研结果,研究提出了北京市绿色建筑验收工作目标、原则、基本要求、过程管理、保障措施 5 方面重点内容,形成了绿色建筑工程实现验收管理的实施方案建议。

6.5 绿色建筑相关技术推广、专业培训及科普教育活动

(1) 2019 年 4 月 28 日,北京市金融监管局和市住房城乡建设委联合举办的畅融工程周活动——绿色建筑与绿色金融研讨会,在全国首例绿色建筑保险项目朝阳区崔各庄国际艺术金融示范区工程现场召开,相关主管部门领导和受邀请的 7 家房地产企业、7 家金融机构、2 家科创企业约 40 人参加会议。与会代表对《北京市绿色建筑金融保险机制试点项目实施方案(征求意见稿)》和《北京市绿色建筑金融保险机制政策建议(草案)》提出了宝贵的意见建议,并结合各自工作领域的实际情况,提出了支持绿色建筑与绿色金融发展的具体措施。

(2) 2019 年 6 月 20 日,结合北京市住房城乡建设委学习讲堂活动,科技促进中心和研究中心共同组织召开了国家标准《绿色建筑评价标准》GB/T 50378—2019 宣贯培训会议。来自市、区住房城乡建设主管部门人员,北京市绿色建筑技术依托单位,各有关开发、设计、施工、技术服务相关单位共 300 余人参加了培训。

(3) 2019 年 12 月 10 日,北京经济技术开发区开发建设局召开"2019 北京经济技术开发区绿色建筑发展大会",制定并发布《北京经济技术开发区绿色建

筑、超低能耗、装配式建筑的实施意见》及《工业绿建集中示范区任务分解》。大会以开发区建筑领域绿色发展的整体情况报告、开发区绿色建筑专家智库专家第二批颁发证书仪式、开发区绿色建筑及公建改造单位奖励资金发放仪式、国家《绿色建筑评价标准》GB/T 50378—2019 解读、绿色生态城区创建案例介绍、开发区绿色建筑保险研究课题阶段性成果介绍、北京市公建节能绿色化改造优秀案例介绍、开发区绿色建筑优秀案例分享、开发区绿色建材和绿建关键适用技术优秀企业技术产品展示等内容进行。

(4) 2019 年 12 月 17 日，2019 北京市绿色生态示范区授牌仪式暨示范区工作交流会议在未来科学城举办。此次会议由北京市规划和自然资源委员会、北京未来科学城管理委员会指导，北京清华同衡规划设计研究院有限公司、北京未来科学城可持续发展中心（北京未来科学城科技发展有限公司）、中建材创新科技研究院共同主办。会议总结绿色生态示范区建设成效和经验，深入推进示范区建设，共同探讨北京市绿色城市建设发展升级之路。

执笔： 白羽 王力红（北京生态城市与绿色建筑专业委员会）

第七篇 | 实践篇

　　本篇从 2019 年绿色建筑、国际双认证和绿色生态城区实践项目中，遴选 7 个代表性案例，分别从项目背景、主要技术措施、实施效果、社会经济效益等方面进行介绍。

　　绿色建筑标识项目依据《绿色建筑评价标准》GB/T 50378—2019 进行绿色建筑星级标识评审。其中包括以打造"绿色""宜居"为理念的南京丁家庄二期（含柳塘）地块保障性住房项目；具有充分利用地源热、采用被动式节能技术、太阳能光热技术和 BIM 技术等绿色特色的中新生态城十二年制学校项目。作为国内"绿色办公"趋势下极具参考价值的办公建筑范例并通过了 BREEAM 双认证（VERY GOOD）和 LEED-NC 铂金级认证的上海朗诗绿色中心项目；秉承人、建筑、环境协调发展的绿色设计理念打造舒适节能居住环境并通过了德国 DGNB 双认证的上海市青浦区徐泾镇徐南路北侧 08-02 地块商品房项目；践行双认证中建筑的全生命周期、整体设计理念并通过了德国 DGNB 双认证的京杭运河枢纽港扩容提升工程 1 号楼、2 号楼项目。双认证项目除了依据新国标评审的，还包括在非洲打造的首个中国绿色建筑示范工程和首个通过法国 HQE 双认证的安纳巴 121 套高端房地产项目。

绿色生态城区项目选取漳州市西湖生态园片区为典型案例，详细介绍了匹配漳州市的"田园都市、生态之城"绿色发展理念及其技术实践。

　　由于案例数量有限，本篇无法完全展示我国所有绿色建筑技术精髓，以期通过典型案例介绍，给读者带来一些启示和思考。

Part 7 | Engineering practice

In this paper, 7 representative cases are selected from the 2019 green building, international double certification and green ecological urban practice project, and introduced from the aspects of project background, main technical measures, implementation effect and social and economic benefits.

Green building labeling projects is evaluated for green building star labeling according to《Assessment standard for green building》GB/T 50378—2019. Including the A28 Indemnificatory Housing Project in Nanjing with the concept of "green" and "livable"; The China-Singapore Eco-City 12-year School Project has green features, such as making full use of ground source heat, adopting passive energy saving technology, solar thermal technology and BIM. The Landsea Green Center Shanghai Project as an example of office buildings with high reference value under the trend of "green office" in China, and passes the BREE-AM double certification (VERY GOOD) and LEED-NC platinum certification; Adhering to the green design concept of coordinated development of people, architecture and environment, the Shanghai Hongqiao Gezhouba Purple County Residence Project creates a comfortable and energy-saving living environment and passes the German DGNB double certification; The Suqian Yang River Logistics Hub Building 1 & 2 Project which has passed the German DGNB double certification, implements the full life cycle and designs with concept of integrated design.

In addition to the double certification project based on the new national standard, it also includes Projet promotionnel 121 logements haut standingà Valmascort Annaba the first Chinese green building demonstration project in Africa and the first has pass French HQE double certification.

The green ecological urban area project selected the Zhangzhou West Lake Ecological Area Project as a typical case, and introduces in detail the green development concept of "Pastoral City, Ecological City" and technical practices.

Due to the limited number of cases, this paper cannot fully demonstrate the essence of all green building technologies in China, so as to bring some facts and thoughts to readers through the introduction of typical cases.

1 南京丁家庄二期(含柳塘)地块保障性住房项目(奋斗路以南 A28 地块)

1 A28 Indemnificatory Housing Project in Nanjing

1.1 项 目 简 介

南京丁家庄二期（含柳塘）地块保障性住房项目 A28 地块位于南京市栖霞区迈燕区丁家庄单元，西临燕子矶风景区，南接紫金山风景区，北靠燕子矶新城，东接新尧新城。项目由南京安居保障房建设发展有限公司投资建设，南京长江都市建筑设计股份有限公司设计咨询，中国建筑第二工程局有限公司施工，阳光绿城物业服务（南京）有限公司运营。

项目总占地面积 22771.79m²，总建筑面积 94121.02m²。本项目主要功能为公租房及配套商业，主要由 6 栋高层建筑构成，实景图如图 7-1-1 所示。项目于 2016 年获得绿色建筑三星

图 7-1-1　鸟瞰图

级设计标识，2019 年依据《绿色建筑评价标准》GB/T 50378—2019 进行绿色建筑三星级标识报审。

1.2 主 要 技 术 措 施

1.2.1 安全耐久

（1）社区空间精细化设计

A28 底层配套社区顺应人流，达到地上总建筑面积的 25%。规模控制在三层，基地覆盖率 42%，和广场交接的裙房的退台空间，加强和城市空间过渡的同时可降低坠物风险，形成舒适的商业界面（图 7-1-2）。

STEP1:商业基本人流　　STEP2:商业人流和公租房人流　STEP3:人流的切割—三体块　STEP4:城市的接触—退台

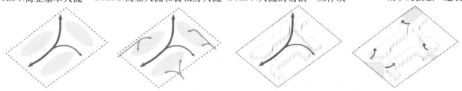

图 7-1-2　社区空间尺度序列精细化设计

（2）全生命期可变户型设计

项目采用均一 55m² 户型，结构承重剪力墙体系设计之初即结合可变后的功能需求（图 7-1-3），在结构安全可靠的前提下，提供最大的无承重构件自由可变空间：①主卧和儿童房之间的隔墙采用非承重隔墙，实现二人世界和三口之家的切换；②两户型镜像相连的纵向墙体部分为非承重墙，留有可变的户型合并的潜在动线组织；③卫生间墙体在户内一侧 L 形设置非承重剪力墙，具备外扩为无障碍卫生间的条件。经过三大剪力墙布置措施，从而达到不破坏主体结构即可实现单身公寓往三口之家、四口之家乃至居家式办公的转变，实现全生命期可变户型设计。

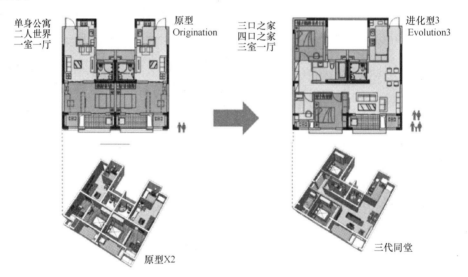

图 7-1-3　户型灵活可变性设计示意

（3）住宅精细化设计

卧室考虑户型主要以"夫妻"或"夫妻＋1 个小孩"的 3 人核心（两代）家庭为主，可以形成"卧室＋阅读区"或"卧室＋儿童房"的组合形式，同时充分考虑衣柜收纳系统（图 7-1-4）。双卧室朝南，整个户内空间均满足了通风、采光的要求，小卧室外设置空调机位，提高了空调室外机安装、检修的便捷性。

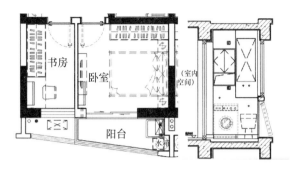

图 7-1-4　卧室精细化设计

卫生间部分采用装配式装修进行了管线分离，便于后期的拆修维护。管井设置在室外，架空地面内预留防渗漏排水横管至设备平台，杜绝渗漏、返臭的问题。

（4）设备设施优化设计

本项目将阳台板和空调机位一次浇筑成型，阳台预留部分区域放置空调室外机（图 7-1-5），施工安全、快捷。同时通过梯形阳台的布置，在标准化的基础上实现了立面的多样化造型。

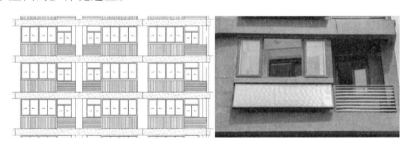

图 7-1-5　空调机位、阳台板示意

1.2.2　健康舒适

（1）室内空气污染物控制

本项目对室内空气污染物浓度进行检测，氨、甲醛、苯、总挥发性有机物、氡等污染物浓度检查值均低于标准的限值 20％以下。

对典型户型 A 户型关窗静态条件情况下的室内 $PM_{2.5}$、PM_{10} 浓度进行预评估分析，室内 $PM_{2.5}$、PM_{10} 年均浓度分别为 $5.73\mu g/m^3$、$9.73\mu g/m^3$。

（2）室内噪声控制

本项目采用的装配式架空地面应用在卧室和客厅，其架空构造可提升室内隔声效果（图 7-1-6）。

图 7-1-6 架空地板

（3）绿色装修材料

项目在项目装修设计过程中，对采用的硅酮结构密封胶、HC 焕彩石漆、陶瓷砖、嘉仕涂 100 聚合物水泥防水涂料、UV 涂装地板（人造板）等装修材料有害物限量进行检测，各项指标均满足绿色产品评价限值要求。

（4）管道标识规范

各类给水排水管道设计清晰的标识，避免日常维护、维修时发生误接的情况，造成误饮误用，给用户带来健康隐患。

给水排水管道标识颜色分类：给水管道—绿色；喷淋—橙色；低、高区消防—红色；排污—黑色。

（5）室内热湿环境

项目典型房间室内气流组织良好，风速、温度分布合理，热湿环境整体评价指标（PMV、PPD）等级均达到Ⅱ级，其中项目室内 PMV 均处于$-0.8\sim0.3$范围内，PPD 基本处于 5％～16.5％范围内（图 7-1-7，图 7-1-8）。

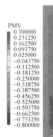

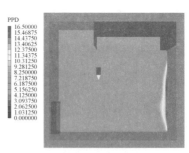

图 7-1-7 室内 PMV 分布　　　　图 7-1-8 室内 PPD 分布

（6）可调节遮阳

项目在东西向、南向外窗以及阳台门位置均设置可调节遮阳，面积比例

284

100%（图 7-1-9，图 7-1-10）。

图 7-1-9　阳台门可调节遮阳　　　　　　图 7-1-10　卧室可调节遮阳

1.2.3　生活便利

（1）构筑开放与融合的街坊邻里——"开放式住区"设计

本项目东侧为丁家庄一期，西接丁家庄二期主要商业组团，西侧规划有丁家庄地铁站，北侧是规划的大型商业综合体，南侧紧邻的是规划的三甲医院。地块是连接丁家庄一期住区和二期重要综合配套服务的城市空间节点。设计通过跨地块内街模式，连接居住片区与丁家庄地铁站点，沿途创造步行化、社区化、多元化的城市配套服务界面，实现住商融合、资源节约、交通便捷、服务共享和人文体验等五大方面"可感知"的开放式公租房街区（图 7-1-11）。

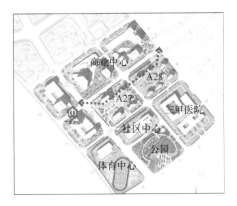

图 7-1-11　A28 周边公共配套示意图

（2）构筑完善的公共交通体系

丁家庄片区北部规划轨道交通 6 号线和 7 号线，附近现有 6 个公交站点，其中公交站点 2 个，轨道交通站点 4 个（图 7-1-12）。从住区大门至各公交站点距离约为 300～600m 左右不等，步行时间均在 5min 以内。此外，有桩式公共自行车都在社区内有布点（图 7-1-13）。

（3）集景观、生态、休闲于一体复合绿化

丁家庄片区绿地主要涉及社区公园、带状公园、街旁绿地、道路绿地和街区内绿地五种类型的绿地（图 7-1-14）。

285

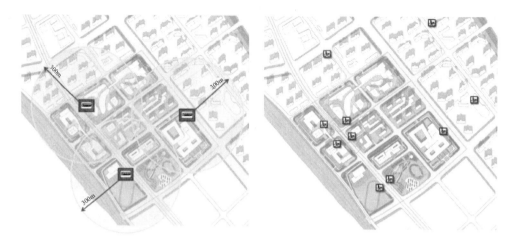

图 7-1-12　丁家庄地铁站周边地块　　　图 7-1-13　丁家庄地铁站周边地块
　　　　　　　公交站点　　　　　　　　　　　　　　　自行车租赁站点

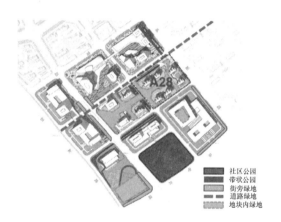

社区公园
带状公园
街旁绿地
道路绿地
地块内绿地

图 7-1-14　A28 周边绿地结构

1.2.4　资源节约

（1）高性能复合夹心保温围护结构技术

本项目应用的预制夹心保温外墙板（60mm 厚外叶墙板＋50mm 厚 B1 级挤塑聚苯板保温层＋200mm 厚钢筋混凝土内叶墙板）集承重、围护、保温、防水、防火、装饰等功能为一体，取消了外墙的砌筑抹灰等现场湿作业，实现无抹灰、无砌筑、无外脚手架的绿色施工（图 7-1-15）。

通过提高建筑围护结构隔热保温性能，降低建筑的供暖与空调能耗，改善室内热环境，提高了室内热舒适度，本项目节能率不低于 70.53%，采暖空调耗电量指标不高于 18.86kWh/m²。

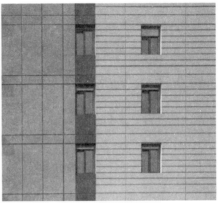

图 7-1-15　三合一复合夹心保温外墙板

（2）整体厨卫应用

本项目采用了整体厨卫（图 7-1-16），卫生间集成了整体防水底盘、装配式墙面、装配式吊顶以及功能洁具，避免了传统卫生间空鼓、开裂、返潮、返味等质量通病；厨房橱柜电器一体化设计，柜体与墙体的预留挂件高度契合，稳固安装。

图 7-1-16　整体厨卫

（3）太阳能光热应用与建筑一体化技术

项目每户均设置 1.8m² 阳台壁挂式太阳能，集热器与阳台外飘板呈 75°夹角一体化设计，使其能最大限度地得到太阳垂直光照，提高集热效率，从而大幅降低项目整体热水系统运行费用，达到节能环保效果（图 7-1-17）。

（4）高节水性能卫生器具应用

项目除坐便器为 2 级用水效率等级外，其余所有卫生器具（厨房龙头、脸盆龙头、淋浴龙头）用水效率等级均达到 1 级，通过卫生器具节水性能的提高，减少卫生器具的用水量，提高整个项目水资源利用率。

图 7-1-17　阳台挂壁式太阳能热水器

1.2.5　环境宜居

（1）室外风环境平面优化设计

在方案阶段优化建筑总图布局，将东南角的底部商业向东调整，打开了场地的通风界面，形成了东南-西北方向的通风通道，促进场地自然通风，克服了早期方案存在较大涡流、住区西北方向大面积范围内风速较小等问题（图 7-1-18）。

早期方案

最终方案

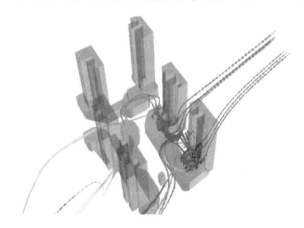

图 7-1-18　风环境平面优化

通过建筑方案优化设计，夏季/冬季符合场地舒适度要求的范围达到 70%/85%。冬季建筑区域风速基本处于 0.3～3.2m/s，风速放大系数约为 1.62；夏季建筑区域风速基本处于 0.3～4.5m/s。

（2）单体建筑架空层通风采光优化设计

住宅底部的局部架空以及竖向通风采光井（4m×4m）的设置，加强了拔风效果，同时有效引入室外空气进入楼内，最大程度地改善了东南侧建筑的楼内通风效果（图 7-1-19）。室内形成了多条通风通道，厨房、卫生间设置于建筑单元的负压侧，自然通风将厨房、卫生间的污浊空气通过天井排出，防止异味因主导风反灌进入室内其他居住空间。

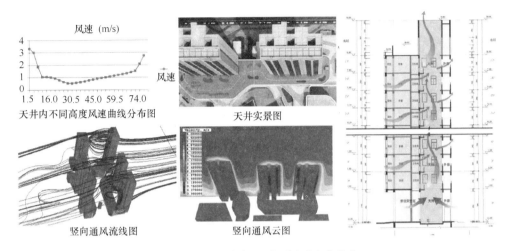

图 7-1-19　局部架空及通风采光井优化

通过设置采光井，实现了全明厨卫，根据采光模拟分析可知，平均采光系数为 3.94％，较国家标准要求提高了 71.8％（图 7-1-20）。

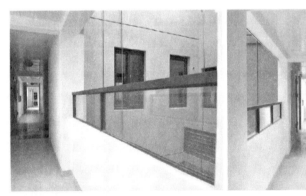

图 7-1-20　天井采光实景图

（3）海绵城市设计

本项目位于丁家庄海绵城市试点片区，海绵城市工程建设要求如下：年径流总量控制率≥80％；综合径流系数≤0.5；排水防涝标准达到有效对应 3 年一遇降雨；面源污染削减率达到 50％。规划设计阶段从低影响开发设施的布局、道路优化、景观优化三方面进行住区"海绵化"设计：设置 100％透水铺装、70％屋顶绿化以降低场地综合径流系数，设置 100m³ 雨水回用系统、122m³ 下凹式绿

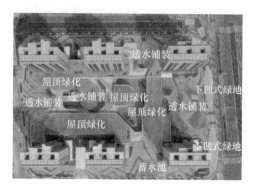

图 7-1-21 海绵城市设计分布图

地生态缓冲带实施地表径流调蓄控制（图 7-1-21）。

① 100％透水铺装

整个场地铺装均为陶瓷透水砖（面积 4930m²），室外硬质铺装地面中透水铺装比例达到 100％，透水铺装作为生态排水设施，可将降雨渗透率由硬化路面的 10％～15％增加到 75％以上，大幅降低场地综合径流系数，提高场地雨水自然入渗能力，减少地表径流量，削减洪峰，避免大暴雨或连续降雨造成城市洪涝灾害。

② 屋顶绿化

项目设有屋顶绿化面积 4328m²，屋顶绿化面积占可绿化面积的 70％。大面积屋顶绿化的设置，通过将建筑艺术和绿化技术融为一体的方式打造住区新绿化空间，从而增加住区绿化量、改善住区环境。

③ 下凹式绿化缓冲带

项目沿东侧广场布设绿化生态缓冲带，上层设置斜坡式植被缓冲带，中间铺设生态石笼护坡网防止雨期雨水冲刷土壤，下层布设下凹式绿化带，同时设置溢流口，保证暴雨时径流的溢流排放。整个下凹式绿化带实际面积 815.22m²，平均下凹深度 0.15m，雨水调蓄容积可达 122m³，下雨时形成一个天然的"蓄水池"，大面积快速消纳广场径流雨水，并削减面源污染。

④ 雨水回用

项目收集整个场地雨水汇入末端 100m³ 雨水收集池，经水量平衡分析，场地杂用水采用非传统水源比例达到 100％，实现雨水的资源化利用（图 7-1-22，图 7-1-23）。

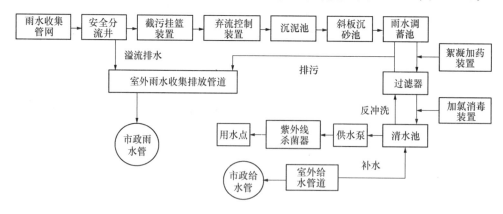

图 7-1-22 雨水处理工艺流程图

图 7-1-23　雨水设备机房实景图

1.2.6　提高与创新

（1）提升套筒灌浆连接可靠性的技术创新措施

套筒灌浆仅为设置灌浆孔、出浆孔，灌浆密实度无法查看，且无成熟的检验标准及无损检测方法，本项目创新性地研发了灌浆补浆观测装置，保障套筒灌浆连接的灌浆密实度。

（2）高精度铝质模具技术

本工程标准层墙柱梁板采用铝合金模板，这项绿色环保的新材料（图 7-1-24）。与传统工艺相比，具有自重轻、承载力高、整体性好等优点。

图 7-1-24　铝模应用实景图

（3）全现浇空心混凝土外墙技术

通过铝模及结构拉缝技术可实现全现浇空心混凝土外墙。通过对建筑外门窗洞口、防水企口、滴水线、空调板、阳台反坎、外立面线条等进行优化,实现主体结构一次浇筑成型,免除外墙的二次结构施工和墙体内外抹灰工序,减少外墙和窗边渗漏等质量问题,提高结构的安全性和耐久性。

(4) 基于 BIM 技术的数字化设计与建造应用

项目主要采用 BIM 软件创建建筑、结构、机电、预制构件三维信息模型,配合 Lumion、Fuzor、Naviswork 等应用软件,进行碰撞检查及施工模拟,最大效率地应用模型。

利用 BIM 相关软件对吊装顺序及工艺进行三维模拟,提前通过 BIM 规划模拟构件吊装顺序,提前发现吊装过程中可能存在的问题,进一步优化施工流程及施工方案,并对工人进行可视化交底,确保构件准确定位,实现高质量的安装(图 7-1-25)。

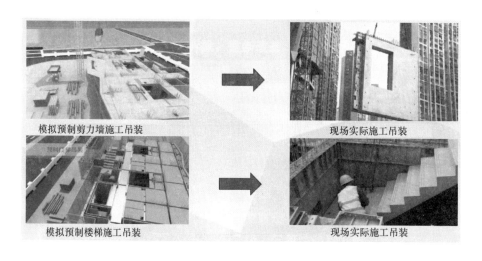

图 7-1-25 BIM 模型指导施工

1.7 实 施 效 果

1.7.1 100%太阳能热水系统的节能效益

项目位于南京市,太阳能热水系统应用户数比例 100%。采用太阳能热水系统,与电加热系统相比可年节约 38.18 万元,与天然气系统相比可年节约 23.11 万元,每年可减少 CO_2 排放量约为 298 吨,常规使用寿命 15 年内可减少 CO_2 排放量 4460 吨,节能环保效益明显(表 7-1-1)。

热水系统实际效益分析对比一览表 表 7-1-1

类别	太阳能年产热量（kJ）	相对电加热			相对燃气加热		
		消耗电量（kW·h）	电价（元/kW·h）	年节约费用（万元）	消耗燃气（m³）	燃气价格（元/m³）	年节约费用（万元）
	2610128312	763568.71	0.5	38.18	92420.09	2.5	23.11
能源种类	太阳能	电能			天然气		
污染情况	零污染	无			中		
设备寿命	15 年	10 年			8 年		

1.7.2 海绵型住区实效

本项目海绵型住区的打造可降低场地综合径流系数达 0.15，控制场地雨水外排总量达 24.7%。

2019 年 8 月 10 日，南京因台风"利奇马"影响，最大降雨量 63.2mm，住区所有路面基本无积水（图 7-1-26），项目海绵城市建设初见成效。

图 7-1-26 "利奇马"降雨实景图

1.8 增量成本分析

本项目应用了雨水收集利用系统、海绵型住区、装配式装修、太阳能热水系统等绿色建筑技术，绿色建筑技术总投资约 153.9 万元（不含装配式装修），单位面积增量成本 16.4 元/m²。

项目总投资约 4 亿元，通过绿建各项措施，太阳能热水技术相对电加热每年节约 38.18 万元，相对天然气每年节约 23.11 万元；雨水收集系统年总节约水费 0.72 万元（表 7-1-2）。绿色建筑回收周期约 4 年。

增量成本统计 表 7-1-2

实现绿建采取的措施	单价	标准建筑采用的常规技术和产品	单价	应用量/面积	增量成本（万元）
雨水收集、利用系统及管网	8.64 万元	无	—	1 套	8.64
透水地面	40 元/m²	无	—	4930m²	19.72
下凹式绿地	50 元/m²	无	—	815.22m²	4.08
太阳能热水系统	1200 元/户	无	—	918 户	11.02
其他运营检测费用		无	—	10 项	11.3
装配式装修	1100 元/m²	常规装修成本较难估计		77333.86	8506.72
合计					153.9（不含装修）

1.9　总　　结

　　本项目以高品质设计、高质量建造为目标，贯彻"绿色""宜居"理念，实现了高品质保障性住房安全性、实用性、舒适性、经济性的要求，通过技术集成，本项目建立了较为完善的、可推广、可复制的低成本、高效益绿色建筑产业化技术集成体系。

　　在研究应用过程中，本项目先后获得发明专利 3 项，实用新型专利 6 项，省级工法 1 项，发表论文 4 篇。项目在成本可控情况下，达到三星级绿色建筑标准，满足了成本可控、质量可控、运维可控三大需求，形成具有装配式特色的绿色生态保障性住房社区，可在保障性住房建设中大规模推广应用。

作者： 汪杰　张奕　田炜　卞维锋　刘婧芬（南京长江都市建筑设计股份有限公司）

2 中新生态城十二年制学校项目

2 Project of China-Singapore Eco-City 12-year School

2.1 项 目 简 介

中新生态城十二年制学校项目位于天津市滨海旅游区，南至新昌道，西至富盛路，北至川博道，东至明盛路。由天津生态城国有资产经营管理有限公司投资建设，天津市天友建筑设计股份有限公司设计，天津天孚物业管理有限公司运营，总占地面积57434.2m²，总建筑面积53554.40m²，2019年8月依据《绿色建筑评价标准》GB/T 50378—2019获得绿色建筑标识三星级。

项目主要功能为教育用地，供小学、中学、高中以及教师宿舍组成，地上五层，地下一层，最高建筑高度29.60m，结构为钢筋混凝土框架结构，实景图、效果图如图7-2-1、图7-2-2所示。

图 7-2-1 中新生态城十二年制学校项目实景图

图 7-2-2　中新生态城十二年制学校项目效果图

2.2　主要技术措施

中新生态城十二年制学校项目采取被动为主，主动为辅，可再生能源补充的设计原则，具有充分利用地源热、被动式节能技术、太阳能光热技术提高可再生能源利用率和应用 BIM 技术等绿色特色。

2.2.1　安全耐久

（1）建筑结构

设计使用年限为 50 年，建筑结构的安全等级为二级，严格按照抗震设计规范进行设计，采用隔震设计，分缝太多影响建筑平立面效果和使用功能，故于 B、C 段之间设置分缝，将主体部分分为 A＋B 段，C1＋C2 段，D 段。项目采用隔震支座及阻尼器来达到隔震的目的，上部结构与下部结构之间，应设置完全贯通的水平隔震缝，并用柔性材料填充。上部结构的周边应设置竖向隔震缝，竖向隔震缝的宽度不小于设计要求。

（2）构件连接

楼面浇筑的同时将预埋件埋入结构层，施工时将集热器利用钢管焊接在预埋件上，并根据图纸确定楼板间循环管道立管管道孔位置，设计管道分路，在相应位置做好管道套管预埋洞预留，满足与建筑主体结构进行统一设计、施工的要求。非结构件、设备及附属设施的安装、连接严格按照国家相关规范执行，能够满足建筑物的使用安全，适应建筑主体结构变形，设备及辅助设施与主体结构变形连接，可靠协调。

（3）门窗性能和安全防护

在窗户外增设一道附框，该附框在砌体完工后安装，其与砌体之间的缝隙在内外抹灰前用防水砂浆填塞，窗户则在内外涂料等土建工程施工完成后安装。窗户安装时，先用螺钉将玻璃钢外框固定在玻璃钢附框上面，固定后，用发泡剂将玻璃钢窗框及玻璃钢附框之间的空隙填充密实，最后用密封胶将玻璃钢外框与抹灰层接触处的阴角密封，保证外窗安装的牢靠性。根据本项目外窗复试报告，本项目抗风压性能为 5 级，水密性能为 3 级。

项目单块面积大于 $1.5m^2$ 的玻璃均采用安全玻璃，凡窗台高度低于 900mm 的室内窗，增加防护措施，采用防护栏杆等。位于防护高度位置的框料最薄弱处水平推力荷载为 1.5kN/m，竖向荷载为 1.5kN/m，临室内一侧作为实体栏板起防护作用的玻璃采用≥12mm 厚的钢化夹层玻璃。

项目所有栏杆的纵向杆间距不大于 110mm，防护栏杆最薄弱处承受的最小水平推力不小于 1.5kN/m。本项目建筑出入口设有钢结构遮阳防雨雨篷，可以降低外墙饰面、门窗玻璃意外脱落带来的危险。外窗实际安装效果如图 7-2-3 所示，出入口雨篷设置效果如图 7-2-4 所示。

图 7-2-3　外窗安装效果　　　　　图 7-2-4　出入口雨篷设置效果

2.2.2　健康舒适

（1）室内空气质量

为保障室内空气质量，项目选用绿色环保安全的室内装饰装修材料，其中金属木纹复合板、涂料、吸声板、细木工板、富安饰面板等材料甲醛释放量均满足国家现行标准要求。厨房设置在一楼西北侧，属于自然通风的负压侧，开窗对流通道避开公共活动空间。厨房、餐厅与其他空间采用物理隔断，厨房操作间设置油烟净化装置，产生的油烟经过油烟净化器处理排至室外，可防止厨房气味串通到其他空间。卫生间设置机械排风，保证负压，可避免污染物串通。

(2) 热湿环境

项目采用地源热泵系统，夏季和冬季分别为各功能房间提供冷量和热量，保证主要功能房间室内热环境参数在适应性热舒适区域内。过渡季优先采用自然通风方式，利用室外天然冷源或热源可实现室内热湿环境达到适应性热舒适区域。房间内的温度、湿度、新风量等设计参数应符合现行国家标准的有关规定，教室设置独立的新风机组，可根据负荷变化控制电动调节阀的开度，且单独控制启停，其他功能房间为风机盘管＋新风系统（图 7-2-5），每个房间就地设置控制面板，可独立控制启停。非透光围护结构内表面不结露，屋顶和外墙隔热性能满足规范要求。

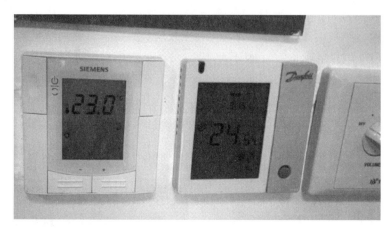

图 7-2-5　室内风机盘管和新风系统控制面板

2.2.3　生活便利

(1) 无障碍设施

无障碍设计范围为建筑入口，入口平台，无障碍坡道，候梯厅，电梯轿厢，无障碍楼梯，无障碍卫生间，无障碍车位。建筑入口处设置无障碍坡道，并按《天津市无障碍设计规范》DB 29—196 的规定设置坡道的坡度和扶手，如图 7-2-6 所示。

(2) 智慧运行

建筑中安装分项计量装置和标准的能耗监测系统，对建筑内风机水泵、照明插座、空调等用电设施实现用电的独立分项计量，计量结果可用于建筑物的

图 7-2-6　主要出入口无障碍设施效果

298

节能管理。按照水平衡测试要求安装分级计量水表并上传至能耗监测系统。教室内均设置有 CO_2、TVOC、$PM_{2.5}$ 及温湿度监测面板，并可以与新风系统联动。

建筑智能化系统包括火灾自动报警与消防联动控制系统、电话通信系统、综合布线系统、有线电视系统、安全防范系统、防火剩余电流动作报警系统、智能照明控制系统、室内无线覆盖系统、建筑设备监控系统、背景音乐（公共广播）、多媒体屏幕显示及触摸屏查询系统、系统集成等组成，主要配置符合《智能建筑设计标准》GB/T 50314 的要求。智能化系统大大提高了物业单位的运行管理效率。

2.2.4 资源节约

（1）节能与能源利用

设置 1 套太阳能热水系统，提供生活热水，采用集中-间接式系统，包括太阳能集热板、太阳能支架、储热水罐、辅助加热、水泵、阀门、保温连接管道及附件、电气自动控制系统等。太阳能集热器安装在屋面，在屋面设置水箱间，水箱与控制系统安装在设备间内。并设置了带有电辅助加热功能的太阳能集中储热水箱，日照不足时可自行启动电辅助加热。小学屋顶设置共计 338 组集热器，每组集热器面积为 $2m^2$。共计 $676m^2$。经计算，太阳能保证率为 84.0%，安装效果如图 7-2-7 所示。

图 7-2-7　太阳能集热器安装效果

项目采用 IPLV 为 6.33 的地源热泵系统，负荷比例为 100%。考虑学校供冷时间较短，供冷时段为初夏，因此直接采用地源侧埋管（单独设置盘管）作为夏季去除湿热的冷源，通过地板辐射末端为室内供冷，并同时开启地源热泵机组为新风机组或风机盘管提供低温水，去除新风负荷及室内潜负荷和部分显热负荷。冬季采用地源热泵为地板辐射系统及新风系统提供热水。地源热泵还提供泳池加热系统，泳池初次加热时停止空调系统工作（宜在周末或者假期进行），所有地源热泵机组经换热后加热泳池；泳池平时加热由一台单独的热泵机组负担。由于项目制热量大于制冷量，系统需要额外补热，考虑暑期采用生活热水系统的太阳能集热器为地下补热，不足部分开启地源侧水泵将地下水通入地板供冷系统后补热，保证冬夏冷热的平衡，地埋管布置如图 7-2-8 所示。

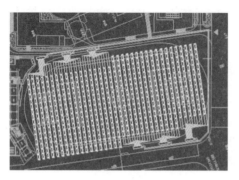

图 7-2-8 地源热泵地埋管布置图

（2）节水与水资源利用

由东侧、北侧市政环状给水管网上引入 2 根 DN200mm 的给水管道作为本工程给水水源，满足双路消防进水要求，管网供水压力 0.20MPa，在室外形成环状管网。再生水用于室外绿化灌溉、道路浇洒、室内冲厕，再生水水源为市政中水，由市政中水管网上引入一根 DN100mm 的中水管道作为本工程中水水源，管网供水压力为 0.20MPa，非传统水源利用率 31.27％。项目坐便器、淋浴器、水嘴选用节水效率 2 级的节水器具，小便器选用 1 级节水器具。

2.2.5 环境宜居

（1）场地生态与景观

项目设置雨水管网，雨水经部分截留后，地表径流经汇集排入市政雨水管道。并设有 4973.4m² 的下凹式绿地和 3300m² 的屋顶绿化及 2454.4m² 的透水地砖，可以促进雨水下渗，年径流总量控制率为 85％，如图 7-2-9 所示。

（2）室外物理环境

场地中处于建筑阴影区外的步道、游憩场、庭院、广场等室外活动场地设有乔木、花架等遮阳措施的面积比例为 10.5％，满足热环境要求。

校园内道路设有减速路拱，将车速限值在 20km/h 以内，此外，应设置禁止鸣笛提示牌。在加强车辆管理、落实上述环保措施的前提下，本项目交通噪声不会对周围环境产生明显影响，项目换热站、太

图 7-2-9 屋顶绿化实际效果

阳能热水泵房、消防水泵房设置在地下室，变压器、热回收新风机组设置在二层设备间内，选用低噪声设备，安装消声装置，设备加装防振软垫等设施，各设备间四壁隔墙、顶板、门窗等都做隔声处理。

2.2.6 提高与创新

（1）BIM 技术应用

运用 BIM 技术及专用设备对本工程全部工作内容进行管理，包括：各专业

BIM 模型，运用 BIM 软件制作本项目施工现场平面布置 3D 动画模拟，安全、文明施工及绿色施工 3D 动画模拟，制作 3D 施工方案、施工工艺、施工方法的模拟演示；运用 BIM 技术进行施工图深化设计、管线综合、空间模拟、施工交底、指导施工；运用 BIM 技术对施工进度的动态管理及可视化管理；BIM 信息数据集成；制作竣工模型及培训；BIM 成果管理等。BIM 模型如图 7-2-10 所示。

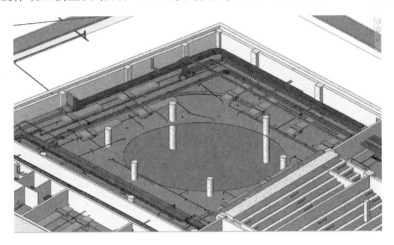

图 7-2-10　BIM 应用模型

（2）绿色施工

坚持绿色施工、兼顾自然资源人类健康及社会利用，根据住建部《绿色施工导则》及《天津市建设工程文明施工管理规定》，以及天津生态城地方标准《中新天津生态城绿色施工手册施工现场形象篇》《中新天津生态城公建项目绿色施工规范》《绿色施工、文明施工专篇》的要求组织施工，满足绿色建筑施工要求。

2.3　实　施　效　果

在施工图设计中根据项目实际情况选用适宜的绿色建筑技术，并且在施工过程中进行严格监管，辅助 BIM 技术，绿色施工等工作，项目最终荣获 2018 年度天津市建设工程"金奖海河杯"奖。

（1）室内空气质量

对室内环境污染物中的氡、甲醛、苯、氨及总挥发性有机化合物（TVOC）进行了检测，共计抽取 12 个房间，共设 24 个采样点，采样时均关闭门窗。采样房间内墙面刷乳胶漆、安福板墙裙，地面铺瓷砖，石膏板吊顶，塑钢窗户，木门。检测结果为氡实测平均值为 $43\sim75\mathrm{Bq/m^3}$，甲醛实测平均值 $0.06\mathrm{mg/m^3}$，苯实测平均值为－0.03～0.04mg/m³，氨实测平均值小于 0.1mg/m³，TVOC 实测平均值为 0.3～0.4mg/m³，较《室内空气质量标准》GB/T 18883 降低 20％以上，如图 7-2-11 所示。

中新天津生态城环境与绿色建筑实验中心有限公司
室内环境污染物浓度检测报告　　　　津资 Y-S-21

报告编号：2017Jk0049　　　　　　　　　　　　　　报告第 3 页，共 5 页

测试位置（使用面积m²）	氡（Bq/m³）			甲醛（mg/m³）			苯（mg/m³）			氨（mg/m³）			TVOC（mg/m³）		
	标准值	实测值	平均值	标准值	实测值	平均值	标准值	实测值	平均值	标准值	实测值	平均值	标准值	实测值	平均值
二层 B1-C-B1-D/ B1-7-B1-8 普通教室（<100）	≤200	65.0 / 65.9	65	≤0.08	0.055 / 0.056	0.06	≤0.09	0.037 / 0.039	0.04	≤0.2	0.065 / 0.057	0.1	≤0.5	0.36 / 0.36	0.4
二层 B1-C-B1-D/ B1-8-B1-9 普通教室（<100）	≤200	50.9 / 84.6	68	≤0.08	0.053 / 0.056	0.05	≤0.09	0.045 / 0.041	0.04	≤0.2	0.060 / 0.070	0.1	≤0.5	0.33 / 0.33	0.3
二层 A-E-A-F/ A-5-A-6 普通教室（<100）	≤200	58.4 / 57.5	58	≤0.08	0.060 / 0.062	0.06	≤0.09	0.039 / 0.034	0.04	≤0.2	0.047 / 0.060	0.1	≤0.5	0.30 / 0.32	0.3
二层 A-E-A-F/ A-8-A-9 普通教室（<100）	≤200	78.0 / 79.9	79	≤0.08	0.061 / 0.058	0.06	≤0.09	0.032 / 0.028	0.03	≤0.2	0.065 / 0.070	0.1	≤0.5	0.30 / 0.30	0.3
三层 A-E-A-F/ A-7-A-8 普通教室（<100）	≤200	46.2 / 48.9	48	≤0.08	0.054 / 0.057	0.06	≤0.09	0.037 / 0.042	0.04	≤0.2	0.080 / 0.062	0.1	≤0.5	0.32 / 0.32	0.3
三层 A-E-A-F/ A-5-A-6	≤200	52.5 /	56	≤0.08	0.063 /	0.06	≤0.09	0.032 /	0.03	≤0.2	0.070 /	0.1	≤0.5	0.33 /	0.3

图 7-2-11　污染物浓度检测报告

（2）给水系统水质

设有生活饮用水、集中生活热水和采暖空调系统用水，经过检测，生活饮用水未检出铝、铁、锰、铜、总硬度、挥发酚类、阴离子合成洗涤剂、臭氧、总 α 放射线和总 β 放射线，锌含量为 0.068mg/L，氯化物为 1.70mg/L，硫酸盐 0.77mg/L，溶解性总固体为 9mg/L，满足生活饮用水水质标准要求。集中生活热水未检测出总大肠菌群，菌落总数为 52CFU/mL，pH 值为 8.14，总硬度为 123mg/L，浑浊度＜0.2，耗氧量为 1.97mg/L，溶解氧为 7.3mg/L，氯化物为 30.8mg/L，溶解性总固体为 265mg/L，满足水质标准要求，检测报告如图 7-2-12 所示。

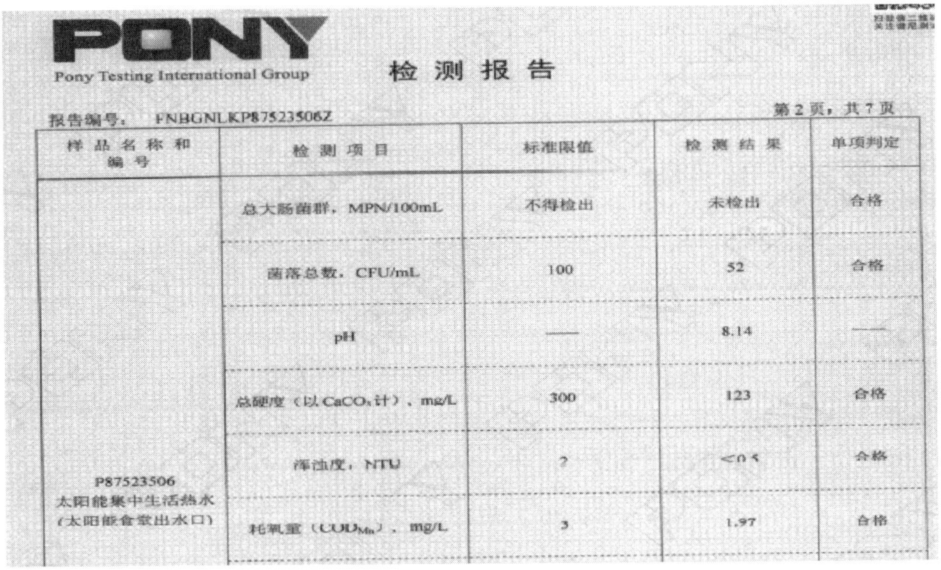

PONY
Pony Testing International Group

检 测 报 告

报告编号： FNBGNLKP87523506Z　　　　第2页，共7页

样品名称和编号	检测项目	标准限值	检测结果	单项判定
P87523506 太阳能集中生活热水（太阳能食堂出水口）	总大肠菌群，MPN/100mL	不得检出	未检出	合格
	菌落总数，CFU/mL	100	52	合格
	pH	—	8.14	—
	总硬度（以 $CaCO_3$ 计），mg/L	300	123	合格
	浑浊度，NTU	2	<0.5	合格
	耗氧量（COD_{Mn}），mg/L	3	1.97	合格

图 7-2-12　水质检测报告

(3) 热湿环境及声环境

通过面板显示，2019 年 8 月教室数据为室内温度为 26℃，湿度为 53%，CO_2浓度为 300PPM，TVOC 为 0.36mg/m^3，$PM_{2.5}$ 为 14ug/m^3。人工环境下 PMV 为−0.85，PPD 为 20%，PMV-PPD 达标等级为Ⅱ级，主要功能房间达标面积比例为 100%，标准如表 7-2-1 所示。根据自然通风计算结果，ASHRAE-55 标准计算，本项目过渡季的 PMV 为−0.91，PPD 为 23%，PMV-PPD 达标等级为Ⅱ级，主要功能房间达标面积比例为 100%。

人工环境下 PMV-PPD 达标等级　　表 7-2-1

工况	PPD	PMV	范围		等级
夏季	6%	0.20	PPD≤10%	−0.5≤PMV≤+0.5	Ⅰ级
冬季	20%	−0.85	10%<PPD≤25%	−1≤PMV<−0.5	Ⅱ级

最不利背景噪声房间为小学部四楼东侧教师办公室，室内背景噪声值昼间为 32.37dB(A)，夜间为 19.57dB(A)，满足《绿色建筑评价标准》GB/T 50378—2019 对于室内噪声的要求。

(4) 光环境

通过本报告的模拟分析，统计得：参评区域面积约为 36734.07m^2，其中达到《建筑采光设计标准》GB 50033—2013 相关功能空间采光要求的面积约为 23567.53m^2，占评价区域面积的 64.33%。自然采光系数达标情况如表 7-2-2 所示。

主要功能空间采光系数汇总表   表 7-2-2

楼层	评价区域面积（m²）	评价区域达标面积（m²）	采光达标百分比（%）
1 层	11937.487	6689.16	55.51
2 层	8911.437	6572.06	73.75
3 层	7666.293	5220	68.09
4 层	6806.85	4396.54	64.59
5 层	1412	752.63	53.3
汇总	36734.07	23630.39	64.33

参评内区区域面积约为 18634.25m²，其中达到《建筑采光设计标准》GB 50033—2013 相关功能空间采光要求的面积约为 7538.01m²，占评价区域面积的 40.45%。自然采光系数达标情况如表 7-2-3 所示。

内区计算区域采光系数汇总表   表 7-2-3

楼层	评价区域面积（m²）	评价区域达标面积（m²）	采光达标百分比（%）
1 层	5974.417	2268.17	37.96
2 层	4753.84	2284.47	48.06
3 层	3845.841	1744.1	45.35
4 层	3517.42	1171.7	33.3
5 层	542.73	69.57	12.82
汇总	18634.25	7538.01	40.45

（5）节能与能源利用

优化建筑围护结构热工性能，参考《民用建筑绿色性能计算标准》JGJ/T 449—2018，分别计算设计建筑和参照建筑的全年供暖供冷综合能耗量，围护结构节能率为 16.96%。

项目 2018 年采暖耗电 323817kWh，采暖水泵耗电 321665 kWh，非采暖耗电量 1268725kWh，合计 1914207kWh，折合单位建筑面积能耗为 35.74kWh/m²·a；其中采暖耗电 12.05kWh/m²·a，非采暖能耗为 23.69 kWh/m²·a。本项目入住率为 58.8%，折合非供暖能耗指标为 40.27kWh/m²·a，经计算，本项目运行能耗降低幅度为 38.04%。按照入住率折合供暖能耗为 10.28kWh/m²·a，结合机组 COP4.88，折算建筑耗热量指标为 0.18GJ/m²·a，经计算，本项目运行能耗降低幅度为 28%。

项目在设计过程中充分考虑项目特点，通过不同技术路线比较，选用适宜技术，满足绿色建筑要求的同时，为业主提供一个适宜、安全、舒适、健康的工作、休闲及消费空间。综合考虑建筑能耗节约量、可再生能源替代量，年运行费用节省量为 135 万元。

2.4 增 量 成 本 分 析

项目应用了地源热泵、太阳能热水、非传统水源、海绵等绿色建筑技术，提高了可再生能源、机组性能系数等效率。每年运行费用共节约135万元，单位面积增量成本191.89元/m²，如表7-2-4所示。

增量成本统计 表 7-2-4

实现绿建采取的措施	单价	标准建筑采用的常规技术和产品	单价	应用量/面积	增量成本（万元）
屋顶绿化	1000	无	0	2680m²	268
透水铺装	500	不透水铺装	300	2400m²	48
废弃地处理	100	无	0	8000m²	80
雨水调蓄池	3000	无	0	270m³	81
屋顶保温	500	常规做法	450	20000m²	100
幕墙保温	850	常规做法	800	1500m²	7.5
外窗保温	700	常规做法	650	4500m²	22.5
高效冷热源	380	能效限值冷源	350	53554.4m²	160.66
太阳能热水	2500	无	0	780m²	169
一级节水器具	800	三级节水器具	600	400 套	8
节水灌溉	10	无	0	8000m²	8
空气质量监测	5000	无	0	150 点位	75
合计					1027.66

2.5 总 结

项目因地制宜采用了安全耐久、健康舒适、生活便利、资源节约、环境宜居的绿色理念，主要技术措施总结如下：

（1）安全耐久的建筑结构和结构构件；

（2）健康舒适的室内空气质量、生活应用水和集中热水水质以及舒适的风、光、声、热湿环境；

（3）生活便利的无障碍设施和服务设施，建筑智能化系统的运营模式；

（4）高性能地源热泵系统以及节能的运营方式，非传统水源的高效利用，可再循环和可再利用材料的重复利用；

（5）屋顶绿化技术以及85%的年径流总量控制率；

（6）BIM 技术在设计和施工过程中的应用。

该项目通过评审的方式获得了绿色建筑三星级标识，达到了节约资源、保护环境、减少污染，为人类提供健康、适用、高效的使用空间，最大程度地实现人与自然和谐共生的目的。

作者：郑立红　李倩　曹晨　张鹏　赵庆（天津生态城绿色建筑研究院有限公司）

3 上海朗诗绿色中心

3 Landsea Green Center Shanghai

3.1 项 目 简 介

上海朗诗绿色中心坐落于上海虹桥国际商务区，北至临新路、东至协和路、南至临虹路、西侧为广顺北路。项目由深圳市惠创研科技有限公司投资建设，上海朗诗规划建筑设计有限公司设计，上海朗绿建筑科技股份有限公司提供技术咨询，浙江朗诗建筑装饰有限公司施工，南京朗诗物业管理有限公司运营。

2017 年底建设方通过法院拍卖形式购得此楼，并于 2018 年初进行重新设计，项目定位结合了中国绿色建筑三星级、LEED-NC 铂金、WELL 铂金、BREEAM 以及 DGNB 的要求，采用了 14 大技术体系共 108 项建筑科技，实现健康环境、舒适办公、节能环保、智慧管理、人性设计共 5 大核心价值点。该项目于 2018 年 4 月开始进行"脱胎换骨"式改造，2018 年 10 月建成并投入运营。

建筑整体五层，地上 4 层，地下 1 层，总用地面积 3391m²，总建筑面积 5724.36m²。项目地上主要功能为办公，地下一层为员工活动区，包括餐厅、健身房、更衣室及车库入口，屋顶为花园及设备层。项目改造前后实景图如图 7-3-1 所示。

(a)   (b)

图 7-3-1 上海朗诗绿色中心改造前后实景图

(a) 改造前；(b) 改造后

2019 年 8 月上海朗诗绿色中心参加《绿色建筑评价标准》GB/T 50378—2019 第一批新国标项目评审（三星级），并于 2019 年 11 月进行 BREEAM 双认证（VERY GOOD），2019 年 12 月获得 LEED-NC 铂金级认证。

3.2　主要技术措施

上海朗诗绿色中心通过对大楼围护结构、机电系统和室内装修装饰改造，运用了被动式建筑技术、自然通风利用、干湿分离空调设计、舒适的末端送风、室内空气质量监控、光伏发电、雨水回用、节水卫生器具、智能照明、屋顶花园、装修污染物控制、健身工位设计等系列技术措施，充分体现了健康环境、舒适办公、节能环保、智慧管理及人性设计五大核心价值点，贯彻了健康、舒适、节能、环保、智能等理念，充分传递出"以人为本"的初心，成为国内"绿色办公"趋势下极具参考价值的办公建筑标本。

3.2.1　安全耐久

（1）幕墙优化

本项目将原有大楼门窗全部拆除，重新改造。大楼外围护结构选用幕墙结构

图 7-3-2　幕墙

（图 7-3-2），选用 6＋12Ar＋6＋12Ar＋6 三玻两腔中空玻璃，窗框采用热镀锌角钢外挑，并采用 3mm 厚氟碳喷涂铝单板螺栓连接；一层顶板处设置雨篷，采用镀锌钢方管与外墙结构螺栓连接加固，楼顶装饰用构架预埋在墙体结构中，并采用 8＋1.52PVB＋8 钢化夹胶玻璃。改造后，幕墙抗风压性能为 9 级，气密性达到 8 级，水密性 6 级。

（2）场地人车分流

大楼设有地下层，设有机动车和非机动车停车车位，其中机动车车位 18 个，自行车车位 13 个。机动车由大楼西侧通道进入，自行车由大楼北侧专用通道驶入，通道宽度为 1.5m。如图 7-3-3 所示。

图 7-3-3　场地人车分流现场图

3.2.2 健康舒适

（1）装修污染物控制

大楼装饰装修全过程实施材料污染物管控，所选材料污染物浓度为芬兰 S1 级，要求甲醛含量≤0.03mg/m³，TVOC≤0.2mg/m³，从材料源头管控。所有受控材料从受控材料数据库中选用，包括涂料、内墙腻子、胶黏剂、人造板及其制品等，80％材料和家具经过国际各类环保家具建材认证，如 Greenguard、Cradle to cradle、AFRDI、Environmental choice 等。通过室内污染物浓度检测，大楼主要功能空间内甲醛浓度为 0.02mg/m³，TVOC 浓度为 0.115mg/m³，氨浓度为 0.091mg/m³，苯浓度＜0.009mg/m³，污染物浓度比国家现行标准降低比例达到 20％以上。

（2）直饮水系统

大楼在每层办公空间、员工餐厅的吧台设置终端式直饮水设备（图 7-3-4），共 7 处。通过纳滤分离膜装置对市政自来水进行过滤，改善水质，同时杀死其中的病毒与细菌，保留微量元素，保证人体健康饮水。

图 7-3-4 终端式直饮水

（3）室内声环境专项设计

大楼靠近外环高速路，且临近虹桥机场航线，外部环境噪声干扰明显。项目组经过专项声学设计，外窗选用 110 系列断桥铝合金型材，玻璃采用 6＋12Ar＋6＋12Ar＋6 三玻两腔中空玻璃，会议室墙面采用织物吸声处理，办公区域地板铺设地毯，空调末端选用地台式下送风，同时，屋面空调设备安装采用支撑钢架形式，并安装隔振器。最终测试结果显示，室内背景噪声均达到小于 40dB 设计要求。

（4）综合遮阳技术

大楼采用复合遮阳形式，幕墙外立面挑出构件自遮阳，2～4F 东、西侧方向会议室选用中空铝合金百叶自动遮阳，可控遮阳面积占透光总面积的 25.64%。
1F 东、南雨篷，南侧垂直立面为常青爬藤，充分利用构件和绿植遮阳，不仅减
少建筑眩光作用，还有利于减少太阳辐射作用进入室内热量，减少夏季空调负
荷。如图 7-3-5、图 7-3-6 所示。

图 7-3-5 可调中空白页遮阳　　　　　图 7-3-6 构件自遮阳

（5）自然通风

建筑的自然通风不仅可以为封闭的办公室带来新鲜空气，还能释放建筑结构
中蓄存的热量，降低空调负荷，是一项绿色建筑常用的技术措施。该项目为了过
渡季节可以实现自然通风，设置可开启的幕墙、新增中庭、楼梯开洞等系列措
施，其中幕墙开启面积占总面积的 22.8%，各层开敞式办公空间，实现了大楼
全年 30% 时间自然通风（图 7-3-7）。

 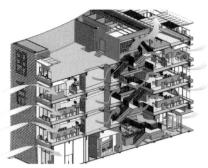

图 7-3-7 建筑自然通风

（6）屋顶花园

大楼屋顶设计了约 250m² 屋顶花园（图 7-3-8），不仅能美化环境，净化空
气，丰富城市的俯仰景观，大大提高城市的绿化覆盖率，同时也可以起到降温隔
热的作用，改善局部小气候，为员工提供美观、舒适的放松休息场地。

图 7-3-8　屋顶花园和垂直绿化

3.2.3　生活便利

（1）健身设施

为了使员工们在工作环境中得到更多锻炼身体的机会，大楼在 B1 层设置约 90m² 健身房，购置大量健身器械，同时在办公区域，增加了健身工位（图 7-3-9），如跑步机办公桌、踏步机、可调高度站立办公桌，其中，可站立办公桌设置比例占比 50%，有效减少工作场所静坐时间，阻止长时间的静态行为，鼓励随时运动。

图 7-3-9　健身工位

（2）室内环境质量监控

室内环境质量监测包括对大楼各层主要功能空间的 $PM_{2.5}$、气温、空气湿度、甲醛浓度、TVOC 浓度、二氧化碳浓度、臭氧浓度等条件的定时监测，以及各层东西两侧主要功能空间内梯度温度数据的监测。大楼共设置了 32 个室内环境质量显示屏（图 7-3-10），分布在 B1～4F，以及屋顶花园室内区域，室内办公人员可随时随地查阅该区域的空气质量。

（3）建筑智能化

大楼设置了智能化监控系统，集系统、应用、管理及优化组合为一体，实现了远程空调机组自动控制、智能照明控制、环境监控、能耗分项计量、安全报警、智慧办公等功能。一层大厅设置智慧显示大屏，整个大楼的分项能耗、空气质量等数据可供人员查阅（图7-3-11）。

图7-3-10 室内空气质量显示屏

图7-3-11 全楼运行参数显示大屏

3.2.4 资源节约

（1）被动式建筑

本项目对整个大楼的围护结构进行了节能改造设计，外墙保温层为70mm石墨聚苯板，采用200厚砂加气制品（B06级），传热系数0.35W/m²·K；选用节能外窗，为6Low-E+12Ar+6+12Ar+6，传热系数1.5W/m²·K，可见光透射比0.5，热工性能参数高于国家标准《公共建筑节能设计标准》GB 50189—2015的要求，提升幅度达到20%以上。

（2）空调系统节能措施

本项目空调系统采用热湿分离设计，空调分为上下两套系统，机组均放置在屋顶。冷热源采用6台模块化变频风冷热泵机组（图7-3-12），B1~1F配置3台机组，2F~4F配置3台机组，每台机组制冷量为58.5kW，制热量为60kW，机组COP值为2.95，达到国家一级能效标准。

新风处理采用4台3000风量自主研发的四效新风机组（图7-3-13），具有高

图7-3-12 变频式风冷热泵机组

图7-3-13 四效新风机组

效热回收功能，大幅度减少空调用能，与传统使用冷凝水的中央空调不同，干式风盘从"通道"中扼杀了细菌的滋生，同时，新风经过三重过滤，过滤等级达到MERV13，$PM_{2.5}$过滤达95%以上。

空调末端选用多种形式复合送风形式，其中B1层选用多联机四面出风"上送上回"形式；1F大厅及共享空间选用全空气系统，经AHU处理后空气由负一层顶板进入房间，大厅、多功能会议室补充风机盘管，风机盘管吊装于外墙边，采用"下送上回"形式；2F～4F采用地台式风盘下送风，四效新风机处理后的新风由架空地板送入室内，特有的"下送上回"设计，提高换气效率，减少吹风感，确保每个角落都有新鲜的空气（图7-3-14）；部分会议室还设置了顶面金属板、毛细管辐射空调。

图7-3-14　地台式送风风口

（3）智慧照明

楼宇设备控制系统对公共区照明进行定时控制，其他区域照明采取手动开关，照明设计与自然光相结合。一层共享空间灯光结合生理等效照度，采用昼夜节律照明设计；开敞办公区灯光采用日光感应设计，确保工作台面照度均匀（图7-3-15）。

图7-3-15　生理等效照明灯具和光感调节照明

（4）太阳能光伏发电应用

项目在屋顶安装太阳能光伏板（图7-3-16），总装机容量16.5kW，系统使用

60 块 275W 多晶电池组件，组件每 5 块为一串，共 12 并，光伏组串通过汇流箱输出进入独立的充电控制器，通过离网逆变器将蓄电池直流电逆变成交流 380V 电源进行供电，主要用于地下车库和屋顶照明，全年光伏发电量 1.98 万度，占建筑总用电量的 2.33%。

（5）节水措施

整个大楼卫生器具全部采用Ⅰ级节水设备，同时采用雨水收集回用系统（图 7-3-17），通过收集屋面雨水，全年可实现收集 700m³ 雨水量，经过装置处理后的雨水主要用于屋顶绿化灌溉、地库冲洗、道路浇洒以及卫生间冲洗，非传统水源利用率占全年总用水量的 8% 以上。

图 7-3-16 屋顶太阳能光伏板

图 7-3-17 雨水回收利用系统

3.3 实 施 效 果

3.3.1 室内污染物控制

大楼采用了科学完整的装修污染物管控措施，不仅从源头控制材料的选用，更是从施工过程中严格把关，室内污染物浓度控制取得了大幅度的降低，保障室内人员的身体健康。室内空气污染物浓度检测结果详见表 7-3-1。

室内空气污染物浓度　　　　　　　　　　　　　　表 7-3-1

污染物	限值	检测结果								
		敞开办公区				经理办公室	会议室			
		东	南	西	平均		东	南	北	平均
氡 (Bq/m³)	≤400	24.4	31.8	41.4	32.1	27.2	47.0	36.3	38.9	40.7
甲醛 (mg/m³)	≤0.1	0.022	0.020	0.016	0.019	0.027	0.017	0.020	0.017	0.018

污染物	限值	检测结果								
		敞开办公区				经理办公室	会议室			
		东	南	西	平均		东	南	北	平均
苯 (mg/m³)	≤0.11	<0.009	<0.009	<0.009	<0.009	<0.009	<0.009	<0.009	<0.009	<0.009
TVOC (mg/m³)	≤0.60	0.096	0.112	0.100	0.115	0.096	0.178	0.171	0.131	0.160
PM₁₀ (mg/m³)	≤0.15	0.054	0.049	0.044	0.051	0.048	0.055	0.047	0.054	0.052
PM₂.₅ (mg/m³)	≤0.075	0.028	0.031	0.029	0.029	0.028	0.033	0.030	0.033	0.032

3.3.2 建筑节能效果

大楼通过运用干湿分离空调系统，高效节能变频风冷热泵和四效新风机组，采用地台式下送风形式，通过建筑智能化控制系统精细化运行管理措施，建筑运行能耗节能效果明显。同时，运用节能照明灯具及智能控制技术、光伏发电技术、节能电梯和设备等技术，能耗较国家现行标准有很大降低。详见表7-3-2。

建筑能耗对照表　　　　　　　　表 7-3-2

项目	实际建筑能耗（kWh）	参照建筑能耗（kWh）
夏季冷源能耗	28.62 万	51.73 万
冬季热源能耗	5.18 万	22.14 万
循环水泵能耗	0.22 万	0.34 万
风机能耗	5.73 万	8.12 万
照明	10.87 万	15.34 万
合计	50.62 万	97.67 万

3.4 增量成本分析

本项目总建筑面积 5724.36m²，为实现绿色建筑而增加的初投资成本约 147 万元，平均每 m² 增量成本为 256.80 元，项目年可节约运行费用 33.2 万元。详见表 7-3-3。

绿色建筑增量成本统计 表 7-3-3

为实现绿色建筑而采用的关键技术/产品名称	相较普通建筑的增量成本（万元）
太阳能光伏发电系统	25
雨水收集利用系统	15
高效变频空调系统	50
四效新风机机组	20
智能照明系统	25
可调自动中置百叶遮阳	12
合计	147

3.5 总 结

绿色办公的价值在于企业品牌打造和社会价值实现；提升员工认同感和工作效率；提升商业价值和入住率。上海朗诗绿色中心经过一年地运行，在功能、舒适、节能、智慧等方面都达到了预期的效果，在科技的赋能下建筑有了"生命特征"，全楼 500 多个探头如同贯穿全身的神经系统，让整个大楼可以有条不紊地运作，甚至根据环境的变化进行自我判断、自我调节。同时，健康的办公环境是企业对员工最好的关怀，绿色环保的建筑是健康工作的基站，有助于人才的聚集，有了人才的聚集才有源源不断的创新创造力，最终才能打造品牌的领导力。

综上所述，该项目作为国内"绿色办公"趋势下极具参考价值的办公建筑范例，总结该项目的实践经验和推广价值如下：

（1）办公环境污染物控制方案。从源头控制产品供应链，确保购买产品污染成分含量低；施工过程管控，环境管控专员驻场，监管施工过程；产品现场抽检，这项工作会增加工期，需要安排好送货时间，尽量将送货时间提前；交付时请第三方检测单位进行室内空气品质检测，确保交付项目符合要求。

（2）照明系统方案。办公照明是办公建筑的一个关键设计点，办公建筑的功能分区常规包含靠窗办公区、内区办公、会议室、多功能室、休息区、共享洽谈空间等，不同功能区、不同时间段对照明的亮度、色温等需求都是不同的，因此在靠窗办公区可以设置光感照明，电脑屏幕布置尽量垂直于窗布置，避免眩光；共享区、洽谈区可以设置生理等效照度灯具，以适应人的生理节律和舒适度需求；在会议室等需要根据使用需求调节自然光的区域，布置中置百叶遮阳，结合自控场景模式进行一键调节。

（3）被动式围护结构。办公楼因外立面设计需求，很少会设置活动外遮阳，但办公楼的空调能耗很大，提升围护结构性能，一方面可以很好地防止节约能耗，另一方面也对隔声性能有帮助。如项目设计固定外遮阳，需要结合当地太阳高度角进行全年的动态模拟计算，进而确定合适的外挑距离。

（4）空调系统。办公类空调系统如要做到真正节能和舒适，需要根据功能和分区设置各区适合的系统，但这样做的弊病是系统复杂，运行维护要求高。该项目采用4套不同系统、6种供回水温度来实现项目各区的空气调节，并且湿度由新风系统处理，干风盘可以避免霉菌滋生等问题，上海地区过渡季节基本不需要开风盘，新风系统完全可以承担室内热湿负荷。一层高大空间靠近幕墙的区域增设了水幕空调，利用板换置换出蒸发器（夏季），冷凝器（冬季）侧的热量，以调节大厅局部区域的微气候。

（5）直饮水系统。避免了饮水机的电耗和"千滚水"问题，并增加了深层净化功能，此外还不需要加水换桶，不占用办公空间，非常适合办公建筑。

（6）雨水回用系统。常规雨水回用系统处理后一般用于绿化浇灌和场地冲洗，该项目雨水还用到了办公室内冲厕，大大减少了办公建筑日自来水用水量，但因为上海地区除雨季外，降雨天数和降雨量比较有限，办公冲厕用水量又比较大，因此会出现雨水储水量不足问题，设计时建议因地制宜，考虑地区实际情况，结合项目用水需求合理设计回用比例。

（7）健身家具。办公类建筑家具中占比最大的就是办公桌椅，该项目采用了50%的自动升降桌椅，并在每层休息区吧台布置了健身工位，包括脚踏车工位、跑步机工位等，此外，地下一层设置健身房，健身器材涵盖了肌肉、心肺等各类运动器材，在员工工作之余给予充分的运动环境。

作者： 徐瑛　刘芳　常明涛（上海朗绿建筑科技股份有限公司）

4 上海市青浦区徐泾镇徐南路北侧 08-02 地块商品房项目

4 Shanghai Hongqiao Gezhouba Purple county residence

4.1 项 目 简 介

上海市青浦区徐泾镇徐南路北侧 08-02 地块商品房项目位于上海市青浦区，东至诸光路，西至规划绿地，南至徐南路，北至方家塘路。由中国葛洲坝集团房地产开发有限公司投资建设，上海尤安建筑设计股份有限公司设计，中国建筑第二工程局有限公司施工，葛洲坝物业管理有限公司上海分公司运营，总占地面积 25266.60m²，总建筑面积 62306.08m²。建筑密度 21.60 ％，容积率 1.60，绿地率 35.07％，总绿地面积 8860.00m²。该项目在 2019 年 3 月获得中国绿色建筑评价标识与德国 DGNB 双认证，2019 年 10 月依据《绿色建筑评价标准》GB/T 50378—2019 获得绿色建筑标识三星级。

项目主要功能为住宅建筑，主要由 1～3 号、5～10 号楼商品房构成，效果图如图 7-4-1 所示。

图 7-4-1 上海市青浦区徐泾镇徐南路北侧 08-02 地块商品房项目效果图

4.2　主 要 技 术 措 施

项目采取人、建筑、环境协调发展的绿色设计理念，具有因地制宜、以人为本、资源节约、全生命周期应用的绿色特色。项目定位于绿色建筑三星级，在安全耐久、健康舒适、生活便利、资源节能和环境宜居方面采用的适宜技术，优化设计，实现了高质量的建筑建设水平。

4.2.1　安全耐久

（1）建筑本体安全

建筑外部设施安全。如图 7-4-2、图 7-4-3 所示，项目外立面简洁，无大量的外部设施，项目外墙、外窗和其他非结构件、附属设施等，在施工过程中均能保证安全、可靠、连接方式合理。

图 7-4-2　无空调室外机位预留　　　图 7-4-3　活动百叶与窗户一体化
设计、施工

（2）安全防护措施

本项目在设计中充分考虑了人员安全防护、警示引导系统设计，为项目的安全使用提供了保障。例如，住宅大堂入口的玻璃门设置安全防撞警示标志，景观道路、门厅台阶等存在高差，或易湿滑路面设置醒目的注意安全标识（图 7-4-4），住宅每户的户外阳台处设置有安全防护栏，防护栏杆高度距地（完成面）大于 1100mm，并且栏杆受力杆件抗水平载荷大于 1000N/m，保障了人员安全；单元入口处设置玻璃雨篷，防高空坠物；并设置绿化区域作为防坠物缓冲区和隔离带（图 7-4-5）。

本项目为全装修交付，在室内设计中，对卫生间、厨房、公共走廊等处的面层采用了防滑材料。经检测其静态摩擦系数 COF（干态）、防滑值 BPN（湿态）均满足标准要求。

319

图 7-4-4　警示和引导标识系统

图 7-4-5　人员安全防护措施

（a）玻璃雨篷；（b）安全防护栏；（c）绿化隔离带、缓冲区和玻璃雨篷

（3）建筑耐久性能

本项目采用耐久性能好的建筑部品，并合理设置设备和管理管井，在钢筋混凝土墙中，沿墙长度方向严禁任何设备管线埋设于墙中；设置公共强电、弱电、风、暖、水、电信管井，集中布置设备主管线。管材、管线及管件均采用耐久性能好的材料。采用耐久性好的外饰面材料、耐久性好的防水和密封材料、耐久性好且易维护的室内装饰装修材料。

320

4.2.2　健康舒适

为提高项目的居住品质，本项目户型多为二居至四居户型，南北向的建筑朝向，9.90m 的建筑间距，较好地实现了住宅的通风和采光，同时项目在空气品质、室内静音、全屋净水方面的技术应用，也为用户提供了较好的居住体验。

（1）地源热泵＋毛细管网系统

本项目采用细管平面辐射末端，夏季承担室内显热冷负荷，冬季承担室内热负荷，通过调节分集水器，可控制室内温度；独立新风系统夏季承担室内潜热和新风冷负荷，冬季承担新风热负荷，控制室内湿度。

为保障室内的热环境，减少热损失，项目在围护结构的做法上也进行了优化，如围护结构热工性能高于上海市《居住建筑节能设计标准》DGJ 08—205—2011，设置可调节外遮阳，在建筑构造方面，在全部外窗上方设计了外挑 300mm 固定式遮阳板；外窗采用三层中空玻璃 Low-E 铝合金断桥门窗；同时室内安装浅色窗帘；这三者结合，可以起到较好的遮阳调节。通过计算，本项目可调节外遮阳措施的面积比例达到 55.49％。

（2）全置换新风系统

本项目采用户式新风系统，送风形式采用下送上回，形成空气有序循环，为室内提供持续、洁净、健康的空气。采用新风系统净化一体化的技术应用，新风过滤采用 G4＋静电除尘＋F9 亚高效，过滤 $PM_{2.5}$ 效率＞90％，也保证了室内的健康空气品质。通过测试，如表 7-4-1 所示，室内空气中的氨、甲醛、苯、总挥发性有机物、氡等污染物浓度低于《室内空气质量标准》GB/T 18883 有关规定的 20％。

室内主要空气污染物浓度检测值　　　　　　表 7-4-1

采样地点	甲醛 (mg/m³)		氨 (mg/m³)		苯 (mg/m³)		TVOC (mg/m³)		氡 (Bq/m³)	
	检测值	规定值 80％	检测值	规定值 80％	检测值	规定值 80％	检测值	规定值 80％	检测值	规定值 80％
7 号楼 502 户 客厅	0.02	0.07	0.13	0.16	＜0.05	0.10	0.07	0.54	76.2	320
7 号楼 502 户 次卧	0.02	0.07	0.09	0.16	＜0.05	0.10	0.15	0.54	70.4	320
7 号楼 502 户 厨房	0.02	0.07	0.11	0.16	＜0.05	0.10	0.05	0.54	68.3	320
7 号楼 502 户 书房	0.02	0.07	0.14	0.16	＜0.05	0.10	0.04	0.54	59.1	320

续表

采样地点	甲醛 (mg/m³)		氨 (mg/m³)		苯 (mg/m³)		TVOC (mg/m³)		氡 (Bq/m³)	
	检测值	规定值 80%	检测值	规定值 80%	检测值	规定值 80%	检测值	规定值 80%	检测值	规定值 80%
7号楼502户 主卧	0.02	0.07	0.12	0.16	<0.05	0.10	0.04	0.54	78.9	320
7号楼502户 主卧卫生间	0.02	0.07	0.12	0.16	<0.05	0.10	0.17	0.54	79.6	320
7号楼501户 主卧	0.04	0.07	0.10	0.16	<0.05	0.10	0.17	0.54	55.4	320
7号楼501户 主卧卫生间	0.05	0.07	0.09	0.16	<0.05	0.10	0.09	0.54	66.7	320

（3）卫生间和厨房独立回风

在各户型的卫生间和厨房设置排风口，如图 7-4-6 所示，排风口设于卫生间

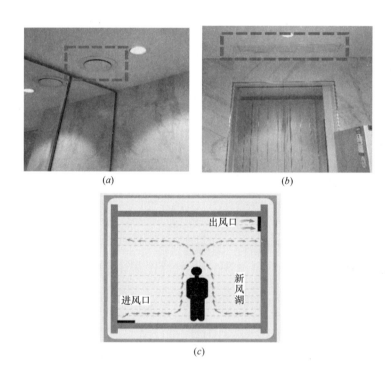

(a) (b)

(c)

图 7-4-6 卫生间和厨房排风口设置情况

（a）卫生间排风口设置情况；（b）厨房排风口设置情况；（c）卫生间和厨房新风湖示意图

与厨房顶部。通过回风管道将回到新风除湿机组的热回收段经热回收后，在住宅屋顶集中排放到室外。提高了通风换气效率，明显改善室内空气品质。

卫生间和厨房都设置外门，避免油烟和污染物串通到其他空间。既满足了新风独立控制的需要，又避免了卫生间和厨房串味现象的发生。

（4）全屋净水系统

采用全屋净水系统，如图 7-4-7 所示。采用户式净水设备和软水机，有效去除水体悬浮物、颗粒物等，让业主饮用健康水源。厨房采用净水器，净化水达直接饮用级别。并制定水箱清洗制度，水箱每半年清洗一次。每次清洗完成后，工程部主管提取水质样品并在样品上标清送检单位与送检时间，送当地检验检疫机构检测。

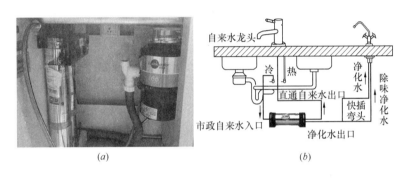

(a) (b)

图 7-4-7　全屋净水系统

（5）声环境

卫生间采用墙排式同层排水，保持建筑结构完整，改善传统下排水带来的水流噪声。排水管布置在本层内，有效减小排水噪声对下层空间的影响。卫生器具排水管道不穿楼板，上层地面积水渗漏概率低，有效地防止疾病的传播。

采用多种隔声降噪措施，项目与道路之间保持一定的间距，避免交通噪声对项目建筑产生显著影响；采用三层玻璃窗，其计权隔声量大于 25dB（A），可有效降噪；在项目周边设置绿化带，通过绿化进行隔声降噪。

4.2.3　生活便利

（1）全龄友好设计

遵循"以人为本"的理念，打造健康舒适的高品质居住环境。本项目利用场地优势，通过对目标人群的分析，结合出入口、交通流线、人流流线，通过细致人性的景观设计，合理布置老年人活动场地、儿童活动场地、健身场地(图 7-4-8，图 7-4-9)。利用建筑小品的布置，形成了多个利于邻里交流交往的空间，利用配建的室内空间，合理设置了室内的健身房、游泳馆、桌球室，为不同年龄的业主提供更多的户外运动和交往的条件。

图 7-4-8 室外交流场地

图 7-4-9 室外健身场地

（2）智能服务系统

项目设置建筑能耗监测系统和智能化服务系统，为智能化物业服务和节约物业运营成本提供了条件，本项目为集中冷热源系统，集中设置的能耗监测系统对住户的电力、水、燃油、燃气、供冷、供热等能耗数据进行采集，通过对运行数据的收集，分析，优化运行策略，实现节约能源，保障舒适。同时，每户设置智能服务平台，可实现智能家居控制、可视对讲、燃气探测、红外帘幕、紧急救助、智能门锁、物业服务呼叫等功能。可实现灯光场景一键调用、全区覆盖智能安防，搭配智慧社区平台APP，实现手机、平板多渠道操作，对环境数据实时掌握，满足业主的生活需求（图 7-4-10～图 7-4-12）。

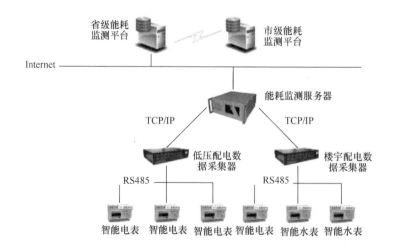
图 7-4-10 能源监控总体设计系统图

| 物业服务 | 健康服务 | 安全食品 | 综合养老 | 智慧教育 |

图 7-4-11　智慧社区平台

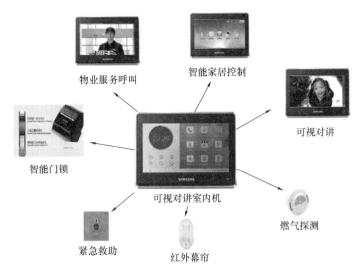

图 7-4-12　智能家居

4.2.4　资源节约

（1）节能与能源利用

采用二级能效的螺杆式热泵机组作为系统冷热源。空调末端采用温湿度独立调节空调系统，即毛细管平面辐射末端，夏季承担室内显热冷负荷，冬季承担室内热负荷，控制室内温度。独立新风系统承担室内潜热和新风冷负荷，冬季承担新风热负荷，控制室内湿度。采用 14 台新风除湿机组进行新风热回收，效率不低于 65%。

（2）节水与水资源利用

本工程水源为城市自来水。建筑给水系统竖向分区入户支管水表前压力大于0.2MPa 的住户设支管减压阀。阀后整定压力为 0.2MPa，且保证用水点最低压力不小于 0.1MPa。补充生活热水，在节水方面，项目采用 1 级用水效率的节水型产品、绿化景观采用微喷灌。在非传统水源利用上，项目对屋面雨水和场地雨水进行了合理的收集和使用，主要用于绿化灌溉、道路浇洒、地库冲洗和水景补水。经计算，非传统水源利用率为 9.08%。

(3) 节材与材料资源利用

本项目建筑造型要素简约，建筑采用装配式建造方式，PC 预制率达 30%。同时采用了土建与装修一体化技术，减少施工过程中的拆改浪费，采用 400MPa 的高强度钢筋比例达到 90.58%。在材料选用上，项目可再循环材料使用重量占所用建筑材料总重量的 16.10%。

4.2.5 环境宜居

本项目绿色率 35%，采用多种方式降低热岛强度，如乔灌木的合理布置，场地内的步道遮阳，遮阳措施的面积比例达到 60.24%。设置水体景观，其调蓄容积为 309.86m³。经计算，场地的径流总量控制率为 70.13%。此外，项目设置完善的引导标识系统。

4.2.6 提高与创新

(1) 绿容率

场地乔木叶面积指数为 4，乔木遮阳面积为 12.56m²，场地乔木数为 1280 棵，场地灌木面积为 2981m²，草地面积为 5029.4m²，经计算，场地绿容率为 3.09。

(2) 建筑信息模型（BIM）技术

项目在规划设计阶段采用了 BIM 技术。设计过程中，建筑、结构、机电各专业的设计在空间位置上产生冲突或图纸设计不完善达不到协调引出的问题，通过使用 BIM 技术，在整个设计过程中，解决了各专业 57 个管线碰撞问题。

4.3 实 施 效 果

在室外环境方面，通过采用地源热泵＋毛细管网系统、过滤 $PM_{2.5}$ 效率＞90% 的全置换新风系统、全屋净水系统、节能环保的装饰装修材料等技术措施，项目在提升居住者体验上获得了比较好的效果。通过室内环境评估测试，本项目冬季室内温度为 22℃，湿度为≥35%；夏季室内温度为 26℃，湿度为≤55%。经计算，室内 $PM_{2.5}$ 年均浓度不高于 $25ug/m^3$，室内 PM_{10} 年均浓度不高于 $50ug/m^3$。

在热湿环境方面，使用 CFD 仿真模拟软件对各户型的主要功能房间进行模拟。如表 7-4-2、表 7-4-3 所示，主要功能房间均达到现行国家标准《民用建筑室内热湿环境评价标准》GB/T 50785 规定的室内人工冷热源热湿环境整体评价 Ⅱ级要求，面积比例达到 100%。

冬季各房间热湿环境   表 7-4-2

房间	PMV	PPD	LPD_1	LPD_2	LPD_3
主卧	$-0.467\sim0.236$	≤10%	0	<1%	7.8%
次卧	$-0.5\sim0.5$	≤10%	0	<1%	10%
卧室	$-0.5\sim0.125$	≤10%	0	<1%	10%
餐厅	$-0.4\sim0.125$	≤10%	0	<1%	7.9%
书房、客厅	$-0.125\sim0.125$	≤10%	0	<1%	7.9%

夏季各房间热湿环境   表 7-4-3

房间	PMV	PPD	LPD_1	LPD_2	LPD_3
主卧	$-0.5\sim0$	≤10%	2.25%	<1%	6%
次卧	$-0.5\sim-0.25$	≤10%	0	<1%	7%
卧室	$-0.2\sim0.125$	≤10%	0	<1%	7%
餐厅	$-0.125\sim0.125$	≤10%	2.25%	<1%	6.2%
书房、客厅	$-0.25\sim0.125$	≤10%	2.25%	<1%	6.1%

在节能减排方面，采取的节能减碳措施包括使用节能产品、使用地源热泵系统、优化建筑结构、采购本地生产建筑材料、使用高强度钢筋和可再循环材料等。经计算，项目建筑全生命周期单位建筑面积碳排放量为 1.67 吨 $CO_2 e/m^2$。采取节能减碳措施后，本项目单位建筑面积碳排放量可减少 3.41 吨 $CO_2 e/m^2$。

4.4 增量成本分析

项目具有增量成本的技术措施主要包括节水灌溉、地下车库 CO 浓度监测、排风能量热回收、雨水回用等（表 7-4-4），降低了建筑能耗。绿色建筑总增量成本为 609.8 万元，单位面积增量成本 97.87 元。通过采用上述技术措施，可节约的运行费用为 18.07 万元/年。

增量成本统计   表 7-4-4

实现绿建采取的措施	单价	标准建筑采用的常规技术和产品	单价	应用量/面积	增量成本（万元）
节水灌溉	10 元/m²	人工灌溉	2 元/m²	8860	7.1
CO 监测	2000 元/个	—	—	21	4.2
排风热回收	10 元/m³	—	—	90000	90
雨水系统	50 万元/套	—	—	1	50
节水器具	1200 元/套	普通卫生器具	600 元/套	600	36

续表

实现绿建采取的措施	单价	标准建筑采用的常规技术和产品	单价	应用量/面积	增量成本（万元）
毛细管网末端	30 元/m³	风机盘管	15 元/m³	90000	135
PM₂.₅置换新风系统	300 万元/套	普通新风系统	220 万元/套	1	80
节能灯具	3.5 元/个	普通灯具	1 元/个	150000	37.5
全屋净水系统	3000 元/套	—	—	300	90
中置百叶遮阳	300 元/m²	普通遮阳	200 元/m²	8000	80
合计					609.8

4.5 总 结

项目因地制宜采用了绿色理念，主要技术措施总结如下：

（1）雨水回收系统＋海绵城市设计。降低场地的雨水径流，遵循生态优先等原则，将自然途径与人工措施相结合，最大程度地实现雨水在城市区域的积存、渗透和净化，促进雨水资源的利用和生态环境保护。

（2）地源热泵系统＋毛细管网辐射系统＋全置换新风系统。在实现建筑节能的同时，提高业主居住的舒适性，营造了健康宜居的生活环境。

（3）同层排水＋饮水处理。采用隐蔽式墙体安装方式，改善传统下排水带来的水流噪声。高端饮用水处理系统采用户式净水设备，有效去除水体悬浮物、颗粒物等，让业主饮用健康水源。

（4）隔音隔热系统＋Low-E 中空系统窗。窗户采用 Low-E 中空玻璃，内充惰性气体，断桥隔热、保温、超高隔声性能，既不影响室内的日照和采光，又可防止能量外泄。在实现隔声降噪的同时，有效减少运行能耗。

（5）智能家居＋高品质部品。营造高效、舒适、安全、便利、环保的居住环境，提供全方位的信息交互功能，帮助家庭与外部保持信息交流畅通，优化人们的生活方式，帮助人们有效安排时间，增强家居生活的安全性。

（6）工业化＋BIM 应用。采用 PC 技术，建筑单体预制率超过 30％。以建筑工程项目的各项相关信息数据作为模型的基础，建立建筑模型，通过数字信息仿真模拟建筑物所具有的真实信息。

（7）基于能耗管理平台的物业管理服务。物业单位可实现底层数据采集、项目数据整理、总部数据分析。

作者：寇宏侨 李 帆 谢琳娜（中国建筑科学研究院有限公司）

5 安纳巴 121 套高端房地产项目
5 Projet promotionnel 121 logements haut standing à Valmascort Annaba

5.1 项目简介

安纳巴 121 套高端房地产项目（Projet promotionnel de haut standing à Annaba），位于阿尔及利亚安纳巴省安纳巴市（36°54′N，7°46′E）Valmascort 地区，由 SPA ALGERIE BENAMOR CSCEC INVEST 投资建设，中国中建设计集团有限公司设计，中建阿尔及利亚公司负责施工建设，总占地面积 7312.47m²，总建筑面积 30136.34m²，2019 年 4 月获得中国绿建与 HQE 双认证，2019 年 4 月依据《绿色建筑评价标准》GB/T 50378—2014 获得绿色建筑设计标识二星级。

项目主要功能为住宅，主要由 4 栋楼构成，其中两栋为 10 层（建筑高度 31.80m），另外两栋为 15 层（建筑高度 47.55m），地下两层，主要功能为设备用房和地下车库，项目总建筑面积为 30136.34m²，其中地上建筑面积为 21895.15m²，地下建筑面积为 8241.19m²，共 121 套住宅及底层商业。包括 121 套住宅、143 个地下停车位及 1264m² 底层商业。效果图如图 7-5-1 所示，场地总平面图如图 7-5-2 所示。

图 7-5-1　项目效果图

图 7-5-2 场地总平面图

本项目 2018 年 9 月开工建设，预计 2020 年 7 月竣工交付。项目结合现代化建筑设计理念、绿色建筑要求，以及阿尔及利亚目标客户的需求，全力营造一个舒适、健康、安全的生态小区。本项目通过优化选址、土地集约利用、雨水径流控制、节水器具应用、分户采暖空调、节能照明等多项绿色建筑技术集成应用（表7-5-1），在非洲打造我国首个绿色建筑示范工程，成为我国绿色建筑评价技术"走出去"的标杆项目。

项目综合得分情况　　　　　　　　　　　　　　　　　表 7-5-1

项目	节地与室外环境	节能与能源利用	节水与水资源利用	节材与材料资源利用	室内环境质量	提高创新
满分	100	100	100	100	100	16
实际得分	75	43	56	52	54	0
不参评	3	16	14	30	19	0
折算得分	77.32	51.19	65.12	74.29	66.67	0
权重	0.21	0.24	0.20	0.17	0.18	1
权重得分	16.24	12.29	13.02	12.63	12.00	0
总分	66.18					

5.2　主要技术措施

5.2.1　标准因地制宜

本项目位于地中海南岸，地中海在北大西洋暖流和阿特拉斯山脉的共同作用下，形成了温暖湿润的气候。每年 8 月最热，最高气温 29℃，最低气温 22℃；1 月最冷，最高气温 15℃，最低气温 9℃。沿海为地中海式气候；山区属半干旱气候，多森林和草原；其他广大地区为热带沙漠气候，雨量少，夏季酷热。从气候条件、风土人情、历史文化、技术水平等诸多方面都与国内有很大差异，《绿色建筑评价标准》GB/T 50378—2014 部分条文在当地有一定的不适应性。

当地商品房以清水简装为主。本项目采用精装交付，配置包含厨卫、家电，显著提升了建筑交付水准，带动了当地建筑业的发展。

当地住宅普遍不采暖，本项目考虑到当地人普遍对冷感受度强，所以设置了户式采暖系统。

当地饮食，主食以面包牛奶为主，烹饪方式以蒸、煮为主，少有煎炒。当地高端商品房售价约 20~24 万第纳尔/m²，折合人民币约 11000~13000 元/m²。

阿尔及利亚位于非洲北部，根据联合国教科文组织 2000 年发布的研究报告，阿尔及利亚属于土壤氡浓度低背景区，土壤氡含量最大值为 140Bq/m³，AM 值为 30。当地也不具备土壤氡检测的条件。

安纳巴当地家庭一般人口较多，每个家庭有 3~4 个子女，每套住宅的使用人数不能按照 3.2 人/户。住宅人口采用卧室数量加 1 人的计算方法。即认为主卧 2 人，其他卧室 1 人。本项目共有住宅 121 套，由此算法，推断本项目有常住人口 816 人。

本项目属于地中海气候，冬季温暖湿润，夏季炎热干燥。当地无建筑节能相关标准，根据气候特点，可参照我国《夏热冬暖地区居住建筑节能设计标准》JGJ 75—2012 进行评价。

由于当地无卫生器具用水效率等级的相关规定，可参照《节水型生活用水器具》CJ/T 164 执行。当地政府部门未颁发过禁止和限制使用的建筑材料及制品目录。

5.2.2　节地与室外环境

本项目为安纳巴高端房地产开发项目，场地位于阿尔及利亚第二大城市安纳巴北部，当地海拔高度 42m，距离地中海沿岸 1.1km，距离市政厅 3.3km，属于传统居住区，场地内无洪灾、泥石流、风切变、抗震不利断裂带等地点。对项目地质情况进行了专项的勘察，项目地质结构稳定，无自然灾害。规划建设地块内原有部分民房，地块北侧有一清真寺，东临交通城市主干道 Rte de la BAIE des CORAILLEURS，交通便捷，场地南侧为规划其他住宅区建设用地，西侧为城市山丘公园，整个建筑风格与周边规划相协调，项目符合土地利用规划和城市总体规划，项目建设不占用基本农田、自然保护区以及风景名胜区等，同时周边也不存在需要特殊保护的珍贵文物、历史建筑和其他保护区等。本项目所在区域非自然保护区，无原始植被生长和珍贵野生动植物活动，处于人类开发活动范围内，区域生态系统敏感程度较低。

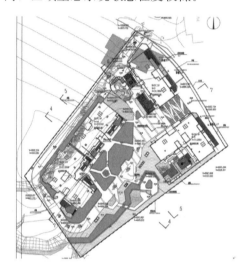

图 7-5-3　下凹绿地示意图

本项目结合当地环境节约集约利用土地，主要为 10～15 层中高层建筑，人均居住用地面积仅为 8.96m²，充分利用地下空间，地下两层，地下室主要功能有车库、底商、物业用房。同时结合地势，将底商设置为半地下室形式，充分利用自然采光（图 7-5-3）。

场地声环境达到 1 类和 2 类标准，场地入口距公交站仅 100m 左右，有三条公交线路往返于市中心区域。本项目结合场地地形，设置了直接通向室外的地下室，方便车辆出入，也减少土方开挖。场地周围配套服务设施完善，有小学、中学、医院、高校、银行、餐饮服务等各种公共服务实施。场地环境如图 7-5-4 所示。

图 7-5-4　场地环境

5.2.3 节能与能源利用

本项目位于安纳巴市，纬度与青岛相当，属于地中海气候，冬季温暖湿润，夏季炎热干燥。与贵阳、青岛、厦门对比，当地气候属于"厦门的冬天、贵阳的夏天"（表 7-5-2，图 7-5-5）。

温度对比 表 7-5-2

	一月最高	一月最低	七月最高	七月最低
安纳巴	16	8	30	21
贵阳	7	−2	28	21
厦门	16	10	32	26
青岛	3	−4	31	24

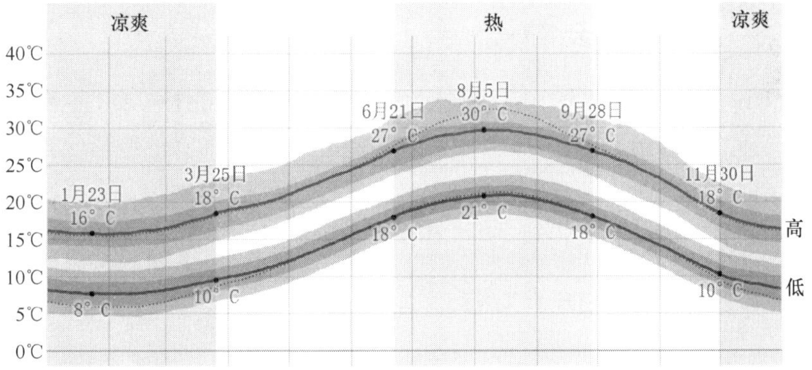

图 7-5-5 当地全年温度变化

在进行节能计算时，参照《夏热冬暖地区居住建筑节能设计标准》JGJ 75—2012 进行考察，重点关注建筑的遮阳情况，围护结构指标满足相应标准要求。空调末端采用分体空调＋分户燃气壁挂炉散热器采暖，各个住户可根据情况调节房间温度，有利于个性化控制和能耗计量。建筑户型方正通透（图 7-5-6），建筑立面设有通风口，且位置分布均匀，室内各功能空间均设有外门窗开启扇，能有效促进室内自然通风。

在过渡季和夏季主导风向情况下，该项目建筑各层主要功能空间均能形成较良好的自然通风，不存在明显的通风死角，主要房间空气龄均小于 600s，通风换气次数均大于 2 次/h，空气清新度较好。

本项目卧室、起居室、厨房和餐厅等均设有直接采光措施，采光效果良好。建筑照明采用 T5 和 T8 节能型荧光灯，同时通过采用分时、分区、声光控制等多种调节手段，达到节能效果。

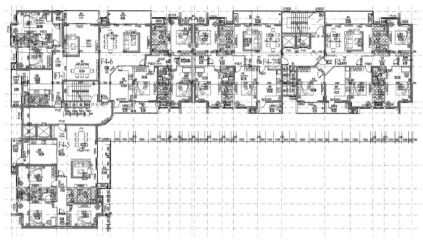

图 7-5-6　标准层平面图

5.2.4　节水与水资源利用

本项目设置有直饮水系统和自来水系统，由于当地市政自来水水压不稳定，本项目采用生活水箱＋变频水泵的供水方式，地下室设置有 1 个 130m³ 生活水箱，在楼顶设置有 1m³ 生活水箱。场地绿化灌溉采用喷灌技术，达到节水的目的。通过设置下凹绿地、降低场地径流，避免水土流失。卫生间采用同层排水，保证室内环境。

5.2.5　节材与材料资料利用

建筑造型要素简约，且无大量装饰性构件。材料全部采用当地建筑材料，混凝土和砂浆由相关供应商提供。采用预拌混凝土和可再循环材料，降噪声、降污染等多方面达到绿色建筑要求。施工现场如图 7-5-7 所示。

图 7-5-7　施工现场

本项目主楼基础采用平板型筏板基础，车库部分采用梁筏基础。筏形基础的特点：底面积大，可以减少基底压力，对地基土有更好的承载力，且能有效增强基础的整体性，调整不均匀沉降；能充分发挥地基承载力，整体性好，调整不均匀沉降，符合结构的受力特点。

四栋主楼采用剪力墙结构，车库部分采用框架结构体系。从建筑使用性和功能性上来讲，剪力墙结构体，整体性好，水平力作用下结构侧移小，没有梁柱等结构的外漏和突出。框架结构，其空间分隔灵活，自重轻，有利于抗震，节省材料；具有可以较灵活地配合建筑平面布置的优点，利于安排需要较大空间的建筑结构；框架结构的梁、柱构件易于标准化、定型化；采用现浇混凝土框架时，结构的整体性好、刚度较好，设计处理也能达到较好的抗震效果，而且可以把梁或柱浇筑成各种需要的截面形状。本项目结构依据阿尔及利亚及欧洲标准进行结构构件布置及设计，其设计规范要求及原则与中国规范不同，因此，本项目在满足建筑空间布置的前提下，其结构布置尽量减少混凝土的用量，且施工更加便利。

例如，在项目结构方案布置时，讨论了小梁砖楼板方案和现浇楼板方案的经济性，经过比较，现浇楼板方案较小梁砖楼板方案的混凝土用量高出 6.5%，但是，现浇楼板在施工工期方面更加有优势，经过与业主方的沟通讨论，最终选择了现浇楼板方案。结构构件的布置，本项目在满足抗震计算以及轴压比的情况下，尽量采用较小的混凝土等级及截面尺寸。竖向构件尺寸及混凝土强度，沿高度逐级减小，达到最优设计。

5.2.6 室内环境

厨房和卫生间单独设置排风系统（图 7-5-8），保证房间污染物不串通到其他房间，本项目室内安静，建筑构件隔声性能良好。项目户型方正，大开窗，室内通风良好，过渡季节充分利用自然风进行冷却。建筑间距超过 18m，房间视野良好，本项目通过分体空调和燃气壁挂炉对室内环境进行调节，实现房间温度个性

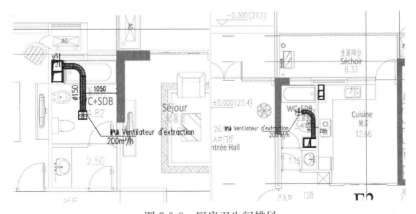

图 7-5-8　厨房卫生间排风

化控制。项目装修效果如图 7-5-9 所示。

图 7-5-9　装修效果

5.3　实　施　效　果

项目地理位置优越，气候条件得天独厚，交通便利，建筑户型通透，布局合理，窗地面积比超过 22%，外窗可开启面达到 30%，能满足建筑通风和采光的需求。

5.4　增量成本分析

项目应用了下凹绿地、节能电梯、节水器具等绿色建筑技术，提高了用电、用水等效率。其中采用节能灯具，照明功率密降低 20% 以上，采用二级节水器具，节水灌溉等技术，达到节水目的，经过统计，项目的增量成本为 189.025 万元，单位面积的增量成本为 62.72 元，如表 7-5-3 所示。项目预计 2020 年 7 月竣工，我们将进一步关注项目的运行情况。

增量成本统计　　　　　　　　　　　　表 7-5-3

实现绿建采取的措施	单价	标准建筑采用的常规技术和产品	单价	应用量/面积	增量成本（万元）
下凹绿地	500	常规绿地	100	1146.75	48.87
节能电梯	200000	普通电梯	150000	8 部	40

336

实现绿建采取的措施	单价	标准建筑采用的常规技术和产品	单价	应用量/面积	增量成本（万元）
减压装置	50	无减压阀	0	121	0.605
2级节水器具	4500	普通器具	1000	121	42.35
节能照明	20	普通照明	10	30136.34	60.2
合计					189.025

5.5　总　　结

本项目因地制宜采用了节水灌溉、精装修交付、整体厨卫、同层排水、节能照明、节能电梯等多项绿色理念。

本项目为首个非洲地区参照《绿色建筑评价标准》GB/T 50378—2014进行评价的绿色建筑项目，对我国绿色建筑标准体系更广的应用进行验证，推动了"一带一路"沿线国家中国工程标准的应用，传递了我国建筑领域绿色发展的理念，为我国绿色建筑标准体系全球化应用推广奠定了基础。

同时本项目也是首个"HQE-绿色建筑"中法双认证项目，促进了双方绿色建筑理念、技术体系、评价指标、工程应用等方面的相互了解，推动了我国绿色建筑评价工作的国际化。

作者：张　然　谢琳娜　刘茂林　寇宏侨　赵军凯　陈一傲（中国建筑科学研究院有限公司科技发展研究院）

6 京杭运河枢纽港扩容提升工程 1号楼、2号楼项目

6 Suqian Yang River Logistics Hub Building 1 & 2

6.1 项 目 简 介

京杭运河枢纽港扩容提升工程1号楼、2号楼项目位于江苏省宿迁市运河宿迁港产业园，由宿迁市运河港区开发有限公司和中电建建筑集团有限公司投资建设，深圳市华纳国际建筑设计有限公司单位设计，宿迁市运河港区开发有限公司运营，总占地面积12000m²，总建筑面积15400m²，2019年4月获得中国绿建与德国DGNB绿色建筑国际双认证，2019年4月依据《绿色建筑评价标准》GB/T 50378—2019获得绿色建筑标识三星级，依据《DGNB CORE 14》获得德国可持续建筑标识铂金级。

项目主要功能为办公，主要由1号楼和2号楼构成，效果图如图7-6-1所示。

图 7-6-1 京杭运河枢纽港扩容提升工程1号楼、2号楼项目效果图

6.2 主 要 技 术 措 施

本项目为运河宿迁港产业园绿色、低碳、生态示范楼，采用整体规划、空间组合和建筑单体的立意构思。室外利用多样性设计模式和"江南造园"的手法，增加建筑与自然的亲进度；室内打造高质量建筑内部空间环境品质，创造具有经济性与时代性的个性化优美空间。通过申报中国绿色建筑认证和德国 DGNB 可持续建筑认证，践行双认证中建筑的全生命周期、整体设计理念，对设计方案、项目记录、建筑功能性、建筑能效、舒适性以及环境健康有很大程度的提高。

本项目在规划初期即制定了中国绿色建筑三星级和德国 DGNB 铂金级的规划目标，在绿色建筑咨询单位招标工作中即明确了认证目标，并将服务要求落实在合同签订中，咨询单位提出综合能源计划，并优化了各项节能技术、可持续技术和适宜性技术。设计团队通过竞争性邀标完成。施工单位全过程采用 BIM 技术，根据 BIM 策划方案制定了详细的施工工作流程，极大地提高了施工工作效率，提升了工程质量。本项目组建了跨学科项目团队，在规划、设计、施工、运行中较好地执行了可持续目标。

6.2.1 安全耐久

本项目采用框架结构，建筑物抗震设防类别为丙类，抗震设防烈度为 8 度。其现浇混凝土全部使用预拌混凝土；100% 采用预拌砂浆。本项目 HRB400 钢筋占受力钢筋用量的百分比为 78%。本项目选用可再循环建筑材料和含有可再循环材料的建材制品，如钢材、玻璃、铜、铝合金、木材、石膏制品等，并注意其安全性和环境污染问题。本项目建筑材料可再循环材料的使用比例为 16.13 %。本项目高耐久性混凝土使用比例达到 60%。

同时，为节约用钢量，内墙采用轻钢龙骨石膏板轻质隔断（图 7-6-2），采用 75 轻钢隔墙龙骨＋石膏板作为隔墙材料，对内部空间重置时，不会对结构产生影响。考虑功能转换可能造成的荷载增加，结构工程按照计算荷载留有一定余量。

6.2.2 健康舒适

（1）可调节遮阳
本项目建筑造型和布局有利于各个朝向的房间利用自然采光。采用内置遮阳百叶一体化，将遮阳百叶内置于双层玻璃中间（图 7-6-3）。百叶帘的控制方式为手动，用户可根据需求随时控制百叶的开度、角度等，防止眩光。

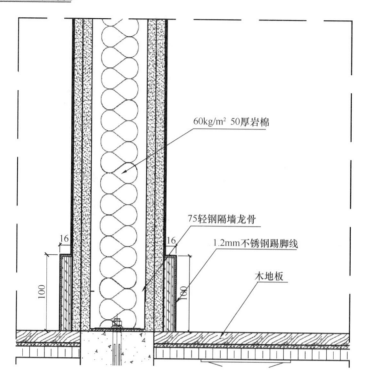

图 7-6-2 轻钢龙骨隔断

（2）人工照明优化

办公室采用石膏板暗藏灯带，防止室内眩光（图 7-6-4）。

图 7-6-3 内置遮阳百叶一体化

图 7-6-4 石膏板暗藏灯带

6.2.3 生活便利

（1）无障碍设计

在建筑基地范围内的人行通道、城市公共绿地及绿地入口设有无障碍盲道；

人行通路坡度≤2.5%，同时在人行通道、公共绿地及绿地入口等设有台阶的地方设有无障碍轮椅坡道和扶手。

在无障碍出入口、设有轮椅坡道的出入口及供轮椅通行的平台上方均设有雨篷；在建筑门厅及其他公共区域地面均采取防滑措施；建筑主入口为无障碍入口，入口处室外地面坡度≤2%；室内地面与室外平台高差15mm，并以斜面过渡。斜面由外墙外沿起，斜面长300mm，坡度5%。公共区域有轮椅通行的室内通道宽度、走道通道宽度≥1.2m，室外通道宽度≥1.5m。通道、走道及地面构造满足无障碍的使用要求和规范；在建筑主入口、主要房间入口及公共通道设有符合无障碍使用要求的平开门，单扇门宽1m，双扇门宽≥1.4m，满足无障碍的使用要求和规范。

（2）环境整治

本项目位于运河宿迁港产业园宿迁市运河中心港物流园公共智能仓储区。运河宿迁港产业园核心区控制性详细规划中已实施了多项环境补偿措施：①增加公园绿地和防护绿地；②开挖、疏浚拓宽河道、河道修复，提高河道调蓄能力的水系优化工作；③自然湿地和人工湿地有机设计；④绿地规划和景观风貌要素设计。本项目用地内还设计了屋顶花园休憩空间、室外场地乔灌草绿化及座椅区、室内树池、室内垂直绿化墙等措施。

（3）休闲及健身场所设计

本项目室外场地采用乔灌草复层绿化。室外景观有办公休闲区，有休息座凳。在1号楼和2号楼屋顶设屋顶花园及观景平台，全部屋顶可绿化面积为4878m²，屋顶绿化总面积为1669m²。屋顶绿化部分主要采用小灌木海桐球、红叶石楠、佛甲草、孔雀草、黑麦草等草植。屋顶设观景台，且1号楼屋顶花园与咖啡厅相连，设室外咖啡座椅，提供休憩空间（图7-6-5）。室内空间部分，1号

图7-6-5　屋顶观景平台及咖啡茶座

入口大厅设树池座椅，室内设垂直绿化墙。1号楼2层内部设有对外开放的餐厅和咖啡厅，且咖啡厅与二层裙楼屋顶部分形成休闲区域。1号楼6层设有乒乓球活动室和健身房。每层设有休息室。

6.2.4 资源节约

（1）建筑信息模型BIM应用

施工全过程采用BIM技术，根据BIM策划方案制定了详细的施工工作流程，包括但不限于对建筑、结构、机电、幕墙模型的建立，基于BIM图纸会审，BIM模型钢筋深化和损耗控制，二次结构排砖布置，碰撞检查，三维模拟演示，三维交底视频，BIM流水段划分及进度计划，材料统计，智检APP工程质量管理，物资统计，资料管理等，极大地提高了施工工作效率，节约建筑用钢材、混凝土量，减少了物料损耗，提升了工程质量。为实现1号楼和2号楼的绿色运维，建设方另委托技术服务单位提供能耗监测与分析模块系统，接入到本项目基于BIM技术的绿色运维管理平台。

（2）转化雨水产生的废水

宿迁属于暖温带季风气候区，年均气温14.2℃，降水分布不均，年均降水量910mm，对本项目给水排水进行了规划，并规划收集屋面、场地路面的雨水，经处理后回用于绿化灌溉、道路及广场浇洒、汽车冲洗用水等。根据水量平衡分析计算表，本项目场地雨水可收集水量为6260.15m³，根据实际需求，每年处理并回用的雨水量为2709.28m³。

（3）节水器具

卫生洁具采用节水型产品，其洁具和配件均按《节水型产品技术条件与管理通则》GB/T 18870执行，卫生器具和配件应符合行业标准《节水型生活用水器具》CJ 164的有关要求。

（4）可再生能源地源热泵系统

在可再生能源利用方面，综合考虑地热可用性、技术适宜性和投资成本，最终选用了地源热泵系统。进行了建筑能耗模拟，分析不同设计策略带来的节能量，如地源热泵系统。与建筑用能系统相关的围护结构传热系数，遮阳系数，冷源系统能效，照明优化，高效输送设备能效等技术要求已在不同设计阶段的各专业设计建议书中明确提出。在本项目用地上进行了地源热泵系统地埋管热响应测试，获得了垂直地埋管换热器的换热规律，地下土壤的热物性参数。测试结果表明，项目用地适宜应用地源热泵系统。此外，进行了动态热负荷计算，土壤热平衡计算，地下温度监测，还举行了多次地源热泵深化设计和审核的专家评审会，完善系统运行策略。项目选用1台螺杆式地源热泵机组（制冷1450kW，制热1487kW），并带有冷凝热回收功能，地源热泵供应部分夏季冷负荷、全部冬季热负荷，以及生活热水（夏季利用地源热泵热水后加热成预热水，由燃气热水炉加热至储热温度，供应温度60℃）。

（5）能耗分项测量及监测平台

本项目设置了分类、分项能耗监测平台，对分类和分项能耗数据进行实时采集，并实时上传至上一级数据中心。对1号楼和2号楼所有用能进行长期数据采集。计量数据具有数据通信功能，对电、水、燃气等设置分类计量。能耗监测系统计量表的精度不低于1.0级，电流互感器的精度不低于0.5级。业主另委托技术服务单位提供能耗监测与分析模块系统，接入到本项目基于BIM技术的绿色运维管理平台。为项目节能高效运行提供数据及策略支持。

6.2.5 公共艺术设计

公共艺术方面的设计主要包括：

（1）报告厅走廊沙雕墙：沙雕墙主旨为提炼宿迁运河文化，具有较强的故事性和趣味性，展示京杭大运河文化内涵（图7-6-6）。

图7-6-6 京杭运河文化沙雕墙

（2）全息投影（空中立体效果）技术：主要应用于本项目1号楼1层固定展厅中，利用干涉和衍射原理记录并再现展品真实的三维图像（图7-6-7）。

（3）LED显示屏：电梯厅LED显示屏可根据需要展示艺术作品。

（4）装饰画：本项目1号楼1层接待室，2层餐厅包间，5层接待室室内装修设计时均有装饰画的内容，提升建筑空间的品位和艺术性。

图7-6-7 全息投影展柜

6.3 实 施 效 果

6.3.1 自然采光利用及人工照明优化

采用 Ecotect 对自然采光的利用进行模拟，采光系数超过 2% 的有效面积比例超过了 50%。1 号楼和 2 号楼各类功能房间的窗地比、房间窗地比均满足 DIN5034 的要求。主要功能房间采用平板灯、石膏板暗藏灯带等人工照明方式，能够较好地防止眩光。根据眩光模拟分析报告模拟结果，各灯具组合类型的 UGR 值均满足标准要求。

6.3.2 高性能建筑围护结构

本项目的建筑设计符合国家现行节能标准《公共建筑节能设计标准》中的强制性条文，且其外墙、屋顶、楼板、外窗等的热工性能指标均比该标准要求提高 20% 以上；本项目对自然通风有代表性的主要功能房间在不同工况下进行室内自然通风模拟结果分析得出：夏季东南风向下，各户型室内通风效果非常好，气流组织分布较好，进风口速度稍大，可通过开启面积调节风速，此项目非常适合在夏季进行开窗自然通风。过渡季节东北偏东风主导下，各户型室内通风效果较好，气流组织分布也较好，满足自然通风要求。

6.3.3 可再生能源地源热泵系统

夏季冷热负荷均由地源热泵机组提供，地源热泵机组地下换热器的配置按照夏季冷负荷考虑。机组均采用部分冷凝热回收功能，夏季制冷时可以提供生活热水。

6.3.4 转化雨水产生的废水

根据水量平衡分析计算表，本项目场地雨水可收集水量为 $6260.15m^3$，根据实际需求，每年处理并回用的雨水量为 $2709.28m^3$。

6.3.5 建筑信息模型 BIM 应用

采用 BIM 建模（图 7-6-8），对钢筋进行深化，生成钢筋下料单，将钢筋损耗率控制在 1% 以内。对结构墙体进行精细化排砖，有效降低砌体的损耗，减少砌体材料下脚料的产生（图 7-6-9）。制定了废弃物减量化资源化计划，降低对环境的影响，如施工现场尺寸不符合砌筑的加气混凝土砌块粉碎后用于屋面找坡，在施工现场即完成了资源化利用。在整个施工阶段长期监测场地噪声，并采用 BIM 技术，对噪声实施在线监管，实现噪声精细化管理，监测与治理联动。

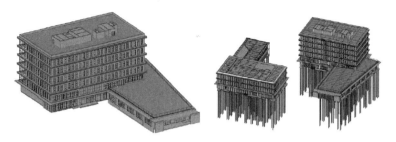

图 7-6-8   建筑模型及幕墙模型

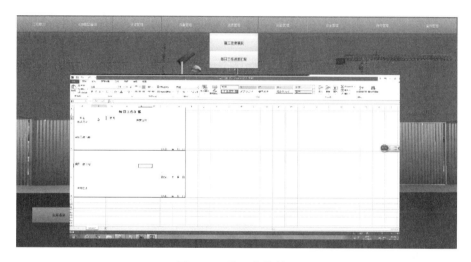

图 7-6-9   施工物资管理

6.4   增 量 成 本 分 析

项目应用了可再生能源地源热泵系统、LED 灯、雨水收集回收、节水喷灌、一体化内遮阳、室内环境监控系统等。项目非传统水源用水量 2643.61m³，非传统水源利用率 21.55％。空调总冷热负荷为 1950kW，地源热泵供冷热负荷为 1450kW，可再生能源提供的比例为 74.36％。绿色建筑增量成本为 287.87 万元，单位面积增量成本为 186.55 元，绿色建筑可节约的运行费用 35.68 万元/年。如表 7-6-1 所示。

增量成本统计

表 7-6-1

实现绿建采取的措施	单价	标准建筑采用的常规技术和产品	单价	应用量/面积	增量成本（万元）
地源热泵	450	常规空调	350	15431	1543109
LED 灯	8	普通灯具	6.5	15431	23146.635

实现绿建采取 的措施	单价	标准建筑采用的 常规技术和产品	单价	应用量/面积	增量成本 （万元）
喷灌	—	浇灌	—	套	239976.345
雨水回收系统	—	无	—	套	379668.02
一体化内遮阳	100	无	—	—	292800
室内污染物浓度监控系统	—	无	—	—	400000
合计					2878700

6.5 总 结

本项目为运河宿迁港产业园绿色、低碳、生态示范楼，采用整体规划、空间组合和建筑单体的立意构思。主要技术措施总结如下：

（1）被动式节能技术为核心，结合采光、通风、能耗等模拟优化，完善整个建筑的朝向选择、自然采光利用、自然通风性能设计。

（2）以主动式技术为辅助，加入环境修复、全寿命周期环境效益分析、可再生能源地源热泵系统、雨水收集回收、屋顶花园、室内环境监控、能耗分项计量、可拆卸式轻钢龙骨隔墙、双层玻璃夹百叶内墙隔断、内置遮阳一体化外窗、零排放环保建材等多项绿色技术和新型节能设备及产品。

（3）施工全过程采用BIM技术实现精细化管理和标准化管理，并在运行阶段搭建基于BIM模型的融合机电维护、能耗监测分析、空间信息管控、设备资产管理、建筑物理环境参数监测多模块的运维系统。

整个项目实现了从建筑全生命周期，即从规划设计到施工，再到运营维护，直至拆除为止的全过程内对环境效益、经济效益、社会效益的全面提升和对建筑质量及成本的有效控制。

作者：狄彦强 甘莉斯 张晓彤 李小娜 廉雪丽（中国建筑技术集团有限公司）

7 漳州市西湖生态园片区

7 Zhangzhou West Lake Ecological Area

7.1 项 目 简 介

漳州市西湖生态园片区项目位于福建省漳州市芗城区芝山镇，南起北江滨路，北至金峰水厂、迎宾西路、北环城路，东起惠民路，西至九龙江西溪，总用地面积约 4.92km²，规划人口约 8 万人。片区现状如图 7-7-1 所示。

项目紧邻九龙江西溪和圆山风景区，水系贯通、植被丰富，沿江岸线 3.8km，湖体总岸线约为 21km，同时片区整合原有水系和地形地貌、保留古树名木和文物古迹，为西湖的生态特色建设创造条件。项目于 2019 年 9 月获得国家绿色生态城区三星级规划设计标识。园区土地利用规划情况如图 7-7-2 所示。

图 7-7-1 城区现状卫星影像图

图 7-7-2 土地利用规划图

7.2 主要技术措施

西湖生态园片区项目的设计理念是引领漳州西部发展，以环湖为核心，营造自然生态优美、配套功能完善的市民公共休闲场所，打造集商务宜居、文化旅游、品质人文为一体的综合片区。

城区规划采用公交导向的混合用地开发模式，设置连续的开敞空间与通风廊道，制定了统一的城市设计理念；拥有优异的自然环境质量，丰富的自然景观和生态体验；制定了高标准的绿色建筑规划和完善的绿色建筑保障体系；具有发达高效的多样化公共交通系统，完善通达的绿色慢行交通系统；建设资源节约、环境友好的绿色生态城区。

7.2.1 土地利用

（1）公交导向的混合用地开发模式

本项目围绕厦漳城际轨道站点、有轨电车主站点和公交车主站点，以 400～800m（5～10min 步行路程）为半径进行土地混合开发，对周边土地的空间尺度、开发强度和混合利用度进行规划设计，设置主中心、次中心和组团中心，集办公、商业、文化、教育、居住等功能为一体，形成紧凑布局、混合使用的用地形态，实现以公交站点为核心组织的临近土地的综合利用。该模式有利于提高城区公交使用率，建立良好的步行和自行车交通环境，同时增加城区居民生活的便捷性。公交站点周边土地采用混合开发模式的比例达到99.03%。

（2）连续的开敞空间与通风廊道

本项目根据当地地理位置、气候、地形、环境等基础条件，考虑全年主导风向，进行了通风廊道规划。主级通风廊道遵循与主导风向走势基本平行原则布置，南北长轴方向主级通风廊道以片区范围内主次城市干道构成，东西向短轴方向主级通风廊道以主要开敞空间及城市快速路构成；次级通风廊道主要构成要素为城市次干道与局地绿化（包括地块内中心绿地与道路绿化）等，其布置路径多与"东西向风"主导风向平行，通风廊道的宽度不小于 50m，如图 7-7-3 所示。城区开敞空间以城市公园与郊野公园为主，均匀分布在整个城区各处，可达性较好，城市公园规模较大，连续性强，开敞空间辐射影响范围大。

（3）城市设计理念与策略

漳州市西湖生态园片区城市设计以现代商业商务办公与文化休闲旅游相结合，塑造以人为本、环境优先的新都市形象。设计尊重自然生态，塑造堤内堤外一体化的城市开放公共空间；同时配合功能布局，形成城市功能与自然景观相融合的城市形态，如图 7-7-4 所示。

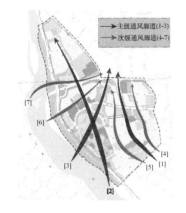

图 7-7-3 漳州生态园片区通风廊道

图 7-7-4 漳州西湖生态园片区效果

在城市设计中对重要景观控制界面、重要城市生活路径、公共空间标志性建筑、重要景观节点进行控制。建立了城市空间、景观环境、建筑形式的指导性指标，对人口容量、用地兼容性、出入口方位等加以引导和要求。

7.2.2 生态环境

（1）优异的自然环境质量

2018 年，漳州市西湖生态园区全年环境空气有效监测天数 365 天，达到或优于二级的天数 330 天，环境空气优良率平均值为 95.9％。PM$_{2.5}$ 日平均浓度小于 0.075mg/m³ 的天数为 362 天，年平均浓度为 0.032mg/m³。西湖湖区水质主要通过污染源控制及水生态系统构建技术，确保西湖水质达到Ⅳ类地表水标准，水体透明度达 1.2m 以上，水生植物覆盖率达 60％以上。区域声环境功能区达标率达到 100％。土壤氡浓度检测全部合格，场地土壤质量满足《土壤环境质量标准》GB 15618 的要求。

（2）丰富的自然景观和生态体验

本项目中心西湖的水体规划建设依托原始地形展开，并保留多个山丘，形成湖面、曲水、瀑布等多样的水体景观，同时，项目保护了三十余棵古树和多片生态林斑块，将水体景观和原有的生态植被密切结合，形成密林峡谷、林中湿地等植被景观。项目的绿地面积约为 241.63 公顷（包含水体 41 公顷），绿地率达到 42.3％。

（3）规范的环境控制措施

本项目编制了《漳州环境保护与生态环境建设规划》《漳州市西湖生态园片区海绵城市建设系统方案》《漳州市西湖生态园区垃圾管理措施》等规划。通过制定各类关于生态环境建设的规划控制措施，对西湖生态园片区的绿地、湿地、海绵城市建设、场地防洪、土壤污染、地表水质量、空气质量、噪声质量、垃圾分类处理等各个方面进行严格管理，保障城区生态环境质量的可持续发展。

7.2.3 绿色建筑

（1）高标准的绿色建筑建设

项目编制了《漳州市西湖生态园片区绿色建筑专项规划》，要求漳州市西湖生态园片区内新建民用建筑全面按一星级绿色建筑强制性标准建设，实现绿色建筑全覆盖；新建民用建筑中，要求获得二星级及以上绿色建筑标识认证的建筑面积比例达到 40％以上，获得三星级绿色建筑标识认证的建筑面积比例达到 4％以上；

国家机关办公建筑和政府投资的或以政府投资为主的公共建筑，获得二星级以上绿色建筑标识认证的建筑面积比例达到 100％；新建大型公共建筑（2 万 m^2 以上的办公、商场、医院、宾馆）中，获得二星级以上绿色建筑标识认证的建筑面积比例达到 50％以上，城区绿色建筑规划如图 7-7-5 所示。

（2）完善的绿色建筑保障体系

完善绿色建筑建设管理流程，建设管理部门分别对绿色生态专业规划环节、土地出让环节、地块建设环节以重点指标的

图 7-7-5 城区绿色建筑规划图

落地为最终目标，进行技术审核控制，实施创新的"环环相控"的技术监管模式。

建立绿色建筑信息管理系统平台，通过信息技术手段，全面提升城区绿色建筑的建设管理水平，并为城区规划、建设管理工作提供准确的统计数据。

制定实施管理办法，明确绿色建筑评价标识的责任主体和工作流程，从而指导和推动绿色建筑评价标识工作在西湖生态园的开展。

7.2.4 资源与碳排放

（1）低碳的城区建设

从建筑、产业、交通、基础设施、水资源、废弃物处理、景观绿化等方面建立了《漳州市西湖生态园片区减碳实施方案》，制定了减碳目标，并通过常规模式和低碳模式两种角度进行城区碳排放情景分析。预计规划年漳州西湖生态园城区人均碳排放量为 2.17 吨 CO_2/（人·年），人均碳排放量较 2018 年漳州市人均碳排放量降低 60％以上。

（2）高效的水资源利用

本项目编制了《漳州市西湖生态园片区水资源规划方案》，对城区进行雨水回收和中水利用。其中回用雨水用于绿化浇灌、道路冲洗、水景补水、洗车等；引入漳州西区污水处理厂的部分中水，用于规划区内公共建筑的冲厕用水。经计算，西湖生态园非传统水源利用率可达到8.9%。

（3）可再生能源的综合利用

根据《漳州西湖生态园片区低碳专项规划》要求，城区内12层及以下的住宅建筑应为全体住户配置太阳能热水系统；12层以上住宅建筑，应为顶部6层住户配置太阳能热水系统。公共建筑仅采用太阳能热水系统或空气源作为可再生能源时，供量应不小于建筑物生活热水量的80%。当仅采用地源热泵空调系统作为可再生能源时，其承担暖负荷的比例不少于20%（无稳定热负荷需求的建筑除外）。"十三五"以来，漳州市电源结构也实现了多元化，投产了一批光伏、风电、垃圾焚烧等非化石能源电厂。根据《漳州"十三五"能源发展专项规划》，预计2020年漳州市电源装机比例为煤电72.8%，清洁能源发电装机比例为27.2%，其中非水可再生能源（含光伏、生物质等）装机比例占12.8%。

规划年，城区可再生能源利用总量占一次能源消耗量总量的比例，可达到12.96%。

7.2.5 绿色交通

（1）发达高效的多样化公共交通系统

本项目由城际轨道、有轨电车、纯电动公交等构建多样化、高可达性的多层次融合公共交通网络系统。城际轨道——厦漳泉城际轨道R3线，是实现厦门、漳州和泉州之间快速联系的公共交通干线，是新城居民和游客进出新城的主要公交方式；有轨电车线路环绕西湖园区的核心区域，作为西湖生态园内部的主要交通方式，将快速联系生态园区内部核心景观区域、人流聚集区域以及公共服务设施的公共交通通道，同时提升园区景观和城市形象；常规公交采用纯电动公交系统，布局规划合理，实现公交同轨道交通站点、重要枢纽的高效接驳。城区公共交通规划如图7-7-6所示。

图 7-7-6　城区公共交通规划图

（2）完善通达的绿色慢行交通系统

本项目通过公共空间系统、滨水步道系统、空中步行系统、街道层步行系统4大系

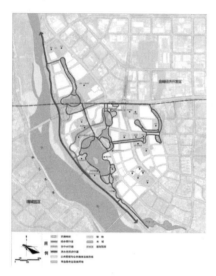

图 7-7-7　城区慢行系统规划图

统，结合漳州中心城区的绿道系统，建立完善通达的慢行交通系统。慢行交通系统与公共交通设施便捷接驳，与城市建筑的功能组织和空间布局有机衔接，与周边自然景观、公共场所和建筑空间相融合，同时将绿道系统融合于其中，兼顾休闲观光与城市通勤要求，形成景观丰富、便捷舒适，成环成网的城市慢行交通系统。综合慢行道和滨水休闲步行道，总长度达22.3km，如图 7-7-7 所示。

（3）灵活的公共停车系统

公共停车场的布局符合"小型、分散、就近服务"的原则。鼓励采用地下、地上多层停车楼、机械停车库等多种方式。根据规划区功能与用地布局，规划主要结合绿地、公建设施、邻里中心等空间布设公共停车场，共规划设置了 18 处公共停车场。

根据《漳州市中心城区电动汽车充电基础设施专项规划（2018—2020）》，西湖生态园片区内充电桩设施，以配建停车场设置为主，公共停车场为辅，共设置公共充电桩 508 个。

7.2.6　信息化管理

充分利用现代化信息技术手段与新兴服务模式，整合信息中心、交通部门、交管部门、城建部门、测绘部门、气象部门和公交企业等多部门资源，建立漳州西湖生态园片区绿色基础设施信息化管理平台，包括城区能源与碳排放信息管理系统、绿色建筑建设信息管理系统、智慧公共交通信息平台、公共安全系统、环境监测系统、水务信息管理系统、道路监控与交通管理信息系统、停车管理信息系统、市容卫生管理信息系统、园林绿地信息化管理系统、地下管网信息管理系统、道路与景观照明节能控制系统等。平台规划设置在西湖之湖心岛建筑内，与西湖景观工程同步进行设计和建设，将是整个绿色生态城区的数据中心，同时作为该片区重要的展示平台，展示绿色生态城区规划设计和建设背景、理念、技术和策略。

7.2.7　产业与经济

（1）城区产业定位

漳州西湖生态园片区拟构建"一心一带三区"的产业空间发展框架体系。

"一心"：环湖核心，位于金湖路以西、北仓路以北，由商业商务功能核心、文化休闲功能核心、交通功能核心组成。"一带"：西溪滨水生态旅游产业带。"三区"：包括按照产业布局形成的东片区、南片区、北片区三个不同功能板块，如图 7-7-8 所示。根据规划目标，规划年城区的单位地区生产总值能耗为 0.104 吨标煤/万元 GDP，城区能耗年均进一步降低率达到 2.1%；规划年或考核年被评价城区的单位地区生产总值水耗：63.71m³/万元 GDP，城区水耗年均进一步降低率为 3.4%。

图 7-7-8　城区产业布局结构图

（2）城区产业结构与产城融合

预计规划年城区生产总值 80.36 亿元，第三产业增加值为 53.9 亿元，第三产业增加值占地区生总的比重达 67%。预计规划年城区能提供约 6 万个就业岗位，城区在就业居人口居住数量约为 8 万人，职住平衡比约为 0.75，能较好地实现职住平衡。

（3）城区特色产业

依托片区生态果林植被资源优势，在龙眼山公园建设环湖生态农业观光带、休闲农场、科普教育农园等设施，实现"生态西湖＋特色农业＋休闲观光＋健康养生＋农耕文化"的发展模式，城区内规划有都市农业区域，面积约为 5000m²，地块用地面积占整个城区的比例为 1.02‰。

7.2.8　人文

（1）以人为本的设计理念

漳州西湖生态园片区的规划建设鼓励公众的参与，参与形式主要包括：方案和规划公示、市政府汇报会、规划小组讨论会、现场实地调研考察；参与机构包含政府机构、非政府机构、专业机构和居民等。公众可以参与规划设计的全过程。网上方案和规划公示让公众实时了解西湖生态园区的规划建设动态。

（2）养老服务体系

漳州西湖生态园片区内的市、区级公共配套设施依据《漳州中心城区管理单元控制性详细规划》《漳州市中心城区公共服务设施专项规划（2013—2030）》的要求进行设置。其中包括综合医院（200 床）、老年专科医院（120 床）、芗城区养老院（300 床养老院＋250 床养护院）。同时，西湖生态园 7 个社区内每个社区配置 1 处邻里中心，每处邻里中心都配备卫生养老设施。千人养老床位数达到了

111 张，远远高于《绿色生态城区评价标准》中 40 张的要求。

（3）绿色教育

城区内共设有 9 所中小学，其中小学 5 处，中学 4 处，如图 7-7-9 所示。漳州一中高中部计划参评三星级绿色建筑，其余 8 所中小学计划参评二星级绿色建筑，规划取得绿色校园认证比例达到 100%。

同时拟构建湖心岛绿色展示平台，设立绿色生态展示馆向公众展示和介绍绿色生态城区规划设计和建设的背景、理念、技术和策略，普及绿色生态和节能减排相关知识，引导公众践行绿色生活。绿色生态展览馆如图 7-7-10 所示。

图 7-7-9　城区中小学规划图

图 7-7-10　绿色生态展览馆意向效果图

7.3　实　施　效　果

漳州西湖生态园片区在土地利用方面，采取混合开发的站点数量占总交通站点数量的比例为 99.03%，道路网总密度为 8.54km/km^2，生态环境方面，年径流总量控制率为 75%，节约型绿地占比为 63.71%，全年空气质量优良日为 95.9%，$PM_{2.5}$ 日平均浓度达标天数为 362 天，本项目模拟热岛强度为 0.8℃。

绿色建筑方面，新建二星级及以上绿色建筑面积比例为 43.72%。

资源与碳排放利用方面，城区供水管网漏损率≤8%，非传统水源利用率≥8%，可再生能源利用总量占城区一次能源消耗量的比例达到 12.96%。

绿色交通方面，绿色交通出行率为 76%，共规划设置 18 处公共停车场，机动车停车位数量为 2723，停车场采用地下停车或立体停车的停车位占总停车位的比例为 90%，新建住宅配建停车位预留电动车充电设施安装条件的比例为 100%。

人文方面，城区养老千人床位数为 110.95 床，拟构建湖心岛绿色展示平台，进行绿色教育宣传。

提高与创新方面，城区绿道总长度达 22.3km。

7.4 社会经济效益分析

漳州市西湖生态园片区规划建设全寿命周期内，最大限度地节约资源（节能、节地、节水、节材），保护环境和减少污染。通过对能源需求分析、常规能源系统优化、建筑节能规划和可再生能源规划的途径来实现对可再生能源、清洁能源的综合利用。城区可再生能源利用总量占城区一次能源消耗量的比例达到 12.96%，建筑设计能耗降低 10% 的新建建筑面积比例达到 75% 以上。2020 年西湖生态园城区预计单位 GDP 碳排放量为 0.229 吨 CO_2/万元·年，相比漳州市 2020 年碳排放强度目标（单位 GDP 碳排放量为 0.727 吨 CO_2/万元·年），降低 68.5%。

7.5 总　　结

西湖生态园片区匹配漳州市"田园都市、生态之城"绿色发展理念，采用公交导向的混合用地开发模式、全面的地下空间开发、合理设置通风廊道改善城区热环境。制定了详细的环境控制措施，建设完善的雨水利用设施、垃圾分类处理流程以及环境保护措施，保证城区优异的自然环境质量和丰富的自然景观和生态体验。城区设置了高标准的绿色建筑建设要求和完善的绿色建筑实施和保障机制。编制了高效的水资源利用规划、高效的可再生能源综合利用规划，推进低碳排放城区的建设。通过建设发达高效的多样化公共交通系统、完善通达的绿色慢行交通系统以及完善的公共停车系统，引导城区居民绿色出行。城区建设全面的信息化管理系统，制定了详细的城区产业规划，优化城区产业结构，实现资源节约环境友好的发展。同时，本着"以人为本"的设计理念，城区建立了完善的养老服务体系，倡导绿色生活和绿色消费方式。

漳州市西湖生态园片区项目能够有效节地、节水、节能，产生很好的经济和社会效益，将建设成为符合"大力节约能源资源，加快建设资源节约型、环境友好型社会"要求的片区，对于提升建筑综合体的整体水平具有重要的示范意义。

作者：葛　坚[1]　赖绍雄[2]　林美凤[2]　陆　江[3]　罗晓予[1]（1. 浙江大学；2. 福建漳州城投集团有限公司；3. 浙江科技学院）

附录篇

Appendix

附录1 中国城市科学研究会绿色建筑与节能专业委员会简介

Appendix 1 Brief introduction to CSUS'S Green Building Council

中国城市科学研究会绿色建筑与节能专业委员会（简称：中国城科会绿建委，英文名称 CSUS'S Green Building Council，缩写为 China GBC）于 2008 年 3 月正式成立，是经中国科协批准，民政部登记注册的中国城市科学研究会的分支机构，是研究适合我国国情的绿色建筑与建筑节能的理论与技术集成系统、协助政府推动我国绿色建筑发展的学术团体。

成员来自科研、高校、设计、房地产开发、建筑施工、制造业及行业管理部门等企事业单位中从事绿色建筑和建筑节能研究与实践的专家、学者和专业技术人员。本会的宗旨：坚持科学发展观，促进学术繁荣；面向经济建设，深入研究社会主义市场经济条件下发展绿色建筑与建筑节能的理论与政策，努力创建适应中国国情的绿色建筑与建筑节能的科学技术体系，提高我国在快速城镇化过程中资源能源利用效率，保障和改善人居环境，积极参与国际学术交流，推动绿色建筑与建筑节能的技术进步，促进绿色建筑科技人才成长，发挥桥梁与纽带作用，为促进我国绿色建筑与建筑节能事业的发展做出贡献。

本会的办会原则：产学研结合、务实创新、服务行业、民主协商。

本会的主要业务范围：从事绿色建筑与节能理论研究，开展学术交流和国际合作，组织专业技术培训，编辑出版专业书刊，开展宣传教育活动，普及绿色建筑的相关知识，为政府主管部门和企业提供咨询服务。

一、中国城科会绿建委（以姓氏笔画排序）

主　　任：王有为　中国建筑科学研究院有限公司顾问总工
副 主 任：王清勤　中国建筑科学研究院有限公司副总经理
　　　　　王建国　中国工程院院士、东南大学建筑学院原院长
　　　　　毛志兵　中国建筑股份有限公司总工程师
　　　　　尹　稚　北京清华同衡规划设计研究院有限公司技术顾问
　　　　　叶　青　深圳建筑科学研究院股份有限公司董事长

江　亿　中国工程院院士、清华大学教授

李百战　重庆大学城市土木工程学院教授

吴志强　中国工程院院士、同济大学副校长

张　桦　华东建筑集团股份有限公司总裁

朱　雷　上海市建筑科学研究院（集团）总裁

修　龙　中国建设科技集团有限公司董事长

副 秘 书 长：李　萍　原建设部建筑节能中心副主任

常卫华　中国建筑科学研究院有限公司科技标准处副处长

李丛笑　中建科技集团有限公司副总经理

许桃丽　中国建筑科学研究院有限公司科技标准处原副处长

主 任 助 理：戈　亮　李大鹏

通 讯 地 址：北京市海淀区三里河 9 号住建部大院中国城科
会办公楼二层 205

电　　　话：010-58934866　010-88385280

公　众　号：中国城科会绿建委

E-mail：Chinagbc2008@chinagbc. org. cn

二、地方绿色建筑相关社团单位

广西建设科技与建筑节能协会绿色建筑分会

会　　　长：广西建筑科学研究设计院副院长　朱惠英

秘 书 长：广西建设科技与建筑节能协会　韦爱萍

通 讯 地 址：南宁市金湖路 58 号广西建设大厦 2407 室　530028

深圳市绿色建筑协会

会　　　长：中建科工集团有限公司董事长　王宏

秘 书 长：深圳市建筑科学研究院股份有限公司董办助理主任　王向昱

通 讯 地 址：深圳市福田区上步中路 1043 号深勘大厦 613 室　518028

四川省土木建筑学会绿色建筑专业委员会

主　　　任：四川省建筑科学研究院有限公司董事长　王德华

秘 书 长：四川省建筑科学研究院有限公司建筑节能研究所所长　于忠

通 讯 地 址：成都市一环路北三段 55 号 610081

中国绿色建筑委员会江苏省委员会（江苏省建筑节能协会）

会　　　长：江苏省住房和城乡建设厅科技处原处长　陈继东

秘 书 长：江苏省建筑科学研究院有限公司总经理　刘永刚

通 讯 地 址：南京市北京西路 12 号　210008

厦门市土木建筑学会绿色建筑分会

　　会　　　长：厦门市土木建筑学会　何庆丰

　　秘　书　长：厦门市建筑科学研究院有限公司　彭军芝

　　通 讯 地 址：厦门市美湖路 9 号一楼　361004

福建省土木建筑学会绿色建筑与建筑节能专业委员会

　　主　　　任：福建省建筑设计研究院总建筑师　梁章旋

　　秘　书　长：福建省建筑科学研究院总工　黄夏冬

　　通 讯 地 址：福州市通湖路 188 号 350001

　　　　　　　　福州市杨桥中路 162 号　350025

福建省海峡绿色建筑发展中心

　　理　事　长：福建省建筑科学研究院总工　侯伟生

　　秘　书　长：福建省建筑科学研究院总工　黄夏东

　　通 讯 地 址：福州市杨桥中路 162 号　350025

山东省土木建筑学会绿色建筑与（近）零能耗建筑专业委员会

　　主　　　任：山东省建筑科学研究院绿色建筑分院院长　王昭

　　秘　书　长：山东省建筑科学研究院绿色建筑研究所所长　李迪

　　通 讯 地 址：济南市无影山路 29 号　250031

辽宁省土木建筑学会绿色建筑专业委员会

　　主　　　任：沈阳建筑大学教授　石铁矛

　　秘　书　长：沈阳建筑大学教授　顾南宁

　　通 讯 地 址：沈阳市浑南区浑南东路 9 号　110168

天津市城市科学研究会绿色建筑专业委员会

　　主　　　任：天津市城市科学研究会理事长　王建廷

　　常务副主任：天津市建筑设计院副院长　张津奕

　　秘　书　长：天津城建大学经管学院院长　刘戈

　　通 讯 地 址：天津市西青区津静路 26 号　300384

河北省土木建筑学会绿色建筑与超低能耗建筑学术委员会

　　主　　　任：河北省建筑科学研究院有限公司总工　赵士永

　　秘　书　长：河北省建筑科学研究院有限公司副主任　康熙

　　通 讯 地 址：河北省石家庄市槐安西路 395 号　050251

中国绿色建筑与节能（香港）委员会

　　主　　　任：香港中文大学教授　邹经宇

　　副 秘 书 长：香港中文大学中国城市住宅研究中心　苗壮

　　通 讯 地 址：香港中文大学利黄瑶璧楼 507 室

重庆市绿色建筑与建筑产业化协会绿色建筑专业委员会

    主   任：重庆大学土木工程学院教授 李百战

    秘 书 长：重庆大学土木工程学院教授 丁勇

    通 讯 地 址：重庆市沙坪坝区沙北街 83 号 400045

湖北省绿色建筑与节能专业委员会

    主   任：湖北省建筑科学研究设计院股份有限公司总经理 杨锋

    秘 书 长：湖北省建筑科学研究设计院股份有限公司 丁云

    通 讯 地 址：武汉市武昌区中南路 16 号 430071

上海绿色建筑协会

    会   长：甘忠泽

    副会长兼秘书长：许解良

    通 讯 地 址：上海市宛平南路 75 号 1 号楼 9 楼 200032

安徽省建筑节能与科技协会

    会   长：项炳泉

    秘 书 长：叶长青

    通 讯 地 址：合肥市包河区紫云路 996 号 230091

郑州市城科会绿色建筑专业委员会

    主   任：郑州交运集团原董事长 张遂生

    秘 书 长：郑州市沃德空调销售公司经理 曹力锋

    通 讯 地 址：郑州市淮海西路 10 号 B 楼二楼东 450006

广东省建筑节能协会

    会   长：华南理工大学教授 赵立华

    通 讯 地 址：广州市天河区五山路 381 号华南理工大学建筑节能研究中心旧

               楼 510640

广东省建筑节能协会绿色建筑专业委员会

    主   任：广东省建筑科学研究院集团股份有限公司副总经理 杨仕超

    秘 书 长：广东省建筑科学研究院集团股份有限公司节能所所长 吴培浩

    通 讯 地 址：广州市先烈东路 121 号 510500

内蒙古绿色建筑协会

    理 事 长：内蒙古城市规划市政设计研究院院长 杨永胜

    秘 书 长：内蒙古城市规划市政设计研究院副院长 王海滨

    通 讯 地 址：呼和浩特市如意开发区四维路西蒙奈伦广场 4 号楼 505 010070

陕西省建筑节能协会

    会   长：陕西省住房和城乡建设厅原副巡视员 潘正成

    常务副会长：陕西省建筑节能与墙体材料改革办公室原总工 李玉玲

秘　书　长：曹军

通 讯 地 址：西安市东新街 248 号新城国际 B 座 10 楼　700004

河南省生态城市与绿色建筑委员会

主　　　任：河南省城市科学研究会副理事长　高玉楼

通 讯 地 址：郑州市金水路 102 号　450003

浙江省绿色建筑与建筑节能行业协会

秘　书　长：浙江省建筑设计研究院绿色建筑工程设计院院长　朱鸿寅

通 讯 地 址：杭州市下城区安吉路 20 号　310006

中国建筑绿色建筑与节能委员会

会　　　长：中国建筑工程总公司副总经理　宋中南

副　会　长：中建科技有限公司副总经理　李丛笑

秘　书　长：中国建筑工程总公司科技与设计管理部副总经理　蒋立红

通 讯 地 址：北京市海淀区三里河路 15 号中建大厦 B 座 8001 室　100037

宁波市绿色建筑与建筑节能工作组

组　　　长：宁波市住建委科技处处长　张顺宝

常务副组长：宁波市城市科学研究会副会长　陈鸣达

通 讯 地 址：宁波市江东区松下街 595 号　315040

湖南省建设科技与建筑节能协会绿色建筑专业委员会

主　　　任：湖南省建筑设计院总建筑师　殷昆仑

秘　书　长：黄洁

通 讯 地 址：长沙市高升路和馨佳园 2 栋 204　410116

黑龙江省土木建筑学会绿色建筑专业委员会

主　　　任：国家特聘专家、英国皇家工程院院士　康健

常务副主任：　哈尔滨工业大学建筑学院教授　金虹

秘　书　长：哈尔滨工业大学建筑学院教授　赵运铎

通 讯 地 址：哈尔滨市南岗区西大直街 66 号　150006

中国绿色建筑与节能（澳门）协会

会　　　长：四方发展集团有限公司主席　卓重贤

理　事　长：汇博顾问有限公司理事总经理　李加行

通 讯 地 址：澳门友谊大马路 918 号，澳门世界贸易中心 7 楼 B-C 座

大连市绿色建筑行业协会

会　　　长：大连亿达集团有限公司副总裁　秦学森

常务副会长兼秘书长：徐红

通 讯 地 址：辽宁省大连市沙河口区东北路 99 号亿达广场 4 号楼三楼　116021

北京市建筑节能与环境工程协会生态城市与绿色建筑专业委员会

  会   长：北京市住宅建筑设计研究院有限公司董事长 李群

  秘 书 长：北京市住宅建筑设计研究院副院长 胡颐蘅

  通讯地址：北京市东城区东总布胡同5号 100005

甘肃省土木建筑学会节能与绿色建筑学术委员会

  主任委员：兰州市城市建设设计研究院院长 李得亮

  常务副主任委员：兰州市城市建设设计研究院副院长 金光辉

  秘 书 长：兰州市城市建设设计研究院副总工程师 侯文虎

  通讯地址：兰州市七里河区西津东路120号 730050

东莞市绿色建筑协会

  会   长：广东维美工程设计有限公司董事长 邓建军

  秘 书 长：叶爱珠

  通讯地址：广东省东莞市南城区新基社区城市风情街

     原东莞市地震局大楼1楼 523073

三、绿色建筑专业学术小组

绿色工业建筑组

  组   长：机械工业第六设计研究院有限公司副总经理 李国顺

  副 组 长：中国建筑科学研究院国家建筑工程质量监督检验中心主任

     曹国庆

     中国电子工程设计院科技工程院院长 王立

  联 系 人：机械工业第六设计研究院有限公司副院长 许远超

绿色智能组

  组   长：上海延华智能科技（集团）股份有限公司董事、联席总裁

     于兵

  副 组 长：同济大学浙江学院教授、实验中心主任 沈晔

  联 系 人：上海延华智能科技（集团）股份有限公司总裁办主任 叶晓磊

绿色建筑规划设计组

  组   长：华东建筑集团股份有限公司总裁 张桦

  副 组 长：深圳市建筑科学研究院股份有限公司董事长 叶青

     浙江省建筑设计研究院副院长 许世文

  联 系 人：华东建筑设计集团股份有限公司上海建筑科创中心副主任

     瞿燕

绿色建材与设计组

  组   长：中国中建设计集团有限公司总建筑师 薛峰

　常务副组长：中国建筑科学研究院建筑材料研究所副所长　黄靖

　副　组　长：北京国建信认证中心总经理　武庆涛

　联　系　人：中国建筑科学研究院建筑材料研究所副研究员　何更新

零能耗建筑与社区专业组

　组　　　长：中国建筑科学研究院建筑环境与节能研究院院长　徐伟

　副　组　长：北京市建筑设计院设备总工　徐宏庆

　联　系　人：中国建筑科学研究院建筑环境与节能研究院高工　陈曦

绿色建筑理论与实践组

　组　　　长：清华大学建筑学院教授　袁镔

　常务副组长：清华大学建筑学院教授、所长　宋晔皓

　副　组　长：华中科技大学建筑与城市规划学院教授　李保峰

　　　　　　　绿地集团教授级高工、总建筑师　戎武杰

　　　　　　　东南大学建筑学院教授、院长　张彤

　　　　　　　北方工业大学建筑学院教授、教务长　贾东

　　　　　　　华南理工大学建筑学院教授　王静

　联　系　人：深圳大学、清华大学　丁建华　周正楠　朱宁

绿色施工组

　组　　　长：北京城建集团总工程师　张晋勋

　副　组　长：北京住总集团有限公司总工程师　杨健康

　　　　　　　中国土木工程学会工程咨询委员会秘书长　梁冬梅

　联　系　人：北京城建集团四公司总工程师　彭其兵

绿色校园组

　组　　　长：中国工程院院士、同济大学副校长　吴志强

　副　组　长：沈阳建筑大学教授　石铁矛

　　　　　　　苏州大学金螳螂建筑与城市环境学院院长　吴永发

湿地与立体绿化组

　组　　　长：北京市植物园原园长　张佐双

　副　组　长：中国城市建设研究院有限公司城乡生态文明研究院院长　王香春

　　　　　　　北京市园林科学研究院景观所所长　韩丽莉

　副组长兼联系人：中国建筑股份有限公司技术中心环境工程研究室主任
　　　　　　　王珂

绿色轨道交通建筑组

　组　　　长：北京城建设计发展集团股份有限公司总经理　王汉军

　副　组　长：北京城建设计发展集团副总建筑师　刘京

中国地铁工程咨询有限责任公司副总工程师　吴爽

绿色小城镇组

组　　　长：清华大学建筑学院副院长　朱颖心

副　组　长：中建科技集团有限公司副总经理　李丛笑

联　系　人：清华大学建筑学院教授　杨旭东

绿色物业与运营组

组　　　长：天津城市建设大学副校长　王建廷

副　组　长：新加坡建设局国际开发署高级署长　许麟济

天津天房物业有限公司董事长　张伟杰

中国建筑科学研究院环境与节能工程院副院长　路宾

广州粤华物业有限公司董事长、总经理　李健辉

天津市建筑设计院总工程师　刘建华

绿色建筑软件和应用组

组　　　长：建研科技股份有限公司副总裁　马恩成

副　组　长：清华大学教授　孙红三

欧特克软件（中国）有限公司中国区总监　李绍建

联　系　人：北京构力科技有限公司经理　张永炜

绿色医院建筑组

组　　　长：中国建筑科学研究院有限公司建筑环境与能源研究院副院长
邹瑜

副　组　长：中国中元国际工程有限公司医疗建筑设计院院长　李辉

天津市建筑设计院正高级建筑师　孙鸿新

联　系　人：中国建筑科学研究院有限公司建筑环境与能源研究院副研究员
袁闪闪

建筑室内环境组

组　　　长：重庆大学土木工程学院教授　李百战

副　组　长：清华大学建筑学院教授　林波荣

西安建筑科技大学副主任　王怡

联　系　人：重庆大学土木工程学院教授　丁勇

绿色建筑检测学组

组　　　长：中国建筑科学研究院有限公司国家建筑工程质量监督检验中心
主任　王霓

联　系　人：中国建筑科学研究院有限公司国家建筑工程质量监督检验中心
绿色与健康检测所所长　袁扬

四、绿色建筑基地

北方地区绿色建筑基地
    依托单位：中新（天津）生态城管理委员会
华东地区绿色建筑基地
    依托单位：上海市绿色建筑协会
南方地区绿色建筑基地
    依托单位：深圳市建筑科学研究院有限公司
西南地区绿色建筑基地
    依托单位：重庆市绿色建筑专业委员会

五、国际合作交流机构

中国城科会绿色建筑与节能委员会日本事务部
Japanese Affairs Department of China Green Building Council
    主　　　任：北九州大学名誉教授　黑木莊一郎
    常务副主任：日本工程院外籍院士、北九州大学教授　高伟俊
    办 公 地 点：日本北九州大学
中国城科会绿色建筑与节能委员会英国事务部
British Affairs Department of China Green Building Council
    主　　　任：雷丁大学建筑环境学院院长、教授　Stuart Green
    副　主　任：剑桥大学建筑学院前院长、教授　Alan Short
　　　　　　　　卡迪夫大学建筑学院前院长、教授　Phil Jones
    秘　书　长：重庆大学教育部绿色建筑与人居环境营造国际合作联合实验室
　　　　　　　　主任、雷丁大学建筑环境学院教授　姚润明
    办 公 地 点：英国雷丁大学
中国城科会绿色建筑与节能委员会德国事务部
German Affairs Department of China Green Building Council
    副主任（代理主任）：朗诗欧洲建筑技术有限公司总经理、德国注册建筑师
　　　　　　　　陈伟
    副　主　任：德国可持续建筑委员会-DGNB首席执行官　Johannes Kreissig
　　　　　　　　德国 EGS-Plan 设备工程公司/设能建筑咨询（上海）有限公司
　　　　　　　　总经理　Dr. Dirk Schwede
    秘　书　长：费泽尔·斯道布建筑事务所创始人/总经理　Mathias Fetzer
    办 公 地 点：朗诗欧洲建筑技术有限公司（法兰克福）

中国城科会绿色建筑与节能委员会美东事务部

China Green Building Council North America Center (East)

    主　　　任：美国普林斯顿大学副校长　Kyu-Jung Whuang

    副　主　任：中国建筑美国公司高管　Chris Mill

    秘　书　长：康纳尔大学助理教授　华颖

    办 公 地 点：美国康奈尔大学

中美绿色建筑中心

U. S. -China Green Building Center

    主　　　任：美国劳伦斯伯克利实验室建筑技术和城市系统事业部主任 Ma-
                ry Ann Piette

    常务副主任：美国劳伦斯伯克利实验室国际能源分析部门负责人　周南

    秘　书　长：美国劳伦斯伯克利实验室中国能源项目组　冯威

    办 公 地 点：美国劳伦斯·伯克利国家实验室

中国城科会绿色建筑与节能委员会法国事务部

French Affairs Department of China Green Building Council

    主　　　任：法国绿色建筑认证中心总裁　Patrick Nossent

    副　主　任：法国建筑科学研究院国际事务部主任　Bruno Mesureur

             法国绿色建筑委员会主任　Anne-Sophie Perrissin-Fabert

             中建阿尔及利亚公司总经理　周圣

             建设 21 国际建筑联盟高级顾问　曾雅薇

附录 2　中国城市科学研究会绿色建筑研究中心简介

Appendix 2　Brief introduction to CSUS Green Building Research Center

中国城市科学研究会绿色建筑研究中心（CSUS Green Building Research Center）成立于 2009 年，是我国重要的绿色建筑评价、标准研发与行业推广机构，同时也是面向市场提供绿色建筑相关技术服务的综合性技术服务机构，在全国范围内率先开展了健康建筑标识、既有建筑绿色改造标识、绿色生态城区标识以及新国标项目评价业务，为我国绿色建筑的量质齐升贡献了巨大力量。

绿色建筑研究中心的主要业务分为三大版块：一、标识评价。包括绿色建筑标识（包括普通民用建筑、既有建筑、工业建筑等）、健康建筑标识、绿色生态城区标识评价。二、课题研究与标准研发。主要涉及绿色建筑、健康建筑、超低能耗建筑、绿色生态城区领域。三、教育培训、行业服务、高端咨询等。

标识评价方面：截至 2019 年底，中心共开展了 2245 个绿色建筑标识评价（包括 104 个绿色建筑运行标识，2138 个绿色建筑设计标识，新标竣工 3 个），其中包括香港地区 15 个、澳门地区 1 个；67 个绿色工业建筑标识评价；19 个既有建筑绿色改造标识评价。2019 年评价国际双认证 4 个，53 个健康建筑标识评价，5 个绿色生态城区标识评价。

信息化服务方面：截至 2019 年底，中心自主研发的绿色建筑在线申报系统已累积评价项目 1438 个，并已在北京、江苏、上海、宁波、贵州等地方评价机构投入使用；建立"城科会绿建中心""健康建筑"微信公众号，持续发布绿色建筑及健康建筑标识评价情况、评价技术问题、评价的信息化手段、行业资讯、中心动态等内容；自主研发了绿色建筑标识评价 APP 软件"中绿标"（Android 和 IOS 两个版本）以及绿色建筑评价桌面工具软件（PC 端评价软件），具有绿色建筑咨询、项目管理、数据共享等功能。

标准编制及科研方面：中心主编或参编国家、行业及团体标准《健康建筑评价标准》《绿色建筑评价标准》《绿色工业建筑评价标准》《绿色建筑评价标准（香港版）》《既有建筑绿色改造评价标准》《健康社区评价标准》《健康小镇评价标准》《健康医院评价标准》《健康养老建筑评价标准》《城市旧居住小区综合改造技术标准》等；主持或参与国家"十三五"课题、住建部课题、国际合作等课题《绿色建筑标准体系与标准规范研发项目》《基于实际运行效果的绿色建筑性能后评估方法研究及应用》《可持续发展的新型城镇化关键评价技术研究》《绿色建筑运行管理策略和优化调控技术》《健康建筑可持续运行及典型功能系统评价关键技术研究》《绿色建筑年度发展报告》《北京市绿色建筑第三方评价和信用管理制度研究》等。

国际交流合作方面：2019 年中心正式启动了与德国 DGNB、英国 BREE-AM、法国 HQE 三个国家绿色建筑标识的国际双认证工作，并与对应国家的绿色建筑机构共同完成了标杆项目的评价和第一阶段标准对比。2020 年，将继续落实双认证评价、对标、宣贯等工作，深入推进中国绿建"走出去"和国际绿建"引进来"。

绿色建筑研究中心有效整合资源，充分发挥有关机构、部门的专家队伍优势和技术支撑作用，按照住房和城乡建设部和地方相关文件要求开展绿色建筑评价工作，保证评价工作的科学性、公正性、公平性，创新形成了具有中国特色的"以评促管、以评促建"以及"多方共享、互利共赢"的绿建管理模式，已经成为我国绿色建筑标识评价以及行业推广的重要力量。并将继续在满足市场需求、规范绿色建筑评价行为、引导绿色建筑实施、探索绿色建筑发展等方面发挥积极作用。

联系地址：北京市海淀区三里河路 9 号院（住建部大院）
　　　　　中国城市科学研究会西办公楼 4 楼（100835）
公 众 号：城科会绿建中心
电　　话：010-58933142
传　　真：010-58933144
　E- mail：gbrc@csus-gbrc.org
网　　址：http：www.csus-gbrc.org

附录3 中国绿色建筑大事记

Appendix 3 Milestones of green building development in China

2019 年 1 月 12 日，山东省政府第 323 号令发布《山东省绿色建筑促进办法》，自 2019 年 3 月 1 日起施行。

2019 年 1 月 17 日，中国城市科学研究会绿色建筑研究中心与英国建筑研究院（BRE）达成共识，将共同推进中国绿色建筑与英国 BREEAM 绿色、可持续建筑的双认证评价。

2019 年 1 月 28 日，由中国建筑科学研究院有限公司牵头承担的"十三五"国家重点研发计划"基于 BIM 的绿色建筑运营管理系统融合技术"课题启动会暨实施方案论证会在上海召开。

2019 年 2 月 14 日，国家发展改革委员会等 7 部委印发《绿色产业指导目录（2019 版）》，目录分为三级，一级包括节能环保、清洁生产、清洁能源、生态环境产业、基础设施绿色升级和绿色服务 6 大类。

2019 年 3 月 13 日，住房和城乡建设部发布国家标准《绿色建筑评价标准》的公告，批准《绿色建筑评价标准》为国家标准，编号为 GB/T 50378—2019，自 2019 年 8 月 1 日起实施。原《绿色建筑评价标准》GB/T 50378—2014 同时废止。

2019 年 3 月 13 日，住房和城乡建设部关于发布国家标准《绿色校园评价标准》的公告，批准《绿色校园评价标准》为国家标准，编号为 GB/T 51356—2019，自 2019 年 10 月 1 日起实施。

2019 年 3 月 22 日，"2019（第一届）健康建筑大会"在北京召开，大会主题为"健康建筑助力高品质发展"。会上，对优秀的健康建筑标识项目授予"健康建筑示范基地"。

2019 年 3 月 30 日，"国际绿色建筑评价标准论坛"在西安建筑科技大学工科大楼顺利举办。论坛由中国建筑科学研究院有限公司和绿色建筑北京市国际科技合作基地联合承办。

2019 年 4 月 3 日～4 日，由中国城市科学研究会、深圳市人民政府、中美绿色基金、中国城市科学研究会绿色建筑与节能专业委员会、中国城市科学研究会生态城市研究专业委员会联合主办的"第十五届国际绿色建筑与建筑节能大会暨新技术与产品博览会"在深圳会展中心举行,本次大会主题为"升级绿色建筑,助推绿色发展"。

2019 年 4 月 3 日,中国城市科学研究会绿色建筑与节能专业委员会第十二次全体委员会议在深圳会展中心召开。

2019 年 4 月 4 日,中德绿色建筑评价"双认证"评价研讨与分享会暨合作备忘录签约仪式在深圳会展中心举行。

2019 年 4 月 12 日~15 日,中国建研院有限公司副总经理、健康建筑联盟理事长王清勤受国际建筑师协会邀请,赴孟加拉国达卡出席可持续发展目标委员会第四次指导委员会会议,会议由孟加拉国建筑师学会承办。

2019 年 4 月 29 日,为贯彻国家有关应对气候变化和节能减排的方针政策,规范建筑碳排放计算方法,节约资源保护环境,由中国建筑科学研究院有限公司主编的国家标准《建筑碳排放计算标准》正式发布,并于 2019 年 12 月 1 日起实施。

2019 年 5 月 10 日,由中国建筑科学研究院有限公司和国际建筑法规合作委员会共同主办的建筑可持续发展技术法规与标准国际论坛在北京召开,大会以"绿色建筑与可持续发展技术法规与标准"为主题。

2019 年 5 月 31 日,内蒙古自治区第十三届人民代表大会常务委员会第十三次会议通过《内蒙古自治区民用建筑节能和绿色建筑发展条例》,并予公布,自 2019 年 9 月 1 日起施行。

2019 年 6 月 10 日,重庆市住房和城乡建设委员会印发《关于做好 2019 年绿色建筑与节能工作的意见》。

2019 年 6 月 29 日,由中国城市科学研究会绿色建筑与节能专业委员会组织的 2019 年全国青年学生绿色建筑知识竞赛活动,共吸引了全国各地的 117 所高等院校及 2 所中学的在校生参与。

2019 年 7 月 3 日~4 日,由科技部海峡两岸科学技术交流中心和李国鼎科技发展基金会共同主办的"第五届海峡两岸科技论坛"在江苏南京召开,论坛共设置节能科技(绿色建筑)、食品安全与公共卫生和空气污染三个分论坛。

2019 年 7 月 12 日,由中国城市科学研究会绿色建筑与节能专业委员会主办、黑龙江省土木建筑学会绿色建筑专业委员会承办的"东北地区绿色建筑可持续发展公益讲座"在哈尔滨市黑龙江省图书馆报告厅举办,讲座围绕"绿色建筑、低碳城市"的主题展开。

2019 年 7 月 22 日~28 日,中国建筑科学研究院有限公司副总经理、健康建筑联盟理事长王清勤受邀赴英国参加"第九届建筑与环境可持续发展国际会议暨绿色建筑与健康建筑论坛"并发表"Introduction to the assessment standard for green building of China" 演讲。

2019 年 8 月 1 日，国家标准《绿色建筑评价标准》GB/T 50378—2019 开始施行。

2019 年 8 月 8 日，北京市规划和自然资源委员会会同天津市住房和城乡建设委员会、河北省住房和城乡建设厅在北京市规划和自然资源委员会二七剧场路办公区召开京津冀区域协同标准《绿色建筑设计标准》编制工作研讨会，主要编制单位参加。

2019 年 8 月 13 日~17 日，由中国城市科学研究会绿色建筑与节能专业委员会主办、深圳市绿色建筑协会承办的"第五届全国青年学生绿色建筑夏令营"在深圳成功举办。参加绿色建筑夏令营 16 名营员，来自参加 2019 年全国青年学生绿色建筑知识竞赛的 600 多名选手中取得优秀成绩的选手。

2019 年 8 月 17 日，由中国城市科学研究会绿色建筑与节能专业委员会主办，甘肃省土木建筑学会节能与绿色建筑学术委员会和兰州市城市建设设计院承办的"西北地区绿色建筑可持续发展公益讲座"在兰州市城市建设设计院举办。

2019 年 8 月 19 日，中国城市科学研究会在北京新疆大厦召开第一批《绿色建筑评价标准》GB/T 50378—2019 项目评价会议。

2019 年 8 月 23 日，由住房和城乡建设部科技与产业化发展中心组织的 2019 年中国北京世界园艺博览会国际馆、中国馆、生活体验馆绿色建筑评价标识项目通过专家评审。

2019 年 9 月 5 日，住房和城乡建设部成立科学技术委员会建筑节能与绿色建筑专业委员会，主任：崔愷（中国工程院院士、中国建筑设计研究院有限公司总建筑师、教授级高级建筑师）；副主任：江亿（中国工程院院士、清华大学建筑学院教授），修龙（中国建设科技集团股份有限公司党委书记、董事长、教授级高级工程师）；秘书长：王清勤（中国建筑科学研究院有限公司副总经理、教授级高级工程师）。

2019 年 9 月 5 日，由中国建设教育协会、中国城市科学研究会绿色建筑与节能专业委员会主办，知识产权出版社有限责任公司、筑龙学社、《建筑节能》杂志协办、北京绿建软件有限公司承办的第二届"绿色建筑设计"技能大赛通知发布。首届全国高等院校绿色建筑设计技能大赛于 2018 年 9 月~2019 年 3 月成功举办，参赛的高校团队达 360 支。

2019 年 9 月 11 日，住房和城乡建设部成立科学技术委员会绿色建造专业委员会，主任：肖绪文（中国工程院院士、中国建筑股份有限公司教授级高级工程师）；副主任：毛志兵（中国建筑股份有限公司总工程师、教授级高级工程师）、许杰峰（中国建筑科学研究院有限公司总经理、教授级高级工程师）、岑岩（深圳市建设科技促进中心主任、高级工程师）；秘书长：李丛笑（中建科技集团有限公司副总经理、教授级高级工程师）。

2019 年 9 月 11 日～13 日，中国城市科学研究会绿色建筑委员会主任王有为和副主任吴志强院士率领的中国代表团参加由法国绿色建筑委员会、法国 HQE 联盟 Novabuild 协会主办，在法国昂热（Angers）召开的"第八届国际可持续发展建筑大会"，大会主题：未来的城市（Cities To Be）。

2019 年 9 月 15 日，国务院办公厅转发住房和城乡建设部《关于完善质量保障体系提升建筑工程品质的指导意见》。

2019 年 9 月 16 日，中国城市科学研究会绿色建筑委员会（CNGBC）与德国可持续建筑委员会（DGNB）《合作备忘录》联席会议在德国斯图加特组织召开。会议围绕"编制中德双认证案例宣传册、应对气候变化和建筑碳排放研究、绿色城区中德双认证、老旧城区改造升级以及关于中德双认证在国内宣传及咨询培训"5 个重点领域进行了深入研讨。

2019 年 9 月 26 日～27 日，由住房和城乡建设部科技与产业化发展中心主办，国家标准《绿色建筑评价标准》GB/T 50378—2019 长三角地区（上海）宣贯培训会在同济大学召开。

2019 年 9 月 27 日，"第九届夏热冬冷地区绿色建筑联盟大会"在成都新华宾馆成功举行。会议由四川省绿色建筑与建筑节能工程技术研究中心、中国城市科学研究会绿色建筑与节能专业委员会、四川省土木建筑学会、四川省建设科技协会主办，四川省建设科技协会绿专委、四川省土木建筑学会绿专委等承办，大会设"绿色住区与健康建筑""既有建筑绿色改造与城市更新""绿色建筑与 BIM 技术实战""建筑工业化与绿色建材""海绵城市与区域绿色建筑"五个分论坛。

2019 年 10 月 9 日～11 日，第 23 届国际被动房大会在河北省高碑店国际门窗科技大厦生态科技中心举行。

2019 年 11 月 8 日，上海市住房和城乡建设管理委员会发布《上海绿色生态城区评价技术细则 2019》（沪建建材〔2019〕688 号）。

2019 年 11 月 27 日，《中国应对气候变化的政策与行动 2019 年度报告》发布。

2019 年 11 月 29 日，由中国城市科学研究会绿色建筑与节能专业委员会主办，垒知控股集团股份有限公司和厦门市建筑科学研究院有限公司承办的"第十一届青年绿色建筑技术论坛"在福建厦门白鹭洲大酒店召开。

2019 年 12 月 3 日，贵州省住房和城乡建设厅等 4 部委联合印发了《加快绿色建筑发展的十条措施》。

2019 年 12 月 3 日～4 日，第九届热带、亚热带（夏热冬暖）地区绿色建筑技术论坛在东莞成功举行，论坛由中国城市科学研究会绿色建筑与节能专业委员会与东莞市绿色建筑协会主办，世界莞商联合会创新与绿色发展工作委员会承办，主题为"绿色产业助力湾区建设"。

2019 年 12 月 5 日，"2019 年可持续建筑环境（SBE）深圳地区会议"在深圳大学召开，会议由深圳市绿色建筑协会与深圳市建设科技促进中心主办，中建科工集团有限公司、深圳市建筑科学研究院股份有限公司、深圳大学承办。会议围绕"生态城市社区的政策框架与评价体系、高密度城市的微气候与生态环境、面向社会参与和遗产保护的城市更新、人工智能和物联网助力可持续城市、可持续的城市基础设施和建筑技术创新、生活行为改变对城市可持续性的影响"六个方面深入交流研讨。

2019 年 12 月 19 日，由中国 21 世纪议程管理中心主办、中国建筑科学研究院有限公司承办的"绿色建筑项目群协同创新暨气候沙龙"在中国建筑科学研究院有限公司成功召开。

2019 年 12 月 21 日，中国投资协会、瞭望周刊社《环球》杂志、标准排名和中国人民大学生态金融研究中心联合调研编制的《2019 中国绿色城市指数 TOP50》报告在新华网公布。

2019 年 12 月 23 日，全国住房和城乡建设工作会议在京召开，住房和城乡建设部党组书记、部长王蒙徽全面总结了 2019 年住房和城乡建设工作，分析了面临的形势和问题，提出了 2020 年工作总体要求和重点任务。